监理（咨询）行业高质量发展

监理大纲编制

永明项目管理有限公司　张宁军　杨正权　编著

中国建筑工业出版社

图书在版编目（CIP）数据

监理大纲编制一本通 / 永明项目管理有限公司，张宁军，杨正权编著．—北京：中国建筑工业出版社，2022.7

（监理（咨询）行业高质量发展系列丛书）

ISBN 978-7-112-27583-0

Ⅰ.①监… Ⅱ.①永… ②张… ③杨… Ⅲ.①建筑工程—施工监理—文件—编制 Ⅳ.①TU712.2

中国版本图书馆CIP数据核字（2022）第117145号

责任编辑：张智芊
责任校对：张 颖

监理（咨询）行业高质量发展系列丛书
监理大纲编制一本通
永明项目管理有限公司 张宁军 杨正权 编著
*
中国建筑工业出版社出版、发行（北京海淀三里河路9号）
各地新华书店、建筑书店经销
华之逸品书装设计制版
北京建筑工业印刷厂印刷
*
开本：787毫米×1092毫米 1/16 印张：20¼ 字数：371千字
2022年9月第一版 2022年9月第一次印刷
定价：**72.00**元

ISBN 978-7-112-27583-0
（39541）

本书编委会

工程衛士

建設管家

履職盡責

共築廣厦

王早生

二〇二二年三月六日

中国建设监理协会　会长　王早生题字

序言

永明项目管理有限公司近年来应用筑术云智能信息化技术产品开展监理智慧化服务，取得了丰硕成果，积累了丰富的信息数字化管理经验及招标投标管理经验，为全省乃至全国监理行业做出了创新性贡献。

投标人应当按照招标文件的要求编制投标文件，并对招标文件提出的实质性要求和条件作出响应。监理大纲是投标人为积极响应招标文件要求，为承揽监理（咨询）业务而精心编制的监理（咨询）方案性技术文件，在中标后的履约中，要提高监理现场管理和技术服务水平。希望《监理大纲编制一本通》一书的出版发行，对广大监理企业在投标文件编制中有所帮助。

监理企业要把握好改革发展的机遇，坚持以保障质量、安全为使命，以改革创新为发展动力，以市场需求为导向，履行好监理的职责和义务，当好全过程工程卫士和建设管家。

永明项目管理有限公司作为我省监理（咨询）行业数字化互联网平台、行业龙头企业，要立足自身优势，开放数字化资源和能力，帮助传统企业和中小企业实现数字化转型。推动企业上云、上平台，降低技术和资金壁垒，加快企业数字化转型。以数字产业化、产业数字化为引擎，打造企业数字经济发展新高地，引领监理（咨询）行业高质量发展，以优异成绩迎接党的二十大胜利召开。

陕西省住房和城乡建设厅原总工程师
陕西省建设监理协会会长 高小平

2022年9月

前言

2022年是国家“十四五”规划的攻坚之年，新基础建设突飞猛进。建设招标投标项目越来越多，项目建设规模、投资金额越来越大。如何提高监理企业投标文件（监理大纲）编制水平，提高中标率，如何在拟建项目中找出工程重点、难点及对策措施，如何对拟建项目提出合理化建议是投标人常常困惑的问题。

授人以鱼，不如授人以渔。为提高监理企业对监理大纲的编制水平，作者在工作之余，根据多年的投标文件编制及指导经验，并通过百度文库相关付费资料及本公司项目相关资料的信息收集、归纳整理，特编制《监理大纲编制一本通》一书，目的是为监理企业在现场施工与管理过程中提供作业技术指导和学习资料，对监理企业编制监理大纲提供参考。但切莫生搬硬套，防止因标书雷同导致废标现象发生。

本书中监理大纲编制一般要求、监理大纲暗标编制要求、监理大纲编制基本要素解析、工程重点难点分析及监理对策（案例）、合理化建议（案例）、监理大纲评分标准等章节中着重介绍文件收集、整理、编写工程重点、难点分析及监理对策（案例），仅供参考。监理企业在实际编制监理大纲中，要做到所编制的监理大纲内容与招标文件要求相一致，对照各项目招标文件规定的评分标准要求，并且应按打分顺序编制。

由于篇幅有限，本书的编制是为了提高监理企业对监理大纲的编制水平和编制方法的了解、掌握及应用能力，便于监理企业熟悉和掌握工程重点和难点，在中标后的履约中对工程重点和难点的施工质量采取相应的对策及措施，并能够应用现代信息化、智能化、数字化监理手段履行监理职责，确保中标项目工程质量合格，确保中标项目工程进度满足合同工期要求，确保中标项目工程投资在合同控制价格范围内，履职良好。

本书内容虽经反复推敲、核证，仍难免有不妥之处，诚望广大读者提出宝贵意见和建议。

《监理大纲编制一本通》由永明项目管理有限公司法人代表张宁军主编，公司副董事长、信息化高级工程师、教授朱序来先生审核，公司技术负责人（总工程师）杨正权先生任副主编。在此特别感谢中国建设监理协会会长王早生先生的鼓励，并为本书题写墨宝；感谢陕西省建设监理协会会长高小平先生为本书作序；感谢中国建筑工业出版社张智芊先生等对书稿的严格审稿、校正，淬火提炼方使得本书质量得以提升。

2022年，我国进入全面建设社会主义现代化国家、向第二个百年奋斗目标进军新征程的重要一年，也是“十四五”发展规划落地的关键一年，高质量发展是“十四五”乃至更长时期我国经济社会发展的主题。近年来，习近平总书记多次阐释高质量发展的重要内涵，并对如何实现高质量发展提出要求。为贯彻总书记的新发展理念、构建新发展格局、推动高质量发展，永明项目管理有限公司组织编写了“监理（咨询）行业高质量发展系列丛书”。出版发行之际，正值开启全面建设社会主义现代化新征程而奋楫扬帆之时，至此，以实际行动迎接党的二十大胜利召开。

目录

第1章　监理大纲编制一般要求

一、招标投标法相关规定

《中华人民共和国招标投标法》第二十七条："投标人应当按照招标文件的要求编制投标文件。投标文件应当对招标文件提出的实质性要求和条件作出响应"。

二、监理大纲编制一般要求

（1）监理大纲是反映投标人技术、管理和服务综合水平的文件，反映了投标人对工程的分析和理解程度。编制监理大纲应注意全面性、针对性和科学性。

（2）监理大纲的内容应全面，工作目标应明确，组织机构应健全，工作计划应可行，质量、造价、进度控制措施应全面、得当，安全生产管理、合同管理、信息管理等方法应科学，项目机构人员的工作制度、体系应健全。

（3）监理大纲中应对工程特点、监理重点与难点进行识别。在对招标文件进行透彻分析的基础上，结合自身工程经验，从工程质量、造价、进度控制及安全生产管理等方面确定监理重点和难点，提出针对性措施和对策。

（4）监理大纲中应对招标工程的关键工序及分部分项工程制定有针对性的监理措施；制定针对关键点、常见问题的预防措施；编制旁站人员清单和保障措施等。

（5）在监理大纲编制中所列的设备、仪器、检测工具等应满足工程项目要求。

（6）监理大纲中拟配备的监理人员，特别是项目经理、项目总监理工程师等关键岗位人员应满足招标文件要求。

（7）监理大纲中应对招标工程提出监理企业的合理化建议。

第2章　监理大纲暗标编制要求

一、基本规定

监理大纲采用暗标评审的特点和要求，对投标人须知正文和前附表中的相关规定进行补充和细化，投标人须知正文部分、前附表部分中的相关规定应当按照规定执行。

二、监理大纲暗标编制要求

（1）招标文件规定采用暗标要求编制的监理大纲内容统一在Word文档中编制，竖向A4版式，文字的颜色均为黑色。文件内容为小四号宋体字，所有文字不得做加粗、倾斜等处理，不允许字符间距缩放。监理大纲按给定的监理大纲目录编制具体内容。不得出现基本项目不全、漏项或顺序编排有误等情况，不允许有空白页或字迹不清楚的页面，文中所有数字、括号等符号须在中文输入法状态下使用半角输入。

（2）封面：采用随同招标文件一起下发由招标人提供的统一封面格式，不得有底纹及颜色等，并不得在封面的正反面上做单位名称等任何标记或加盖印章。

（3）页边距行间距：上边距2.5cm，下边距2.2cm，左边距2cm，右边距1.8cm，行间距22磅，段前段后设置为0，表格内行间距为18磅，表格居中放置，不得超过页边距。

（4）目录：文件封皮后第一页为目录，反映三级标题，目录为宋体字体四号字，目录格式为正式，页码右对齐。正文：一级标题为1.、2.、3.，二级标题为1.1、1.2、1.3，三级标题为1.1.1、1.1.2、1.1.3，正文内容用逐级进行分级表示，最多只显示五级标题。

（5）一级标题为三号宋体字居中设置；二级及以下标题小三号字体，左边顶格。插图、表格内文字小四号；字体颜色为黑色，不允许有空白页和不清楚的页面，不允许出现加粗、加黑、斜体、下划线、底纹、阴影等其他颜色字。

（6）页眉、页脚、页码：任何一页均不得在页眉、页脚处设置其他内容，页眉、页脚距边界分别为1.5cm、1.75cm。页码为自动生成的小四号字体，仅显示阿拉伯数字，页码居中且连续从1开始顺序编排。页码应当连续，不得分章或节单独编码。

（7）任何情况下，技术暗标中不得出现任何涂改、行间插字或删除痕迹。

（8）除满足上述要求外，采用暗标时监理大纲中不得出现人员姓名、企业名称、除本招标工程项目以外的工程项目名称，同时不得做任何标记（如故意空格、空行等明显不合理之处）或暗示投标人单位的标识。

第3章　监理大纲编制基本要素解析

一、监理大纲编制基本要素

监理大纲是投标人为积极响应招标文件要求，为承揽监理（咨询）业务而精心编制的监理（咨询）方案性文件。主要有两个方面的作用：一是希望招标人认可大纲中编写的监理（咨询）方案，战胜对手，一举中标的目的；二是中标后作为该项目施工单位编制施工组织设计（方案）的依据，以及监理单位编制监理规划的依据。

在编写监理大纲时，当招标文件对监理大纲编制内容、章节、格式有明确要求时，必须按照招标文件要求的内容、章节、格式等要求编制，必须符合“委托人要求”中的实质性要求和条件。监理大纲编制应不少于下列内容：

（一）监理大纲的编制依据

在监理大纲的编制依据中不仅要有国家、行业的规范、规程、技术标准依据，更要有地方规范、规程、技术标准依据。这对于外地投标企业尤为重要，同时也说明本企业对招标人所在地建设法规标准有所了解。

（二）工程概况的编制

对工程概况的描述要在详细阅读、熟悉招标文件的基础上根据以往监理经验做到编制完整、重点突出。这有利于找出该投标项目监理工作重点、难点。

（三）监理范围、内容、目标的编制

1.监理范围

应按照招标文件拟定的监理合同专用条款中明确的监理范围编制，并做进一步说明。

2.监理内容

监理大纲中需要根据招标文件及拟定的监理合同约定的监理内容进行细化。建设工程监理工作内容包括：工程质量、造价、进度三大目标控制，合同管理和信息管理，组织协调，以及履行建设工程安全生产管理的法定职责。

3.监理目标

监理目标是指工程预期达到的目标。通常以建设工程质量、造价、进度三大目标的控制值来表示。根据招标文件及拟定的监理合同约定，进一步细化监理目标：

（1）工程质量控制目标：工程质量合格及招标文件的其他要求。

（2）工程造价控制目标：以年预算为基价，静态投资为__万元（或合同价<__万元）。

（3）工期控制目标： 个月或自____年__月__日至____年__月__日。

在监理大纲编制中，应进行工程质量、造价、进度目标的分解，明确表示运用动态控制原理对分解的目标进行跟踪检查，对实际值与计划值进行比较、分析和预测，发现问题时，及时采取组织、技术、经济和合同等措施进行纠偏和调整，以确保工程质量、造价、进度目标的实现。

（四）监理组织机构设置的编制

1）监理大纲中的监理组织机构设置（仅以直线制框图范例）如图3-1所示。

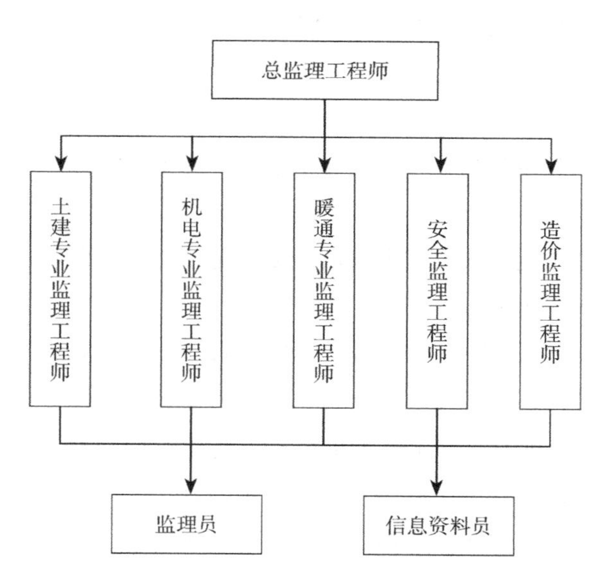

图3-1　监理组织机构设置

2）人员配备既要符合国家相关法规规定，也要满足招标文件拟定的监理合同中关于监理人员配备结构和人员数量的承诺要求。

3）监理机构组织形式是指监理机构具体采用的管理组织结构。应根据建设工程特点、建设工程组织管理模式及投标人自身情况等选择适宜的监理机构组织形式。一般监理机构组织形式多采用下列两种：

（1）直线制组织形式的特点是监理机构中任何一个下级只接受唯一上级的命令。各级部门主管人员对各自所属部门的事务负责，监理机构中不再另设职能部门。这种组织形式适用于能划分为若干个相对独立的子项目的大、中型建设工程。

（2）职能制组织形式是在监理机构内设立一些职能部门，将相应的监理职责和权力交给职能部门，各职能部门在其职能范围内有权直接发布指令指挥下级。职能制组织形式一般适用于大中型建设工程。

（五）监理项目机构人员配备、人员职责分工、试验检测仪器配置的编制

1.监理项目机构人员配备

监理大纲中配备的监理机构人员数量和专业应根据监理范围、内容、工作期限以及工程的类别、规模、技术复杂程度、工程环境等因素综合考虑，并应符合投标文件中拟定的监理合同中对监理工作深度及监理目标控制的要求，能体现监理机构的整体素质。应由与所监理工程的性质及招标人对监理的要求相适应的各专业人员组成，各专业人员要配套，以满足项目各专业监理工作要求。

监理大纲中配备的高级工程师、工程师职称的比例，必须符合招标文件规定的要求。

招标文件明确有相关服务内容或为全过程咨询服务招标项目，工程勘察设计阶段的服务，配备的注册监理工程师、注册结构工程师、注册造价工程师、注册安全工程师等关键岗位设计及监理人员必须满足招标文件要求。

2.监理人员岗位职责与分工

在投标文件中拟派项目监理机构监理人员的分工及岗位职责应根据招标文件、拟定的监理合同约定的监理工作范围和内容以及《建设工程监理规范》GB/T 50319—2013规定，由总监理工程师根据项目监理机构监理人员的专业、技术水平、工作能力、实践经验等明确监理人员职责与分工。

1）监理人员的岗位职责（以房屋建筑项目为例）。

（1）总监理工程师职责

在公司法人的授权下，全面履行监理合同，并对监理工程项目负责。

①确定项目监理部人员及其岗位职责；

②组织编制监理规划、审批监理实施细则；

③根据工程进展及监理工作情况调配监理人员，检查监理人员工作。

④组织召开监理例会；

⑤组织审核分包单位资格；

⑥审查施工组织设计、(专项)施工方案；

⑦审查工程开复工报审表，签发工程开工令、暂停令和复工令；

⑧组织检查施工单位现场质量、安全生产管理体系的建立及运行情况；

⑨组织审核施工单位的付款申请，签发工程款支付证书，组织审核竣工结算；

⑩组织审查和处理工程变更；

⑪调解建设单位与承包单位的合同争议、处理工程索赔；

⑫组织验收分部工程，组织审查单位工程质量检验资料；

⑬审查施工单位的竣工申请，组织工程竣工预验收，组织编写工程质量评估报告，参与工程竣工验收；

⑭参与或配合工程质量安全事故的调查和处理；

⑮组织编写监理月报、监理工作总结，组织整理监理文件资料。

(2)专业监理工程师岗位职责(土建、装饰、设备、暖通、绿化)

①参与编制监理规划，负责编制监理实施细则；

②审查施工单位提交的涉及本专业的报审文件，并向总监理工程师报告；

③参与审核分包单位资格；

④指导、检查监理员工作，定期向总监理工程师报告本专业监理工作实施情况；

⑤检查进场的材料、构配件、设备的质量；

⑥验收检验批、隐蔽工程、分项工程，参与验收分部工程；

⑦处置发现的质量问题和安全事故隐患；

⑧进行工程计量；

⑨参与工程变更的审查和处理；

⑩组织编写监理日志，参与编写监理月报；

⑪收集、汇总、参与整理监理文件资料；

⑫参与工程竣工预验收和竣工验收。

(3)安全监理工程师工作内容和职责

①在总监理工程师指导下主持项目部日常安全监理工作；

②协助建设单位对投标单位进行安全资质审查确认；

③审查承包单位提出的安全技术措施，并监督实施；

④编制项目安全监理细则、危大工程安全监理实施细则；

⑤定期组织项目安全检查，整理安全检查记录，对安全隐患进行监督整改、验收；

⑥组织参加和协调专业监理工程师对危大工程进行旁站、巡视、平行检验，并做好安全记录；

⑦监督承包单位按规定搭设、使用安全设施、起重机械和施工吊篮等；

⑧检查分部、分项工程安全状况和签署安全评价；

⑨参与安全事故分析和处理，督促安全技术防范措施实施和验收；

⑩检查承包单位三宝、四口、临边防护、安全用电等，按约定的规则进行处罚和奖励；

⑪督促承包单位和监理单位及时整理现场安全管理资料；

⑫监督和确认安全措施费使用；

⑬检查确认安全防护服装用品、设备等，符合国家质量标准。

（4）造价工程师工作内容和职责

①全面了解工程情况，熟悉掌握相关合同，包括：监理合同，施工承包合同，各种加工、订货合同及分包合同等；

②熟悉、掌握本工程的概预算、合同价、材料构件、设备价、相关定额、调价系数、取费办法；

③准确掌握工程量计量办法，支付原则、程序，按规定签办计量、支付申请凭证；

④准确提供工程监理月报中关于计量支付方面的基础资料、投资控制的进展情况及存在问题；

⑤审核、签认各施工单位上报的工程进度款、年终及竣工决算申请、原始凭证等；

⑥参与变更事宜的分析、处理，并对延误工期、费用索赔等做出评估报告；

⑦巡视工地，及时了解工程进展情况及合同执行情况，参加工地例会、技术方案论证会，以便使合同管理更加落实；

⑧组织并督导各施工单位制定具体的计量、支付等程序，并建立台账；

⑨参与竣工验收，缺陷责任期验收，完成合同管理的收尾，并办理竣工决算；

⑩完成领导交办的其他投资控制工作。

（5）监理员岗位职责

①检查施工单位投入工程的人力、主要设备的使用及运行状况；

②进行见证取样；

③复核工程计量的有关数据；

④检查工序施工结果；

⑤发现施工作业中的问题，及时指出并向专业监理工程师报告。

（6）信息资料员工作内容和职责

①负责各种文件的收发、登记及整理、借阅、保管工作；

②做好会议记录和各种文件资料的打印工作；

③做好影像资料的整理存储工作，电子档资料要符合要求；

④发放的图纸、资料、函件必须留原件一份，连同发放清单一起存档；

⑤对各种工程资料进行科学规范的编号、登记、复印；

⑥做好施工中各种检查资料的整理和施工各阶段验收资料的整理；

⑦负责工程技术资料的归档保存，并按重要性进行分类，应做到分类有序、查找方便、有追溯性；

⑧做好监理部图集、标准、规范等书籍的存放、借阅工作；

⑨做好工程竣工资料的整理的归档。

2）监理人员分工

（1）依据监理规范和监理合同，本项目现场监理人员的分工，由总监理工程根据本工程特点、监理人员专业特长合理分工。

（2）项目监理人员分工表（以房屋建筑项目为例）如表3-1所示。

项目监理人员分工表 **表3-1**

部门职责	主要工作内容	备注
总监理工程师	①负责监理项目部全面工作、主持召开各种会议； ②负责项目监理人员调配、调换工作； ③负责组织参建单位对工程检查验收； ④负责项目施工全过程监理组织管理协调工作； ⑤负责履行合同管理、开展信息化服务工作； ⑥负责本项目监理资料整理归档移交工作； ⑦监理规范及监理合同规定的总监理工程师工作	
土建装饰监理工程师	①负责土建、装饰专业的设计对接工作； ②负责土建、装饰专业施工监督管理工作； ③负责组织安排土建、装饰专业施工质量检查验收工作； ④负责协调管理土建、装饰工程各专业的施工进度、质量、安全、文明施工及相关协调工作； ⑤负责本专业监理资料整理归档工作； ⑥监理规范及监理合同规定的专业监理工程师工作	

续表

部门职责	主要工作内容	备注
给水排水、暖通专业监理工程师	①负责现场给水排水、暖通专业施工监督管理工作； ②负责与设计沟通给水排水、暖通专业变更方案的管理工作； ③负责组织安排给水排水、暖通专业施工质量检查验收工作； ④负责协调管理给水排水、暖通专业施工进度、质量、安全文明施工及相关协调工作； ⑤负责本项目监理资料整理归档工作； ⑥监理规范及监理合同规定的专业监理工程师工作	
机电设备专业监理工程师	①负责机电设备专业的设计对接工作； ②负责机电设备专业施工监督管理工作； ③负责组织安排机电设备专业施工质量检查验收工作； ④负责协调管理机电设备专业施工进度、质量、安全文明施工及相关协调工作； ⑤负责本项目监理资料整理归档工作； ⑥监理规范及监理合同规定的专业监理工程师工作	
安全监理工程师	①负责本项目整个安全管理工作； ②负责本项目施工安全监督管理工作； ③负责组织本项目施工安全检查验收工作； ④负责协调本项目各专业的施工安全、文明施工及相关协调工作； ⑤负责召开本项目安全专题会议； ⑥负责本项目安全监理资料整理工作； ⑦监理规范及监理合同规定的安全监理工程师工作	
绿化专业监理工程师	①负责绿化专业的设计对接工作； ②负责绿化专业施工监督管理工作； ③负责组织安排绿化专业施工质量检查验收工作； ④负责协调管理绿化专业施工进度、质量、安全文明施工及相关协调工作； ⑤负责本项目监理资料整理归档工作； ⑥监理规范及监理合同规定的专业监理工程师工作	
监理员	①现场巡视检查旁站工作； ②见证取样工作； ③复核工程计量有关数据工作； ④检查工序施工结果； ⑤发现施工存在的问题，及时指出并向专业监理工程师报告； ⑥监理规范及监理合同规定的监理工作	
网络信息资料员	①做好会议记录和各种文件资料的打印工作； ②协助安全工程师完成危大工程安全管理资料归档； ③收发各类图纸文件、资料等； ④收集施工单位资料、上传监理单位的过程资料、影像视频资料； ⑤下载整理审核后的施工监理过程资料； ⑥整理收存各类工程施工监理文件资料、工程竣工验收资料、影像视频资料； ⑦负责项目网络信息化设施运维工作； ⑧完成总监理工程师安排的其他工作	

3.试验检测仪器配置

在招标文件中，招标人往往要求投标人编制拟建工程项目监理中配置的试验检测仪器设备种类和数量。投标人对此应根据本工程特点编制拟配置的试验检测仪器设备种类和数量。

房屋建筑项目拟配置的试验检测仪器设备种类和数量（不限于）如表3-2所示。

试验检测仪器设备种类和数量一览表　　表3-2

序号	仪器设备名称	型号、规格	数量	国别产地	制造年份	用途	备注
1	接地电阻仪	4105A	1	中国	2019	现场检查	
2	里氏硬度仪	DHT100	1	中国	2018	现场检查	
3	混凝土超声波检测仪	2000A	1	中国	2019	现场检测	
4	混凝土强度回弹仪	ZC3-A	2	中国	2020	现场检查	
5	混凝土坍落度桶	30cm	2	中国	2017	现场检查	
6	涂层测厚仪	MC2000	2	中国	2017	现场检测	
7	超声波测厚仪	DC2010B	2	中国	2018	现场检查	
8	全站仪	205	1	中国	2019	现场测量	
9	电子经纬仪	DT-205D	1	中国	2020	现场测量	
10	水准仪	DSZ2	1	中国	2019	现场测量	
11	管形测力计	LTZ-10	2	中国	2018	现场检测	
12	风速仪	8908	2	中国	2019	现场检测	
13	红外线测温仪	P-208	2	中国	2019	现场检测	
14	兆欧表	VC30B+	1	中国	2018	现场检测	
15	钢卷尺	3m	12	中国	2018	现场检测	
16	钢卷尺	50m	1	中国	2019	现场检测	
17	常规现场检测工具（含靠尺、水平仪、吊线锤、角尺等）	主要工具：JZC-2型、JZC-8型、JZC-4500型	各2套	中国	2018	现场检测	
18	游标卡尺	0~150mm	2	中国	2019	现场检测	
19	钢板尺	150mm	2	中国	2018	现场检测	
20	焊缝检验尺	40型	7	中国	2019	现场检测	

（六）监理工作方法的编制

1.巡视

1）巡视的内容

巡视是项目监理机构对施工现场进行的定期或不定期的检查活动。项目监理机构应安排监理人员通过运用视频监控系统和现场巡视对工程施工质量进行检查。巡视检查应包括下列主要内容：

（1）施工单位是否按工程设计文件、工程建设标准和批准的施工组织设计、（专项）施工方案施工。施工单位必须按照工程设计图纸和施工技术标准施工，不得擅自修改工程设计，不得偷工减料。

（2）检查施工单位使用的工程原材料、构配件和设备是否合格。原材料、构配件和设备须经过复试检测。复试检测不合格的原材料、构配件和设备不得在工程中使用。

（3）施工现场管理人员，特别是施工质量管理人员是否到位。应对其是否到位及履职情况做好检查和记录。

（4）特种作业人员是否持证上岗。应对施工单位特种作业人员是否持证上岗进行检查。根据《建筑施工特种作业人员管理规定》（建质〔2008〕75号），对于建筑电工、建筑架子工、建筑起重信号司索工、建筑起重机械司机、建筑起重机械安装拆卸工、高处作业吊篮安装拆卸工、焊接切割操作工以及经省级以上人民政府建设主管部门认定的其他特种作业人员，必须持施工特种作业人员操作证上岗。检查方法：查看证书原件。

2）巡视检查要点

（1）检查原材料

施工现场原材料、构配件的采购和堆放是否符合施工组织设计（方案）要求；其规格、型号等是否符合设计要求；是否已见证取样，并检测合格；是否已按程序报验并允许使用；有无使用不合格材料，有无使用质量合格证明资料欠缺的材料。

（2）检查施工人员

①施工现场管理人员，尤其是质检员、安全员等关键岗位人员是否到位，各项管理制度和质量保证体系是否落实；

②特种作业人员是否持证上岗，人证是否相符，是否进行了技术交底并有记录；

③现场施工人员是否按照规定佩戴安全防护用品。

（3）检查基坑土方开挖工程

①土方开挖前的准备工作是否到位，开挖条件是否具备；

②土方开挖顺序、方法是否与设计要求一致；

③挖土是否分层、分区进行，分层高度和开挖面放坡坡度是否符合要求，垫层混凝土的浇筑是否及时；

④基坑坑边和支撑上的堆载是否在允许范围，是否存在安全隐患；

⑤挖土机械有无碰撞或损伤基坑围护和支撑结构、工程桩、降压（疏干）井等现象；

⑥是否限时开挖，尽快形成围护支撑，尽量缩短围护结构无支撑暴露时间；

⑦每道支撑底面黏附的土块、垫层、竹笆等是否及时清理；每道支撑上的安全通道和临边防护的搭设是否及时、符合要求；

⑧挖土机械工作是否有专人指挥，有无违章、冒险作业现象。

（4）检查砌体工程

①基层清理是否干净，是否按要求用细石混凝土/水泥砂浆进行了找平；

②是否有“碎砖”集中使用和外观质量不合格的块材使用现象；

③是否按要求使用皮数杆，墙体拉结筋型式、规格、尺寸、位置是否正确，砂浆饱满度是否合格，灰缝厚度是否超标，有无透明缝、“瞎缝”和“假缝”；

④墙上的架眼、工程需要的预留、预埋等有无遗漏等。

（5）检查钢筋工程

①钢筋有无锈蚀、被隔离剂和淤泥等污染现象；

②垫块规格、尺寸是否符合要求，强度能否满足施工需要，有无用木块、大理石板等代替水泥砂浆（或混凝土）垫块的现象；

③钢筋搭接长度、位置、连接方式是否符合设计要求，搭接区段箍筋是否按要求加密，对于梁柱或梁梁交叉部位的“核心区”有无主筋被截断、箍筋漏放等现象。

（6）检查模板工程

①模板安装和拆除是否符合施工组织设计（方案）的要求，支模前隐蔽内容是否已经验收合格；

②模板表面是否清理干净、有无变形损坏，是否已涂刷隔离剂，模板拼缝是否严密，安装是否牢固；

③拆模是否事先按程序和要求向项目监理机构报审并签认，拆模有无违章冒险行为，模板捆扎、吊运、堆放是否符合要求。

（7）检查混凝土工程

①现浇混凝土结构构件的保护是否符合要求；

②构件拆模后构件的尺寸偏差是否在允许范围内，有无质量缺陷，缺陷修补处理是否符合要求；

③现浇构件的养护措施是否有效、可行、及时等；

④采用商品混凝土时，是否留置标养试块和同条件试块，是否抽查砂与石子的含泥量和粒径等。

（8）检查钢结构工程

①钢结构零部件加工条件是否合格（如场地、温度、机械性能等），安装条件是否具备（如基础是否已经验收合格等）；

②施工工艺是否合理、符合相关规定；

③钢结构原材料及零部件的加工、焊接、组装、安装及涂饰质量是否符合设计文件和相关标准、要求等。

（9）检查屋面工程

①基层是否平整坚固、清理干净；

②防水卷材搭接部位、宽度、施工顺序、施工工艺是否符合要求，卷材收头、节点、细部处理是否合格；

③屋面块材搭接、铺贴质量如何，有无损坏现象等。

（10）检查装饰装修工程

①基层处理是否合格，是否按要求使用垂直、水平控制线，施工工艺是否符合要求；

②需要进行隐蔽的部位和内容是否已经按程序报验并通过验收；

③细部制作、安装、涂饰等是否符合设计要求和相关规定；

④各专业之间工序穿插是否合理，有无相互污染、相互破坏现象等。

（11）检查安装工程

检查安装工程等重点检查是否按规范、规程、设计图纸、图集和批准的施工组织设计（方案）施工；是否有专人负责，施工是否正常等。

（12）检查施工环境

①施工环境和外界条件是否对工程质量、安全等造成不利影响，施工单位是否已采取相应措施；

②各种基准控制点、周边环境和基坑自身监测点的设置、保护是否正常，有无被压（损）现象；

③季节性天气中，工地是否采取了相应的季节性施工措施，比如暑期、冬

季和雨期施工措施等。

2.旁站

旁站是指项目监理机构对工程的关键部位或关键工序的施工质量、安全进行的全过程旁站监督活动。

项目监理机构应根据工程特点和施工单位报送的施工组织设计，将影响工程主体结构安全的、完工后无法检测其质量的或返工会造成较大损失的部位及其施工过程作为旁站的关键部位、关键工序，安排现场监理进行24h全过程、全方位旁站，并应及时记录旁站情况。

1）旁站工作程序

（1）开工前，项目监理机构应根据工程特点和施工单位报送的施工组织设计，确定旁站的关键部位、关键工序，并书面通知施工单位；

（2）施工单位在需要实施旁站的关键部位、关键工序进行施工前应书面通知项目监理机构；

（3）接到施工单位书面通知后，项目监理机构应安排旁站人员实施旁站。

2）旁站工作要点

（1）编制监理规划时，应明确旁站的部位和要求。

（2）根据部门规范性文件，房屋建筑工程旁站的关键部位、关键工序是：基础工程方面，包括土方回填，地下连续墙、后浇带及其他结构混凝土、防水混凝土浇筑，卷材防水层细部构造处理，钢结构安装；主体结构工程方面，包括梁柱节点钢筋隐蔽工程、混凝土浇筑、预应力张拉、装配式结构安装、钢结构安装、网架结构安装。

（3）其他工程的关键部位、关键工序，应根据工程类别、特点及有关规定和施工单位报送的施工组织设计确定。

（4）旁站人员的主要职责是：

①检查施工单位现场质检人员到岗、特殊工种人员持证上岗及施工机械、建筑材料准备情况；

②在现场监督关键部位、关键工序的施工方案以及工程建设强制性标准情况；

③核查进场建筑材料、构配件、设备和商品混凝土的质量检验报告等，并可在现场监督施工单位进行检验或者委托具有资格的第三方进行复验；

④做好旁站记录，保存旁站原始资料。

（5）施工中出现的偏差及时纠正，保证施工质量。发现施工单位有违反工程建设强制性标准行为的，应责令施工单位立即整改；发现其施工活动已经或者

可能危及工程质量的，应当及时向专业监理工程师或总监理工程师报告，由总监理工程师下达暂停令，指令施工单位整改。

（6）对需要旁站的关键部位、关键工序的施工，凡没有实施旁站监理或者没有旁站记录的，专业监理工程师或总监理工程师不得在相应文件上签字。工程竣工验收后，项目监理机构应将旁站记录存档备查。

（7）旁站记录内容应真实、准确并与监理日志相吻合。对旁站的关键部位、关键工序，应按照时间或工序形成完整的记录。

3）旁站范围及内容

（1）土方回填工程旁站范围及内容

①施工单位应根据工程地质水文等条件，选用先进的施工机具和合理的施工方法编制施工方案。

②专业监理工程师应根据土建施工图纸和工程地质勘察报告来审核土方回填工程的施工方案并监督实施。其中关键是控制回填土土质、回填及夯实方法和回填土的干土质量密度等主要环节，使之达到设计要求和施工规范的规定。

③土方回填施工质量的事前控制：

A.研究工程地质勘察报告；

B.审核承建单位的施工技术方案；

C.审核回填土土质是否符合设计要求。

④土方工程施工过程中的质量监理：

A.旁站监理人员应在回填前检查基底的垃圾、树根等杂物是否清理干净，清除坑穴积水淤泥。

B.旁站监理人员应检查回填土的土料是否符合设计要求和施工验收规范的规定。

C.回填时监督回填土的分层厚度和压实程度是否满足规范要求；取样测定压实后的干土质量密实，其合格率≥90%，不合格干土质量密度的最低值与设计值的差不应大于80%且不能集中于某一区域。

⑤对灰土回填的标高，旁站人员应用仪器测量，检查控制高程；灰土密度须亲自取样检验；混凝土应及时检查坍落度、配合比；梁柱节点钢筋隐蔽检查、箍筋数量及加密区数量和吊筋部位是否正确；柱钢筋移位情况、混凝土浇筑密实情况。

⑥要求施工单位质检人员通过对工序的检查取得检查数据，以备完善旁站资料。

（2）基础结构和防潮旁站范围及内容

①旁站部位：混凝土圈梁、构造柱、阳台板、楼梯。

②旁站内容如下：

A. 混凝土浇筑顺序和开始及完成时间是否与施工方案要求一致，梁板混凝土浇筑在各个接茬部位是否会形成冷缝；

B. 施工缝位置和做法是否符合规范及施工方案的要求；

C. 混凝土振捣是否密实，模板是否有变形及漏浆情况；

D. 下次浇筑前施工缝是否已按要求处理；

E. 抽查混凝土坍落度情况，记录试块留置情况；

F. 有无其他异常，如出现，立即报告。

（3）钢筋工程旁站范围及内容

对钢筋工程的预验，就是监督承建商的材料质量、钢筋加工到焊接、绑扎均要符合设计图纸和施工规范要求。

①熟悉结构施工图，明确设计钢筋的品种、规格、帮扎要求以及结构某些部位配筋的特殊处理。有关配筋的图纸会审记录和设计变更通知单，应及时在相应的结构图上表明，避免遗忘而造成失误，并掌握规范中钢筋构造措施的规定。

②把好原材料进场检验关：

A. 钢筋的品种要符合设计要求，进场的钢筋有出厂质量证明文件和试验报告单，钢筋表面或每捆钢筋均应有标志。

B. 钢筋的性能要符合规范要求，进场的钢筋应按炉号及直径分批检验。按有关标准的规定取样，作物理性能试验。

C. 督促承建商及时将验收合格的钢材运进钢筋堆场，堆放整齐，挂上标签，并采取有效措施，避免钢筋锈蚀或油污。

③钢筋的下料加工应要求承包方的技术员对钢筋工进行详细的技术交底，监理工程师应对成型的钢筋进行检查，发现问题，及时通知承建商改正。

④钢筋的焊接，专业监理工程师首先应检查焊工的焊工操作证，在正式施焊前，必须监督焊工根据现场施工条件进行试焊，检验合格后方可批准上岗。钢筋焊接接头应符合规范要求，并根据钢筋焊接接头试验方法的有关规定，抽取焊接接头的试样进行检验。

⑤钢筋安装过程中，专业监理工程师应到现场跟班检查，发现问题及时指出，令其纠正。钢筋帮扎安装经承建商自检合格填报钢筋工隐蔽验收单。

A. 专业监理工程师验收时，应对照结构施工图检查所安装的钢筋规格、数量、间距、长度、锚固长度、接头设置等，是否符合设计要求及构造措施。

B.框架节点箍筋加密区的箍筋及梁上有集中荷载作用处的附加吊筋或箍筋，不得漏放；具有双层配筋的厚板和墙板，应要求设置撑筋和拉钩；控制钢筋保护层的垫块强度、厚度、位置应符合规范要求。

⑥预埋件、预留孔洞的位置应正确，固定可靠，孔洞周边钢筋加固应符合设计要求。

⑦钢筋不得任意代用，若要代用，必须经设计单位同意，办理变更手续。专业监理工程师据此验收钢筋，在浇筑混凝土时专业监理工程师应督促承建商派专人负责整理钢筋。

（4）防水混凝土浇筑旁站范围及内容

旁站监理员在浇筑混凝土前，须认真检查后浇带和膨胀带的留置位置是否正确，密孔铁丝网拦隔是否严密，在浇筑混凝土时监督混凝土是否流入加强带中，如有流入要求立即停止浇筑，将加强带清理干净，封闭好后再进行施工。旁站监理员要监督混凝土浇筑的全过程，不定时抽查混凝土的坍落度，监督混凝土抗渗试块的制作（连续浇筑混凝土每500m^3应留置一组抗渗试件，一组为6个抗渗试件）。在混凝土浇筑完成后12h以内，要求施工单位对混凝土表面进行覆盖并浇水养护，养护周期不少于14d。

（5）混凝土的浇筑旁站范围及内容

检查商品混凝土的开盘鉴定资料，旁站监督混凝土浇筑的全过程，不定时抽查混凝土的坍落度，监督混凝土试块的制作过程。在混凝土浇筑的完成后12h以内，要求施工单位对混凝土表面进行覆盖并浇水养护，养护周期不少于14d。

（6）地下室卷材防水工程旁站范围及内容

①本工程地下室防水卷材采用1.5mm厚高分子自粘复合防水卷材。检查卷材防水所用的材料是否符合设计要求和施工验收规范的规定，并检查合格证和试验报告。

②铺贴防水卷材前，应检查找平层是否清理干净，在基面上涂刷基层处理剂。

③两幅卷材短边和长边的搭接宽度均不应小于100mm。

④胶粘剂涂刷应均匀，不露底，不堆积。

⑤铺贴卷材时应控制胶粘剂涂刷与卷材铺贴的间隔时间，排除卷材下面的空气，并粘结牢固，不得有空鼓。

⑥铺贴卷材应平整、顺直，搭接尺寸正确，不得有扭曲、皱折。

⑦接缝口应密封材料封严，其宽度不应小于10mm。

⑧卷材防水层及其转角、变形缝、穿墙管道等细部做法均须符合设计要求。

⑨卷材防水层的基层应牢固，基面应洁净、平整，不得有空鼓、松动、起

砂和脱皮现象；基层阴阳角处应做成圆弧形。

⑩侧墙卷材防水层的保护层与防水层应粘结牢固，结合紧密，厚度均匀一致。

⑪卷材搭接宽度的允许偏差为-10mm。

（7）屋面卷材防水工程旁站范围及内容

①检查卷材放水所用的材料是否符合设计要求和施工验收的规定，并检查合格证和试验报告；

②检查基层处理剂的涂刷是否符合设计和施工验收规范要求，办理隐蔽工程验收单；

③贴卷材的基层表面必须牢固、干燥、无起砂、空鼓现象，基层表面应平整，基层与2m靠尺的最大空隙不应超过3mm，基层表面应清洁干净；阴阳角处均应做成弧形或钝角；

④卷材防水层及其变形缝、预埋管件、阴阳角、转折处等特殊部位细部做法的附加层，必须符合设计要求和施工规范的规定，验收合格后办理隐蔽工程验收单；

⑤卷材防水层的铺贴方法和搭接、收头必须符合施工规范规定，做到粘结牢固紧密，接缝封严，无损伤、空鼓等缺陷；此外还必须保证铺贴厚度，卷材防水层与保护层粘结牢固，结合紧密，厚度均匀一致。

（8）给水排水工程旁站范围及内容

防水套管安装、穿墙、穿板管道与套管的捻口。设备（水泵）安装、基础浇筑；阀门及给水系统水压强度和严密性试验；排水系统闭水、灌水、通水和通球试验；水箱的满水试验；管道冲洗、消毒；阀门和喷头试验；单机调试和系统调试；消防管道还必须同时由专业单位验收合格。

（9）电气工程旁站范围及内容

配管及管内穿线，电气照明器具及配电箱盘安装，电梯主机的基础混凝土浇灌。电梯系统调试和验收；火灾报警系统的调试、联动调试和验收；智能系统的调试及综合布线系统测试和验收；通电试验；防雷接地测试；绝缘电阻测试。

（10）通风空调工程旁站范围及内容

冷冻、冷却水管试压；消防与排烟、正压通风联合测试；主机房、水泵、水塔单独及联合测试。

（11）旁站现场问题的处理方法

①旁站人员发现施工单位有违反施工规范和施工方案的，有权责令施工单

位现场整改，并做好现场记录。

②发现其施工活动已经或者可能危及工程质量的或有重大安全隐患的，应及时报告专业监理工程师和总监理工程师。由总工程师下达局部暂停施工指令或采取其他应急措施。施工单位在接到通知后应立即停止施工，并妥善保护现场。如有重大安全隐患，必须尽疏散全部施工人员。

③施工单位质检人员必须在场跟班，如无故不到岗，旁站人员可按上述第2条办法处理。

④如旁站人员对材料、设备质量情况有怀疑，应暂停使用并进行必要的检验和检查，施工单位应给予积极配合。

（12）旁站监理纪律

①旁站人员对旁站部位必须坚持全过程旁站，不应有离岗、脱岗行为；

②旁站监理人员应根据旁站部位的旁站内容，认真做好旁站工作，督促施工人员按规范、标准搞好该工序的施工操作；

③旁站人员应遵守监理守则，坚持原则，秉公办事，发现问题，及时处理，并向专业监理工程师反映；

④及时认真做好旁站记录和监理日记。

3.见证取样

见证取样是指项目监理机构对施工单位进行的涉及结构安全的试块、试件及工程材料现场取样、封样、送检工作的监督活动。

1）见证取样的工作程序

（1）工程项目施工前，由施工单位和项目监理机构共同对见证取样的检测机构进行考察确定。对于施工单位提出的试验室，专业监理工程师要进行实地考察。试验室一般是和施工单位没有行政隶属关系的第三方。

（2）项目监理机构要将选定的试验室报送负责本工程的质量监督机构备案并得到认可，同时要将项目监理机构中负责见证取样的专业监理工程师在该质量监督机构备案。

（3）施工单位应按照规定制定检测试验计划，配备取样人员，负责施工现场的取样工作，并将检测试验计划报送项目监理机构。

（4）施工单位在对进场材料、试块、试件、钢筋接头等实施见证取样前要通知负责见证取样的专业监理工程师，在该专业监理工程师现场监督下，施工单位按相关规范的要求，完成材料、试块、试件等的取样过程。

（5）完成取样后，施工单位取样人员应在试样或其包装上作出标识、封志。标识和封志应标明工程名称、取样部位、取样日期、样品名称和样品数量等信息，并由见证取样的专业监理工程师和施工单位取样人员签字。不能装入箱中的试件，如钢筋样品、钢筋接头，则贴上专用加封标志，然后送往试验室。

2）实施见证取样的要求

（1）试验室要具有相应的资质并进行备案、认可；

（2）负责见证取样的专业监理工程师要具有材料、试验等方面的专业知识，并经培训考核合格，且要取得见证人员培训合格证书；

（3）施工单位从事取样的人员一般应是试验室人员或专职质检人员担任；

（4）试验室出具的报告一式两份，分别由施工单位和项目监理机构保存。

4.平行检验

平行检验是指监理人员利用一定的检查或检测手段，在施工单位自检的基础上，按照一定的比例独立进行的工程质量检测活动。平行检查体现工程监理的独立性、科学性，也是管理专业化的要求。

（1）对进场工程材料、构配件、设备的检查、检测和复验应按照各专业施工质量验收规范规定的抽样方案和合同约定的方式进行，并依据检测实况及数据编制报告归入监理档案。

（2）对分项工程检验批的检查、检测应按各专业施工质量验收规范的内容和标准对工程质量控制的各个环节实施必要的平行检测，并记录归入监理档案。检验批抽检数量不得少于该分项工程检验批总数的20%。

（3）对分部工程、单位工程有关结构安全及功能的检测抽检，工程观感质量的检查、评定等应按《建筑工程施工质量验收统一标准》GB 50300—2013及合同约定的要求进行。检测结果形成记录，并归入监理档案。

（4）对隐蔽工程的验收应按有关施工图纸及各专业施工质量验收规范的有关条款进行必要的检查、检测，并依实记录，归入监理档案。

（5）在平行检验中发现有质量不合格的工程部位，监理人员不得对施工单位相应工程部位的质量控制资料进行审核签字，并通知施工单位不得继续进行下道工序施工。

（6）监理人员必须在平行检验记录上签字，并对其真实性负责。

（七）监理工作制度的编制

为积极响应招标文件要求，监理大纲中应根据工程特点和工作重点编制监理工作制度，主要包括：现场施工监理工作制度、文件审批程序管理制度、监理内部工作制度。当招标文件明确有监理相关服务或为全过程工程咨询、项目管理时，还应编制相关服务或全过程工程咨询、项目管理的监理工作制度，如项目立项阶段，包括可行性研究报告评审制度和工程估算审核制度等；勘察、设计阶段，包括勘察、设计方案评审制度，勘察、合同管理制度，工程概算审核制度，施工图纸审核制度，设计费用支付签认制度，设计协调会制度等；施工招标阶段，包括招标管理制度，标底或招标控制价编制及审核制度，合同条件拟订及审核制度等。监理工作制度的编制应不限于下列内容：

1.施工图纸会审及设计交底制度

在工程开工之前，必须进行图纸会审，在熟悉图纸的同时排除图纸上的错误和矛盾。项目监理机构应于开工前协助建设单位组织设计、施工单位进行图纸会审；协助建设单位督促组织设计单位向施工单位进行施工设计图纸的全面技术交底，提出对关键部位、工序质量控制的要求，主要包括设计意图、施工要求、质量标准、技术措施等。图纸会审应以会议形式进行，设计单位就施工图纸设计文件向施工单位和监理单位作出详细说明，使施工单位和监理单位了解工程特点和设计意图，随后通过各相关单位多方研究，找出图纸存在的问题及需要解决的技术难题，并制定解决方案。监理单位要根据讨论决定的事项整理出书面会议纪要，交由参加图纸会审各方会签，会议纪要一经签认，即成为施工和监理的依据。

2.施工组织设计/施工方案审核、审批制度

1）在工程开工前，施工单位必须完成施工组织设计的编制及内部审批工作，填写《施工组织设计/（专项）施工方案报审表》报送项目监理机构。总监理工程师在约定的时间内，组织专业监理工程师审查，提出意见后，由总监理工程师审核签认。需要施工单位修改时，由总监理工程师签发书面意见，退回施工单位修改后重新报审。施工单位应严格按审定的施工组织/施工方案设计文件施工。

2）施工组织设计、（专项）施工方案审查应包括下列基本内容：

（1）编审程序应符合相关规定；

（2）施工进度、施工方案及工程质量保证措施应符合施工合同要求；

（3）资金、劳动力、材料、设备等资源供应计划应满足工程施工需要；

（4）安全技术措施应符合工程建设强制性标准；

（5）施工总平面布置应科学合理。

3）《施工组织设计/（专项）施工方案报审表》，应按《建设工程监理规范》GB/T 50319—2013专用表B.0.1的要求填写。

3.工程开工、复工审批制度

1）当工程项目的主要施工准备工作已完成时，施工单位可填报《工程开工

报审表》，总监理工程师组织专业监理工程师审查施工单位报送的开工报审表及相关资料；同时具备下列条件时，应由总监理工程师签署审查意见，并应报建设单位批准后，总监理工程师签发《工程开工令》：

（1）设计交底和图纸会审已完成；

（2）施工组织设计已由总监理工程师签认；

（3）施工单位现场质量、安全生产管理体系已建立，管理及施工人员已到位，施工机械具备使用条件，主要工程材料已落实；

（4）进场道路及水、电、通信等已满足开工要求。

2）当工程项目的主要施工准备工作未完成时，施工单位应进一步做好施工准备，待条件具备时，再次填报开工申请。

4.工程材料检验制度

（1）材料进场必须有出厂合格证、生产许可证、质量保证书和使用说明书。工程材料进场后，用于工程施工前，施工单位应填报《工程材料、构配件、设备报审表》，项目监理机构应审查施工单位报送的用于工程的材料、构配件、设备的质量证明文件，包括进场材料出厂合格证、材质证明、试验报告等，并应按有关规定、建设工程监理合同约定，对用于工程的材料进行见证取样、平行检验。

（2）项目监理机构对已进场经检验不合格的工程材料、构配件、设备，应要求施工单位限期将其撤出施工现场。

5.工程质量检验制度

（1）工程质量检验前，施工单位应按有关技术规范、施工图纸进行自检，自检合格后填写隐蔽工程、关键部位质量报审、报验表，并附上相应的工程检查证明（或隐蔽工程检查记录）及相关材料证明、试验报告等，报送项目监理机构。项目监理机构应对施工单位报验的隐蔽工程、检验批、分项工程和分部工程进行验收，对验收合格的应给予签认；对验收不合格的应拒绝签认，同时应要求施工单位在指定的时间内整改并重新报验。

（2）对已同意覆盖的工程隐蔽部位质量有疑问的，或发现施工单位私自覆盖工程隐蔽部位的，项目监理机构应要求施工单位对该隐蔽部位进行钻孔探测或揭开等方法进行重新检验。

6.工程变更处理制度

（1）如因设计图错漏，或发现实际情况与设计不符时，对施工单位提出的工程变更申请，总监理工程师应组织专业监理工程师审查施工单位提出的工程变更申请，提出审查意见。对涉及工程设计文件修改的工程变更，应由建设单位转交原设计单位修改工程设计文件。必要时，项目监理机构应建议建设单位组织设计、施工等单位召开论证工程设计文件的修改方案的专题会议。工程变更往往会对工程费用和工程工期带来影响，总监理工程师应组织专业监理工程师对工程变更费用及工期影响作出评估并组织建设单位、施工单位等协商确定工程变更费用及工期变化，会签《工程变更单》。

（2）工程变更由总监理工程师审核无误后签发。项目监理机构根据批准的工程变更文件监督施工单位实施工程变更，做好工程变更的闭环控制和签证、确认工作，为竣工决算提供依据。

7.工程质量验收制度

（1）施工单位完工，自检合格提交《单位工程竣工验收报审表》及竣工资料后，项目监理机构应组织审查资料和组织工程竣工预验收。工程存在质量问题的，应要求施工单位及时整改；工程质量合格的，总监理工程师应签认《单位工程竣工验收报审表》。工程竣工预验收合格后，项目监理机构应编写工程质量评估报告，并应经总监理工程师和工程监理单位技术负责人审核签字后报建设单位。

（2）项目监理机构应参加由建设单位组织的竣工验收，对验收中提出的整改问题，应督促施工单位及时整改。工程质量符合要求的，总监理工程师应在工程竣工验收报告中签署意见。

8.监理例会制度

1）项目监理机构应定期组织召开监理例会，研究协调施工现场包括计划、进度、质量、安全及工程款支付等问题，可有参建各方负责人参加，施工单位书面向会议汇报上期工程情况及需要协调解决的问题，提出下期工作计划。监理例会应沟通工程质量及工程进展情况，检查上期会议纪要中有关决定的执行情况，分析当前存在的问题，提出问题的解决方案或建议，明确会后应完成的任务。项目监理机构根据会议内容和协调结果编写会议纪要并由与会各方签字确认，会议纪要须经总监理工程师批准签发后分发给各单位。

2）第一次工地会议主要内容

（1）建设单位、施工单位和监理单位分别介绍各自驻现场的组织机构、人员及分工；

（2）建设单位介绍工程开工准备情况；

（3）施工单位介绍工程开工准备情况；

（4）建设单位代表和总监理工程师对施工准备情况提出意见和要求；

（5）总监理工程师介绍监理规划的主要内容；

（6）研究确定各方在施工中参加监理例会的主要人员，召开监理例会的周期、地点及主要议题；

（7）其他有关事项。

3）监理例会主要内容

（1）检查上次例会议定事项落实情况，分析未完事项原因；

（2）检查分析工程项目进度计划完成情况，提出下一周进度目标及落实措施；

（3）检查分析工程项目质量施工安全管理状况，针对存在的问题提出改进措施；

（4）检查工程量核定及工程款支付情况；

（5）解决需协调的有关事项；

（6）其他有关事项。

4）专题会议

项目监理部根据工程需要，主持或参加专题会议，解决监理工作范围内工程专项问题。

5）上述会议的会议纪要由监理部整理，与会各方代表签字后分发与会单位。

9.监理工作日志制度

在监理工作开展过程中，项目监理机构每日填写监理日志。监理日志应反映监理检查工作的内容、发现的问题、处理情况及当日大事等。监理日志的填写要求及时、准确、真实，书写工整，用语规范，内容严谨。监理日志要及时交总监理工程师审查，以便及时沟通了解现场状况，从而促进监理工作正常有序地开展。

10.分包单位资格审查制度

1）分包工程开工前，项目监理部应审核施工单位报送的分包单位资格报审表，专业监理工程师提出审查意见后，应由总监理工程师审核签认。

2）分包单位资格审核应包括下列基本内容

（1）营业执照、企业资质等级证书；

（2）安全生产许可文件；

（3）类似工程业绩；

（4）专职管理人员和特种作业人员的资格。

3）分包单位资格报审表应按《建设工程监理规范》GB/T 50319—2013专用表B.0.4的要求填写。

11.施工测量放线报验制度

1）专业监理工程师应对施工单位报送的定位测量放线控制成果及保护措施进行检查，符合要求时予以签认。

2）每层的轴线放样及标高引测后，施工单位均应向项目监理机构进行报验，专业监理工程师组织有关人员及时进行复核，符合要求时予以签认。

3）施工控制测量成果及保护措施的检查、复核，应包括下列内容：

（1）施工单位测量人员的资格证书及测量设备检定证书；

（2）施工平面控制网、高程控制网和临时水准点的测量成果及控制桩的保护措施。

4）施工控制测量成果报验表应按《建设工程监理规范》GB/T 50319—2013专用表B.0.5的要求填写。

12.监理工程师巡视和旁站制度

（1）监理人员对施工过程进行巡视和检查，对关键部位、关键工序，制定旁站监理实施细则，结合工程的具体情况，明确旁站监理的范围、内容、程序和旁站监理人员职责等，在实施过程中凡属需要旁站监理的范围、内容，施工单位应提前24h通知项目监理人员进行旁站。

（2）监理人员填写的旁站记录应按《建设工程监理规范》GB/T 50319—2013专用表A.0.6的要求填写。

（3）监理人员在巡视和旁站过程中，对发现的有关质量缺陷或安全隐患，应及时下达监理工程师通知，要求施工单位整改，并检查整改结果，如发现施工存在重大质量或安全隐患，可能造成或已经造成质量或安全事故时，应通过总监理工程师及时下达工程暂停令，要求施工单位停工整改。整改完毕并经监理人员复查，符合规定要求后，总监理工程师应及时签署工程复工报审表，总监理工程师下达工程暂停令和签署工程复工报审表，宜事先向建设单位报告。

13.现场质量验收举牌验收制度

（1）监理工程师在现场所有工程验收过程中进行举牌验收制度，对验收合格工程由验收监理工程师、施工单位质检员、施工员、工长、责任人等所有参加验收人员进行举牌验收制度；

（2）对验收不合格工程，监理工程师、施工单位质检员、施工员、工长、责任人等所有参加验收人员不得签认；

（3）验收牌上标明验收日期、验收人员、验收部位、验收结果、验收过程质量控制；

（4）举牌验收过程留存影像资料，明确责任人，便于现场管理，加强了质量验收控制关，对现场隐蔽工程质量管理进行多种措施控制。

14.现场实体质量实测实量制度

（1）根据本项目特性，监理部中标后将在现场所有实体工程中开展实测实量工作。通过实测实量工作开展了解现场实体质量，通过改进工艺、施工措施，提升工作整体质量及工程品质。

（2）现场实测实量项目主要包括平整度检测、垂直度检测、梁底极差、板极差、净空尺寸、净高、预埋件位置、出墙率、外观质量、板厚、保护层厚度等项目。

（3）所有实测实量数据做到全部贴主体结构上，随时可以查看，对实测实量数据进行分析，查找偏差原因，要求施工单位改进施工工艺，采取必要措施，确保工程实体质量及观感质量。

15.工程质量事故处理制度

1）建设工程中发生的工程质量问题，影响建筑物使用功能和工程结构安全，造成永久质量缺陷的、存在质量隐患的，或产生的直接损失在5000元及其以上的质量返工均属于工程质量事故范围，应予追究处理。项目总监理工程师应主持或参与工程质量事故的调查，并对质量事故的处理过程和处理结果进行跟踪检查和验收。

2）工程质量事故处理程序如下：

（1）质量事故发生后，监理人员应当在第一时间到事故现场进行调查或参与应急处理。如工程事故仍继续发展，应立即责成施工单位现场管理人员采取妥善的应急措施制止事态发展，防止事故扩大，确保现场及工程处于安全状态。总监理工程师应签发《工程暂停令》，停止质量事故的工程部位继续施工，保护现场，并应报告建设单位。依据质量事故等级，责成施工单位上报相应的主管行政部门。

（2）监理人员对工程质量事故现场调查的同时，监理工程师应签发《监理工程师通知》，要求施工单位尽快提交《工程质量事故报告》，对事故发生的部位、时间、质量事故的状况及变化情况、采取的应急措施进行报告，并应对发生事故原因的初步分析、对直接损失的初步估算、初步处理意见进行报告。

（3）监理工程师应组织监理人员对质量事故现场进行调查、取证、照相或录像，获取第一手资料，并写出质量事故报告，报送中心工程技术部及建设单位。

（4）报告应包含以下主要内容：

①质量事故发生的时间、当时的天气状况（引证当时监理日记），当时现场的施工工艺操作状况、施工人员情况，施工现场的交通、工作面，使用的工程材

料、施工机械运行情况等周围环境状况；

②质量事故发生的工程部位，事故状况（混凝土或砌体裂缝、断裂、坍塌、支模或脚手架坍塌、施工机械事故等），严重程度的检测等；

③质量事故发展变化情况（其范围是否继续扩大、是否危及周边，或事故已经稳定）；

④对质量事故部位的观测记录、必要的检测数据、现场状态照片或录像等；

⑤初步的事故原因分析，监理责任分析；

⑥初步的损失估算；

⑦初步的处理意见。

（5）质量事故的严重程度如已属行政主管部门处理的范围，则总监理工程师应予积极配合，协助调查取证。

（6）总监理工程师应会同建设单位、施工单位、组织质量事故调查分析会议，并邀请相关部门有关人员参加（如勘察、设计单位，材料、设备供应单位，检测单位、政府质检部门等）。会议内容如下：

①核实调查资料，查明事故发生的原因、过程、事故的严重程度和经济损失情况；

②鉴定事故的性质、责任单位和主要责任人及处理意见；

③对质量事故进行技术鉴定，初步提出处理方案和意见；

④本次会议由监理机构作出会议纪要，由与会各方人员签署会议纪要。

（7）责成施工单位根据事故的技术鉴定提出质量事故处理技术方案（修补、拆除返工或其他技术处理）及有关经济或其他损失的赔付问题的报告。对于技术较复杂的质量事故处理技术方案应委托原设计单位提出书面资料。

（8）总监理工程师应会同建设单位、施工单位组织质量事故处理技术方案研讨会议，应邀请相关的勘察、设计单位，质量检测单位，质检站或相关专家进行论证，以确保技术方案可行、可靠，保证结构安全和必要的使用功能；对确定的处理方案必须经原设计单位同意签认。

（9）对经过论证并最终确认的质量事故处理技术方案，经建设单位及质检站同意后由总监理工程师签发施工单位执行施工。要求施工单位报审专项施工方案，总监理工程师审批后由监理工程师编制监理实施细则，对施工过程实施旁站监理。

（10）施工完成后由施工单位对质量进行自检并申报验收。总监理工程师接到报验申请后应组织有关各方进行检查验收，必要时应委托相关检测单位进行质量检测鉴定。

（11）验收合格后应报建设单位及质检站复查同意，并由总监理工程师签署准许进行下一道工序继续施工的《复工令》。如经返修处理后仍不能满足安全使用要求的，则监理应拒绝验收。

（12）质量事故处理完毕后施工单位应编写《质量事故处理报告》。

（13）监理机构应编写《质量事故处理监理报告》，主要内容应包括：

①工程质量事故概况介绍（如无修改可附原《质量事故调查报告》）；

②质量事故原因分析结论；

③质量事故处理的依据及处理技术方案；

④质量技术处理全过程的旁站监理过程；

⑤对处理结果的检查鉴定和验收；

⑥质量事故处理结论。

（14）《质量事故处理监理报告》由总监理工程师签署后报送建设单位及中心工程技术部各一份，并归入监理档案。

3）工程质量事故方案

（1）工程质量事故处理的一般原则

①正确确定事故性质（是表面性还是实质性，是结构性还是一般性，是迫切性还是可缓性）；

②正确确定处理范围（除直接发生部位，还应检查处理事故相邻有影响作用的范围内其结构部位或构件的状况）；

③工程质量事故处理的基本要求是：安全可靠，不留隐患；满足建筑物的功能和使用要求；技术上可行，经济合理。

（2）工程质量事故处理的基本方案

①修补处理方案。适用于通过修补、加固或更换器具、设备后还可达到要求的质量标准，又不影响使用功能，保证结构安全和外观要求的质量缺陷处理。例如混凝土表面裂缝的封闭保护、结构部件的加固补强、设备安装的复位纠偏，以及一些表面的修补处理等。

②返工处理方案。当工程质量缺陷对结构的使用和安全构成重大影响，无法采用加固补强和修补或修补处理费用比原工程投资还高的，则应通过论证和技术鉴定，进行整体拆除，全面返工。

③不做处理的方案。工程质量虽然不符合标准要求，但经过分析、论证、法定检测单位鉴定和设计部门研究认可，对工程或结构使用及安全影响不大，修补处理作用不大（无效果）的工程也可不做专门处理。

16. 监理报告制度

（1）每月25日，编制监理月报，对本月进度、质量、工程款支付及安全生产等方面情况进行综合评价，提出合理的建议，并对下月监理工作重点进行安排。监理月报经总监审阅后报建设单位和监理单位。

（2）在实施监理过程中，发现工程存在质量与安全事故隐患，情况严重时，应签发《工程暂停令》，并应及时报告建设单位。施工单位拒不整改或不停止施工时，项目监理部应及时向有关主管部门报送监理报告。

（3）监理工作结束时，向建设单位和本单位提交监理工作总结。

17. 工程暂停及复工处理制度

1）总监理工程师在签发《工程暂停令》时，可根据停工原因的影响范围和影响程度，确定停工范围，并应按施工合同和建设工程监理合同的约定签发《工程暂停令》。

2）发现下列情况之一时，总监理工程师应及时签发《工程暂停令》：

（1）建设单位要求暂停施工且工程需要暂停施工的；

（2）施工单位未经批准擅自施工或拒绝项目监理机构管理的；

（3）施工单位未按审查通过的工程设计文件施工的；

（4）施工单位违反工程建设强制性标准的；

（5）施工存在重大质量、安全事故隐患或发生质量、安全事故的。

3）总监理工程师签发工程暂停令应事先征得建设单位同意，在紧急情况下未能事先报告时，应在事后及时向建设单位作出书面报告。

4）因施工单位原因暂停施工时，项目监理机构应检查、验收施工单位的停工整改过程、结果。

5）当暂停施工原因消失、具备复工条件时，施工单位提出复工申请的，项目监理机构应审查施工单位报送的工程复工报审表及有关材料，符合要求后，总监理工程师应及时签署审查意见，并应报建设单位批准后签发《工程复工令》；施工单位未提出复工申请的，总监理工程师应根据工程实际情况指令施工单位回复施工。

18. 安全监理制度

1）安全监理文件的编制

（1）监理项目机构在编制《监理规划》中应包含安全监理方案，并明确安全监理内容，工作程序和制度措施。

（2）监理项目机构在编制《监理细则》中应包含安全监理的具体措施。

（3）以下工程应单独编制《危大工程安全监理实施细则》：

①5m以上深基坑；

②连续排架面积$100m^2$以上模板及支撑架体；

③悬挑和附着升降式脚手架；

④拆除爆破、大型结构或设备吊装、施工起重机设备装拆等高危作业；

⑤技术复杂、专业性较强，安全施工风险大的工程。

2）安全监理组织机构和人员的职责、要求

（1）监理企业行政负责人对本企业监理工程项目的安全负责；

（2）项目总监理工程师对工程项目的安全监理工作负责，并根据工程项目特点，确定施工现场的安全监理人员，明确其工作职责；

（3）安全监理人员在总监理工程师的领导下，从事施工现场日常安全监理工作；

（4）安全监理人员须经安全监理业务教育培训，考核合格，持证上岗；

（5）监理项目机构在开展安全监理工作中应建立完整、齐全和有效的安全监理工作资料系统，真实反映安全监理工作情况。

3）安全监理工作程序及要求

（1）在施工安全监理工作中总监理工程师应及时组织监理人员研究设计文件、有关规定、规范、标准、监理委托合同和安全监理工作细则等文件；及时传达建设单位的文件和会议精神等，并在监理项目机构内部建立起定期学习和交流制度。

（2）安全监理工程师必须在监理日记中填写安全监理工作内容（市政工程或承担施工安全监理责任的应独立记录安全监理日记），记录每天开展的安全监理工作内容及交接注意事项（包括安全监理工作、施工现场安全状况、处理意见内容）。日记中涉及书面整改要求的应记录相关文件的备存地点。项目总监理工程师应每周不少于一次进行检查，并签署安全监理日记。

（3）监理项目机构应与监理工作月报同步编制《安全监理工作月报》，经安全监理工程师和总监理工程师签署意见后，作为监理工作月报的附件报建设单位。

（4）总监理工程师应组织安全监理工程师在工程项目施工准备阶段，基础工程、结构工程、装饰工程开工前，编制《安全监理实施细则》，确定各阶段的施工安全危险源，并有针对性地明确安全监理工作对策，编制相应的监理工作检查要求。

（5）安全监理工程师应每周至少一次对施工现场进行安全工作巡视，发现有重大安全隐患应及时向总监理工程师汇报，有条件的监理项目机构应使用照相或摄像的手段正确记录施工现场安全生产情况。

(6) 项目总监理工程师应每周组织举行一次安全监理现场会议（可与每周工程例会合并召开），会议的主要议程是：检查上次会议执行情况，汇报进度情况，施工单位人员、施工机具及现场施工安全状况及必要的新议程，并确定下次会议的时间、地点和内容。对所发现的安全施工隐患，应在会上确定整改措施和责任人员。由项目监理机构根据会议情况专项编制《安全监理现场会议纪要》或在工程例会纪要中反映上述内容。

4) 安全监理工作台账

(1) 项目监理机构应独立设置《安全监理工作台账》，由安全监理工程师负责日常资料登录和管理工作。项目总监应每月不少于一次对《安全监理工作台账》中资料的及时性和有效性进行检查。项目总监也可根据本工程安全监理工作的实际要求调整《安全监理工作台账》所收录资料的内容，但不得少于《监理细则》中所示目录规定的内容。

(2)《安全监理工作台账》可按《项目监理机构安全监理工作台账》所示内容进行编制和记录。需要施工单位提供的安全生产验收资料及相关要求应于工程开工前书面通知施工单位。安全监理师在工程日常监理工作中应做到外业和内业资料同步，必要时应要求施工承包单位停工补齐相关的安全工作资料。

(3)《安全监理工作台账》的编制要求

①“项目监理机构安全监理工作体系资料管理”应包括各类指导开展安全监理工作的组织形式、工作程序、制度和细则。上述内容的编制可参照《监理细则》的相关要求，也可根据工程项目实际情况进行编制。同时，项目总监应书面确定安全监理工程师的工作职责和权限。

②“项目监理机构安全监理工作资源管理”中的相关资料应按实际情况及时进行调整，对所使用的各类规范和标准应注意检查其有效性。如有作废应明确标识，并回收作废文本予以销毁。

③“项目监理机构安全监理工作内部资料管理”中的相关资料应确保签字和盖章正确，不得出现无权和越级签字的现象，同时做好文件收发记录。各类资料应顺序编号，并建立《质量记录清单》予以登记。所发出的《安全监理工程师通知单》应附相应的回复验收记录。

④“项目监理机构安全监理工作外部资料管理”中的相关资料应请施工承包单位履行必要的书面报验手续，相关资料应齐全并且责任人员签字盖章完备。

19. 费用索赔审核制度

1) 项目监理部及时收集、整理有关工程费用的原始资料，为处理费用索赔提供依据。

2）处理费用索赔的主要依据应包括下列内容：

（1）法律法规；

（2）勘察设计文件、施工合同文件；

（3）工程建设标准；

（4）索赔事件的证据。

3）项目监理部可按下列程序处理施工单位提出的费用索赔：

（1）受理施工单位在施工合同约定的期限内提交的费用索赔意向通知书；

（2）收集与索赔有关的资料；

（3）受理施工单位在施工合同约定的期限内提交的费用索赔报审表；

（4）审查费用索赔报审表需要施工单位进一步提交详细资料时，应在施工合同约定的期限内发出通知；

（5）与建设单位和施工单位协商一致后，在施工合同约定的期限内签发费用索赔报审表，并报建设单位。

4）费用索赔意向通知书应按《建设工程监理规范》GB 50319—2013专用表C.0.3的要求填写；费用索赔报审表应按《建设工程监理规范》GB 50319—2013专用表B.0.13的要求填写。

5）项目监理部批准施工单位费用索赔应同时满足下列条件：

（1）施工单位在施工合同约定的期限内提出费用索赔；

（2）索赔事件是因非施工单位原因造成，且符合施工合同约定；

（3）索赔事件造成施工单位直接经济损失。

6）当施工单位的费用索赔要求与工程延期要求相关联时，项目监理部可提出费用索赔和工程延期的综合处理意见，并应与建设单位和施工单位协商。

7）因施工单位原因造成建设单位损失，建设单位提出索赔时，项目部应与建设单位和施工单位协商处理。

8）涉及工程费用索赔的有关施工和监理文件资料包括：施工合同、采购合同、工程变更单、施工组织设计、专项施工方案、施工进度计划、建设单位和施工单位的有关文件、会议纪要、监理记录、监理工作联系单、监理通知单、监理月报及相关监理文件资料等。处理索赔时，应遵循“谁索赔，谁举证”原则，并注意证据的有效性。

20. 监理人员工作制度

1）项目监理机构必须坚持“守法、诚信、公正、科学”的监理原则，严格遵守“监理人员职业道德守则”。

2）监理人员职业道德守则

（1）认真学习、贯彻国家有关基本建设和建设监理的政策法规；

（2）坚持原则、遵纪守法、廉洁公正，诚实信用；

（3）不接受承包单位的礼物和任何报酬及回扣、提成津贴；

（4）不得以个人名义，利用监理之便，为施工单位招揽业务；

（5）坚持科学态度，工作严肃认真，尊重客观事实，准确反映建设情况，及时妥善处理问题；

（6）严格按工程施工合同（包括合同协议书、合同条件、技术规范等）实施工程施工监理，既保护建设单位利益，又公正合理对待承包单位；

（7）对建设单位方面的情况、技术资料，严守秘密，不得有丝毫泄漏；

（8）通过对工程的试验、抽样、抽检、复查，以资料为依据，严把工程质量关；

（9）热心服务，虚心听取建设单位、承包单位的意见，及时总结经验，不断提高监理水平；

（10）不故意损害法人、被监理方和监理同行的名誉和利益；

（11）坚持公正，合理处理有关方的争议事件；

（12）不得在可能影响公正执行监理业务的单位兼职。

21.监理工作月报制度

（1）监理月报是工程监理工作的重要文件之一，全面反映工程施工情况和现场监理工作，项目总监理工程师应及时组织编制每月的监理月报，并于次月5日前由项目总监理工程师签发后报送业主；

（2）月报的编制周期为当月；

（3）监理月报应真实反映工程进展情况和监理工作情况，做到数据准确、重点突出、语言简练，并附必要的图表和照片；

（4）监理月报的内容应重点突出本月监理过程中解决的问题、提出的建议以及发出的有关通知和工程中存在的问题；

（5）监理月报统一采用A4纸；

（6）监理月报的内容及格式详见《项目监理部标准文本格式》；

（7）监理月报为监理档案资料的组成部分。

22.监理人员培训制度

（1）对公司项目总监、专业监理工程、监理员等进行建筑专业技术、监理知识、监理技能培训，通过学习，通关考试成绩合格后方可上岗执业；

（2）凡新入职员工，被项目业主不认可的总监、专监、监理员必须经再学习、再培训，通关考试成绩合格后方可重新上岗执业；

（3）项目监理人员轮换参加培训学习，凡参加培训学习的学员，不得影响项目正常监理工作。

（八）监理工作流程的编制

1.工程质量控制监理工作程序

在施工阶段中，项目监理机构要进行全过程的监督、检查与控制，不仅涉及最终产品的检查、验收，而且涉及施工过程的各环节及中间产品的监督、检查与验收（图3-2～图3-13）。

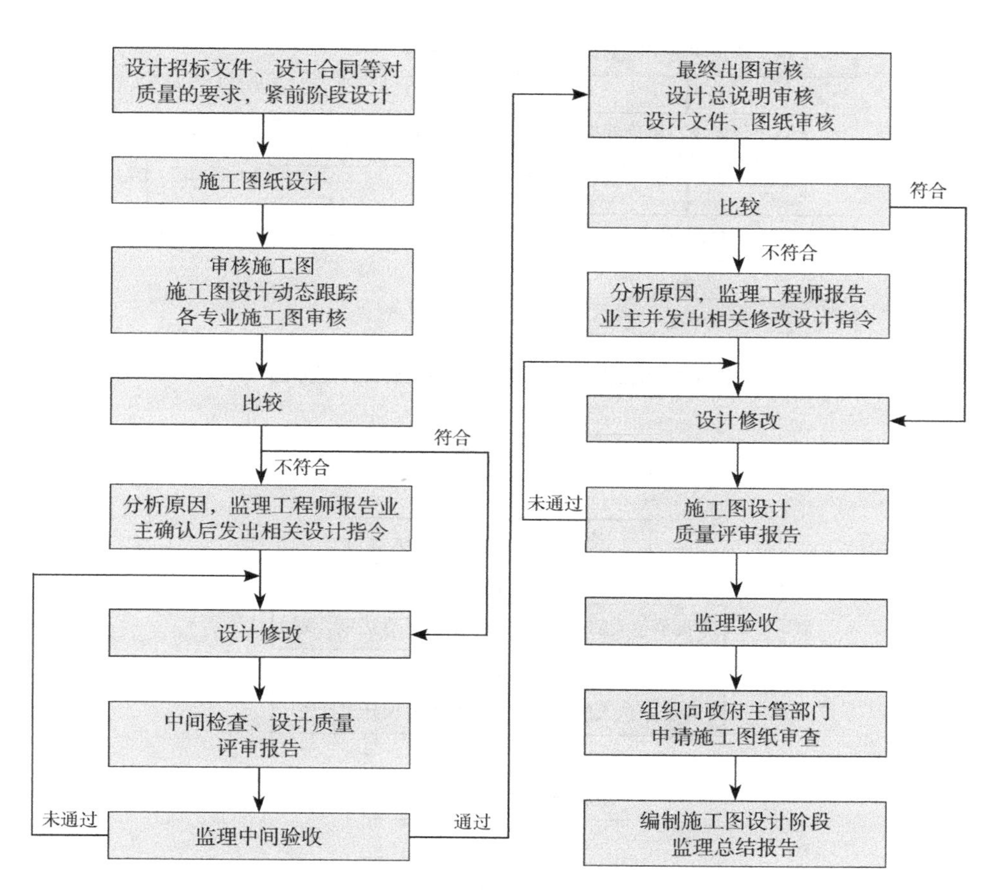

图3-2　施工图设计阶段监理质量控制工作程序图

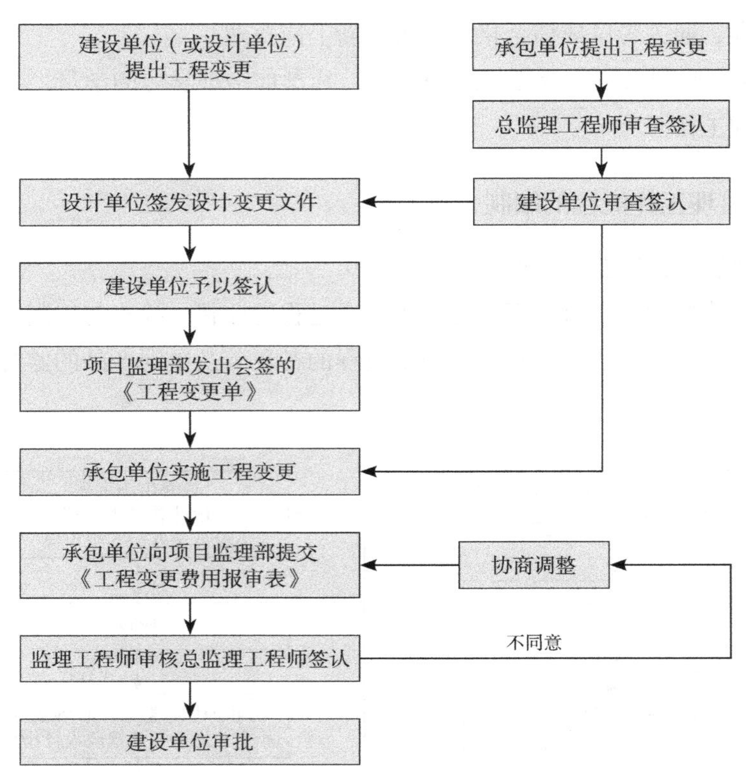

图3-3　施工阶段设计变更监理控制工作程序图

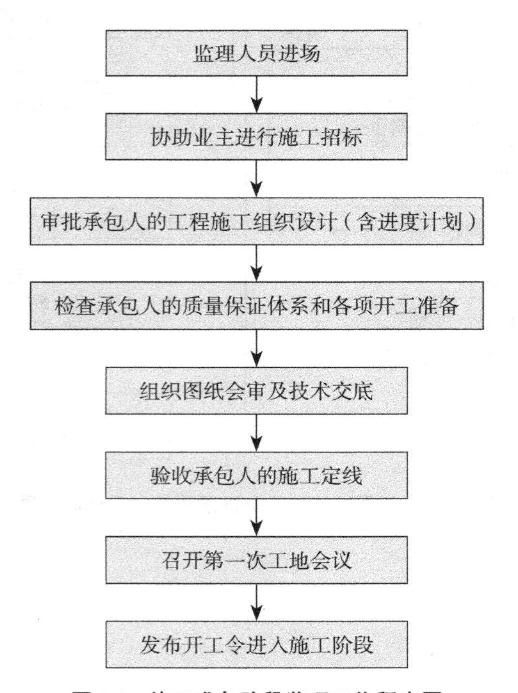

图3-4　施工准备阶段监理工作程序图

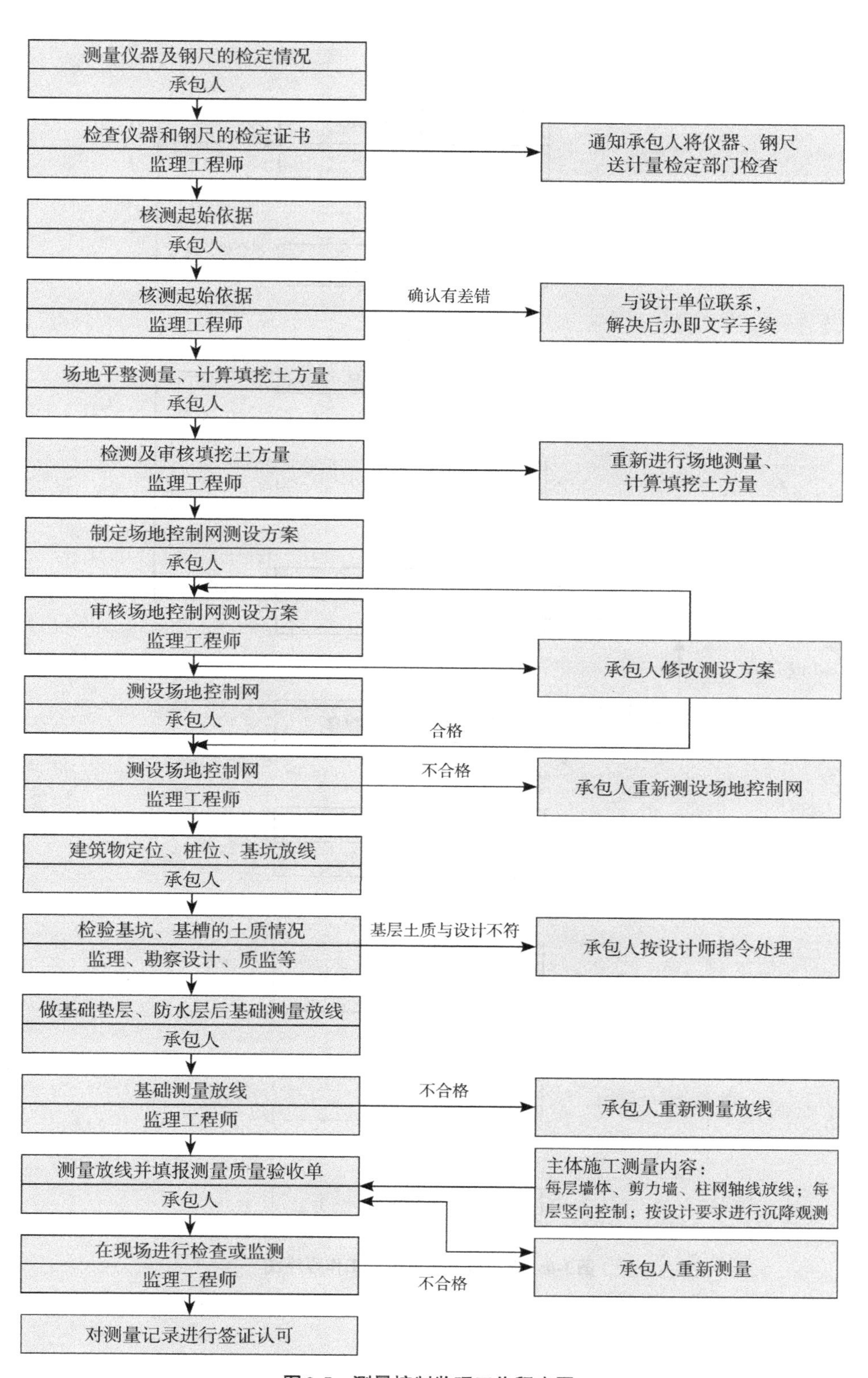

图3-5　测量控制监理工作程序图

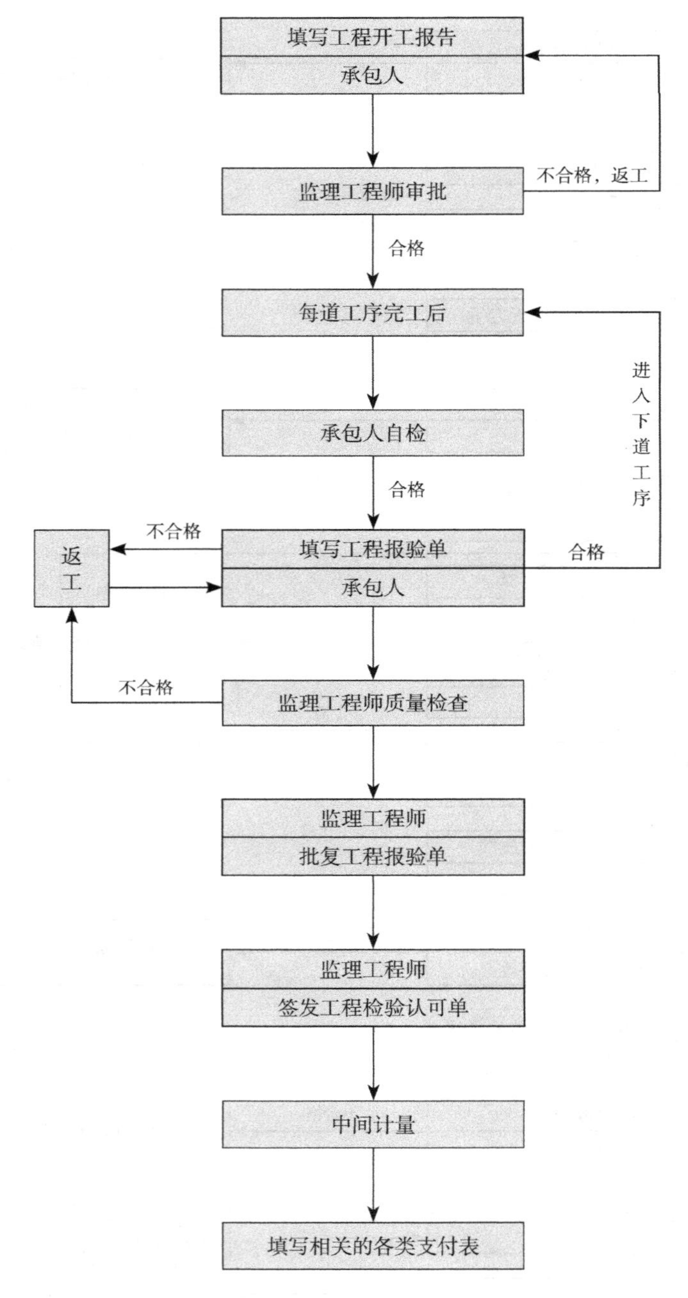

图3-6　施工阶段质量监理工作程序图

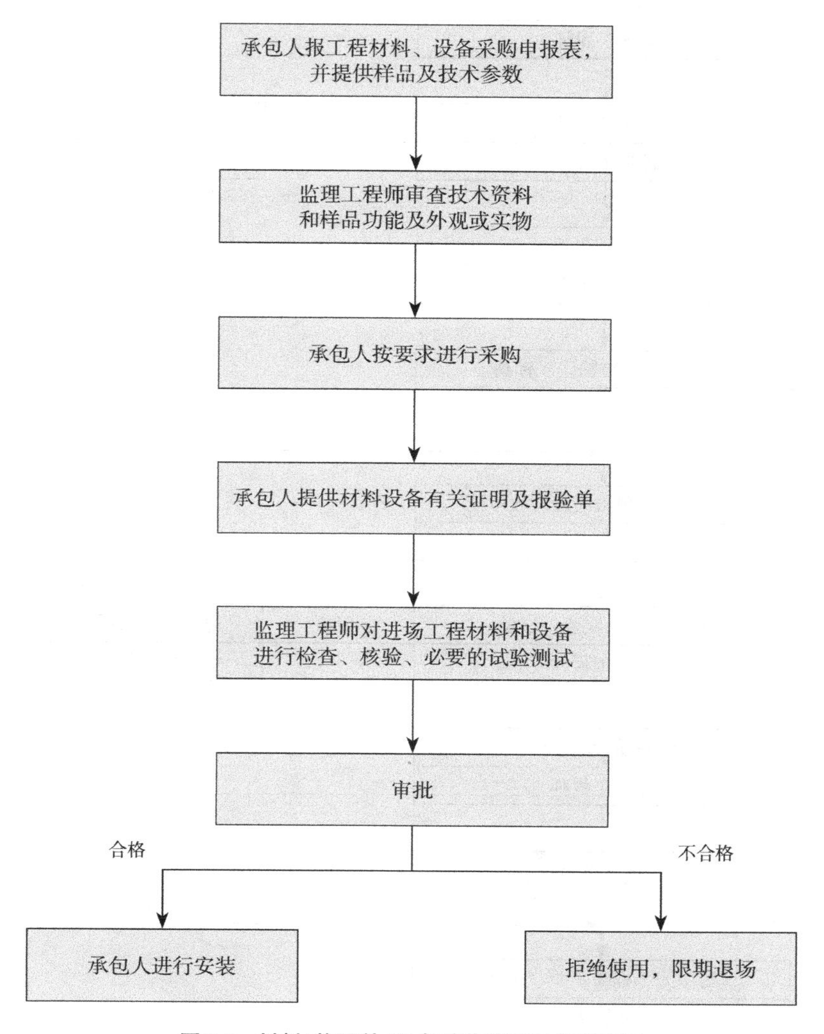

图3-7　材料/构配件/设备验收监理工作程序图

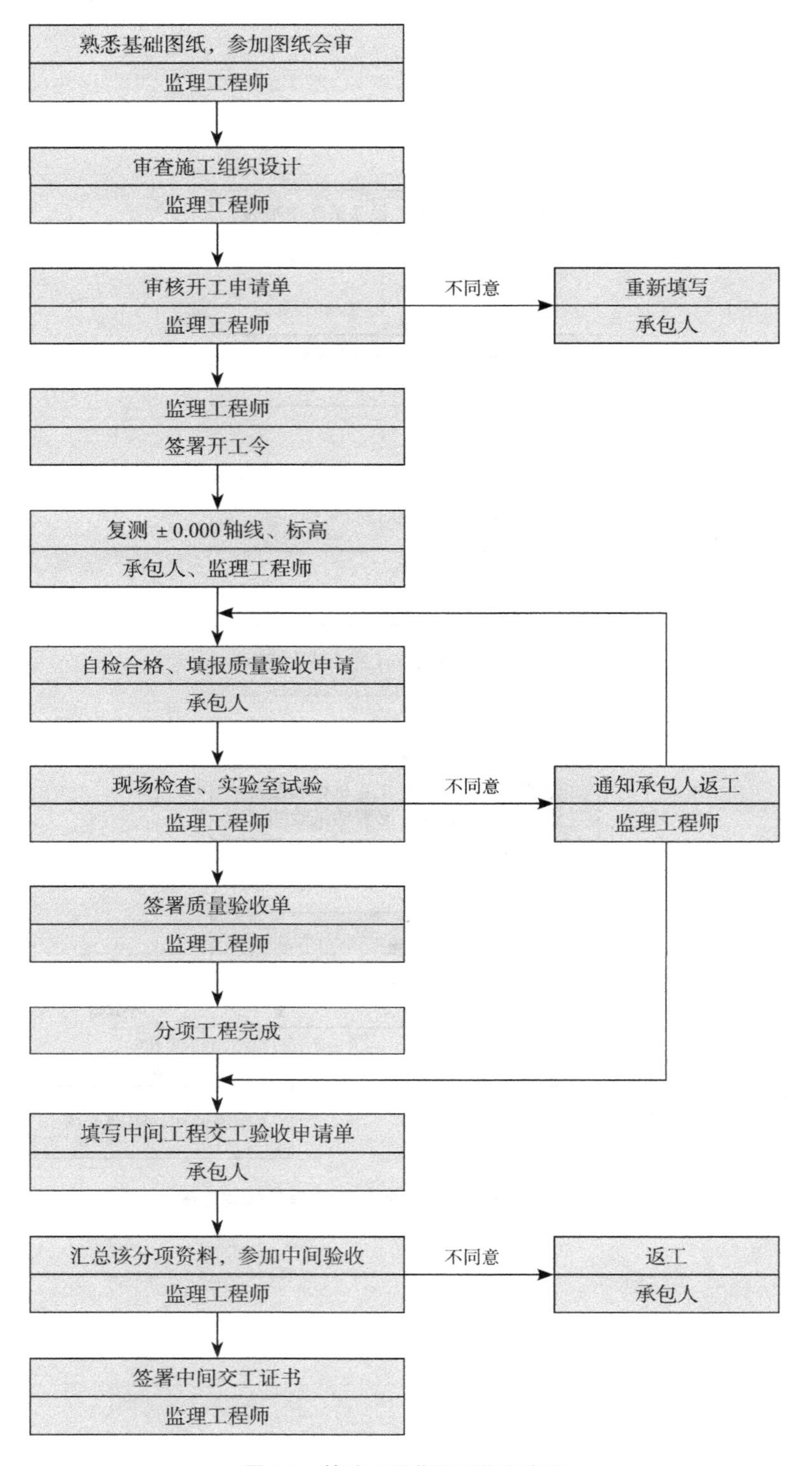

图3-8　基础工程监理工作程序图

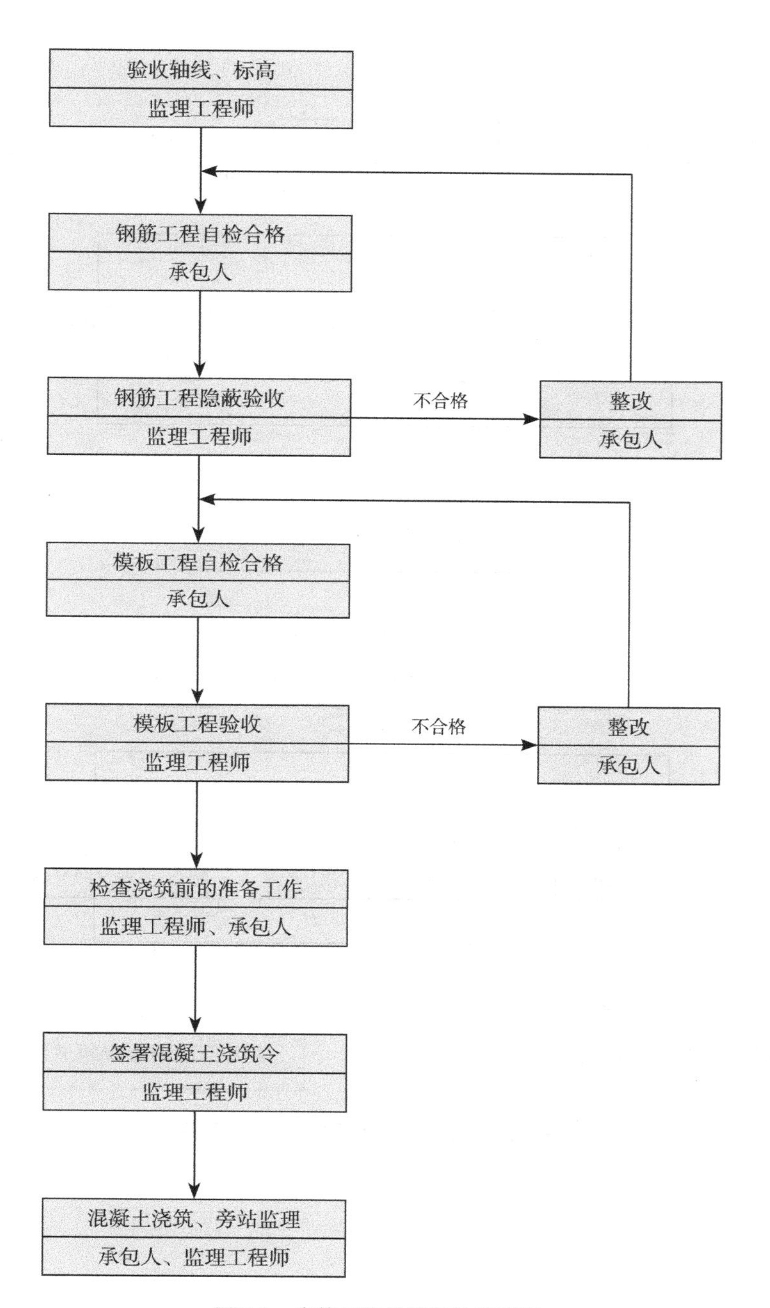

图3-9　主体工程监理工作程序图

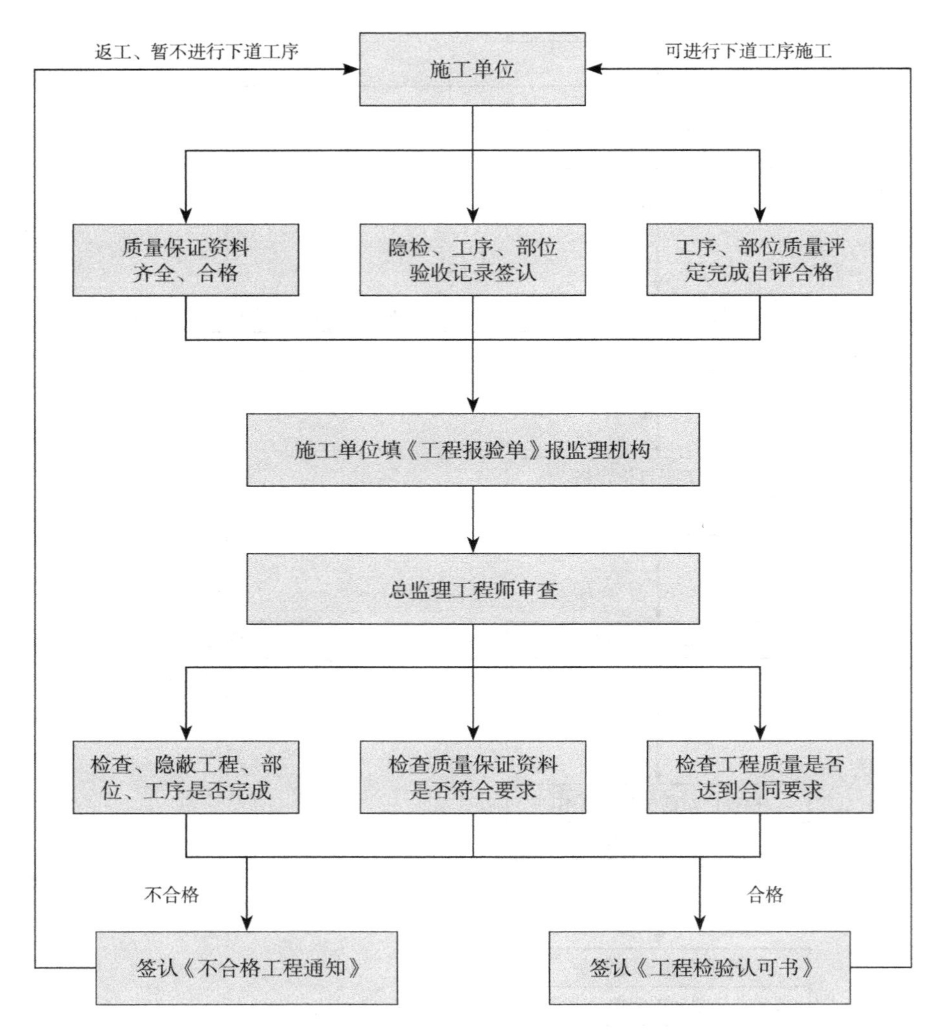

图3-10　隐蔽工程、工序部位监理工作程序图

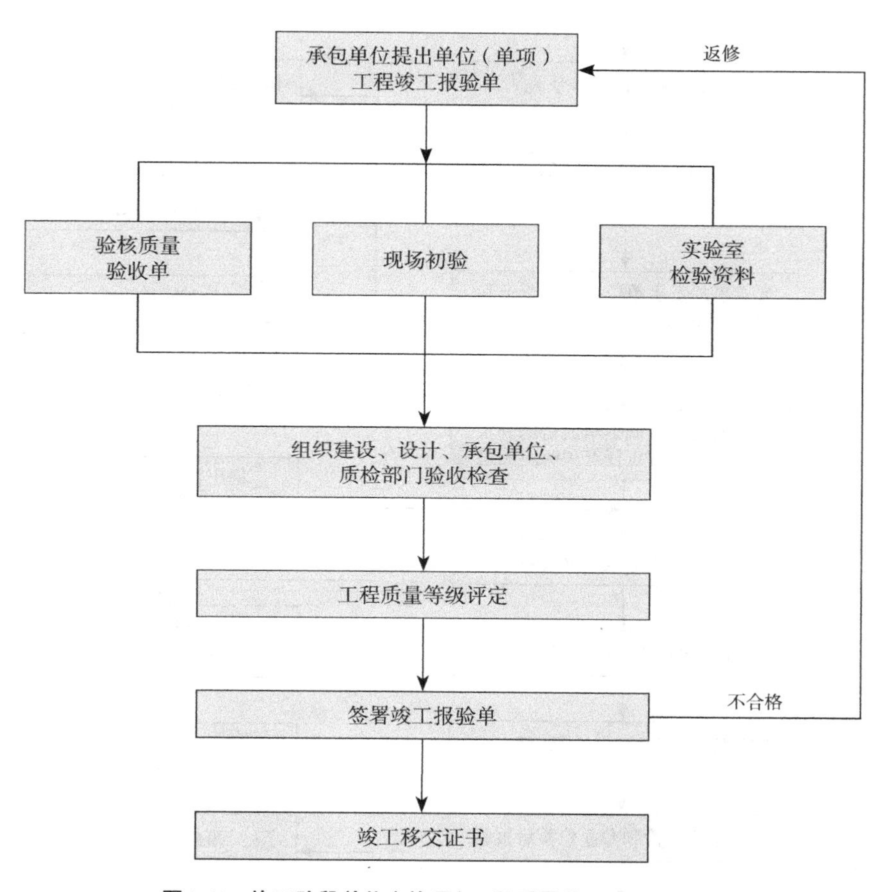

图 3-11　施工阶段单位（单项）工程质量监理工作程序图

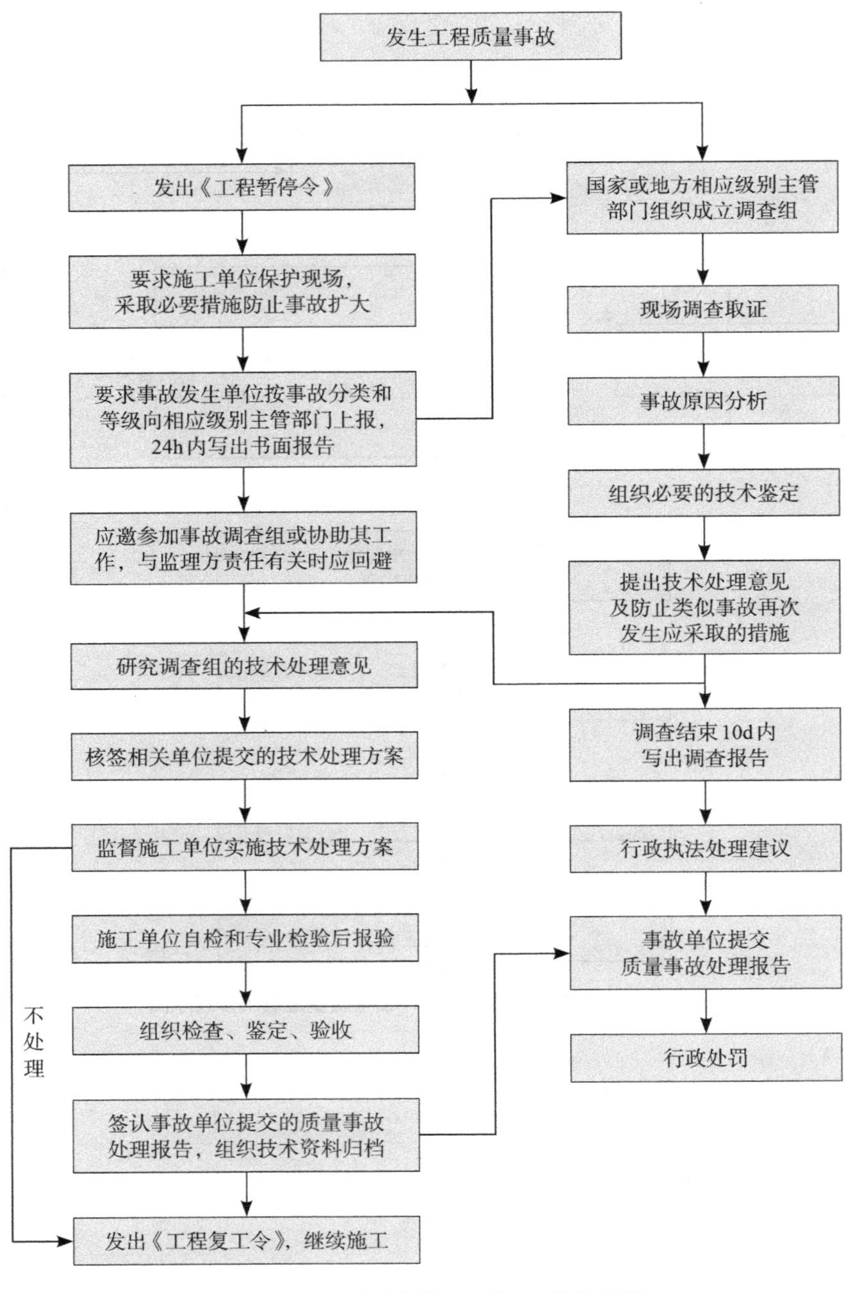

图3-12　工程质量事故处理监理工作程序图

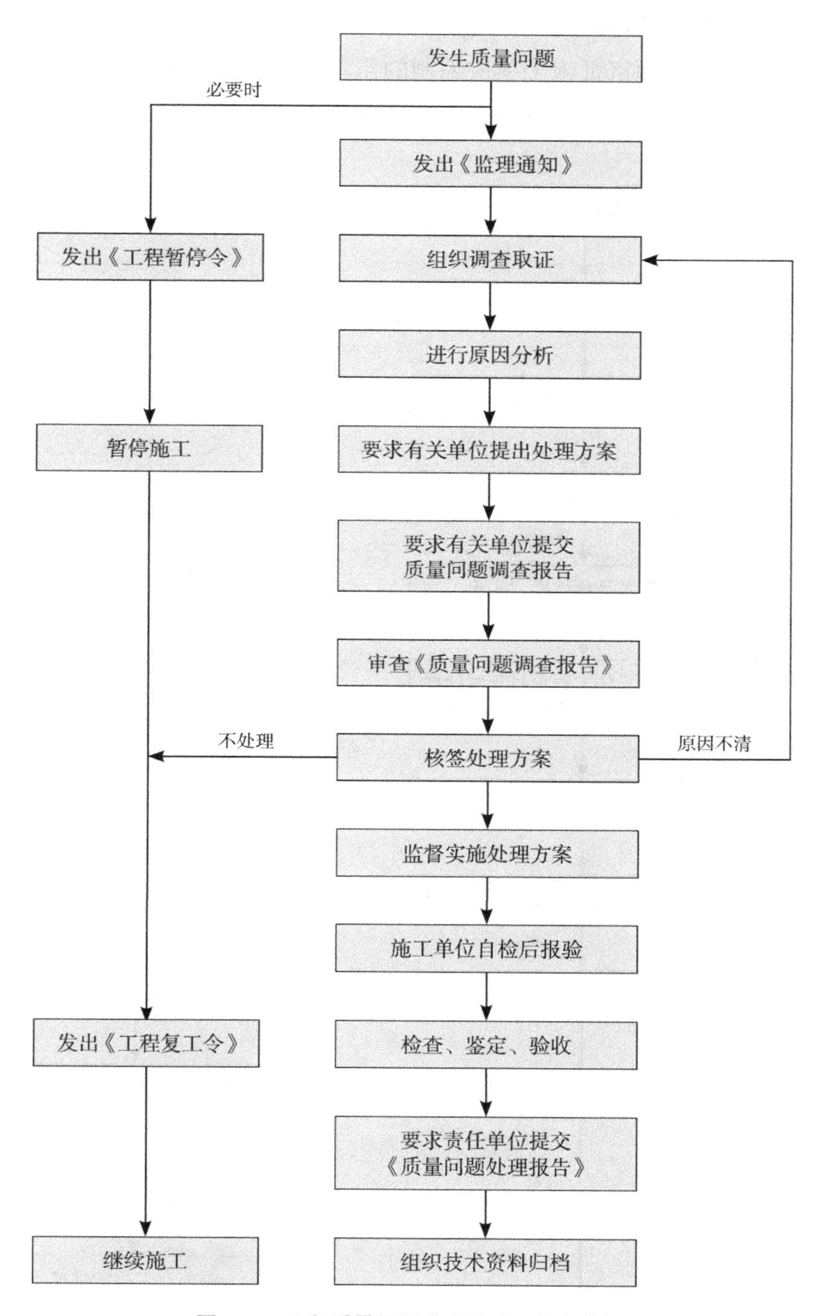

图 3-13　工程质量问题处理监理工作程序图

2. 工程进度控制监理工作程序（图3-14～图3-16）：

（1）总监理工程师审批施工单位报送的施工总进度计划；

（2）总监理工程师审批施工单位编制的年、季、月度施工进度计划；

（3）专业监理工程师对进度计划实施情况检查、分析；

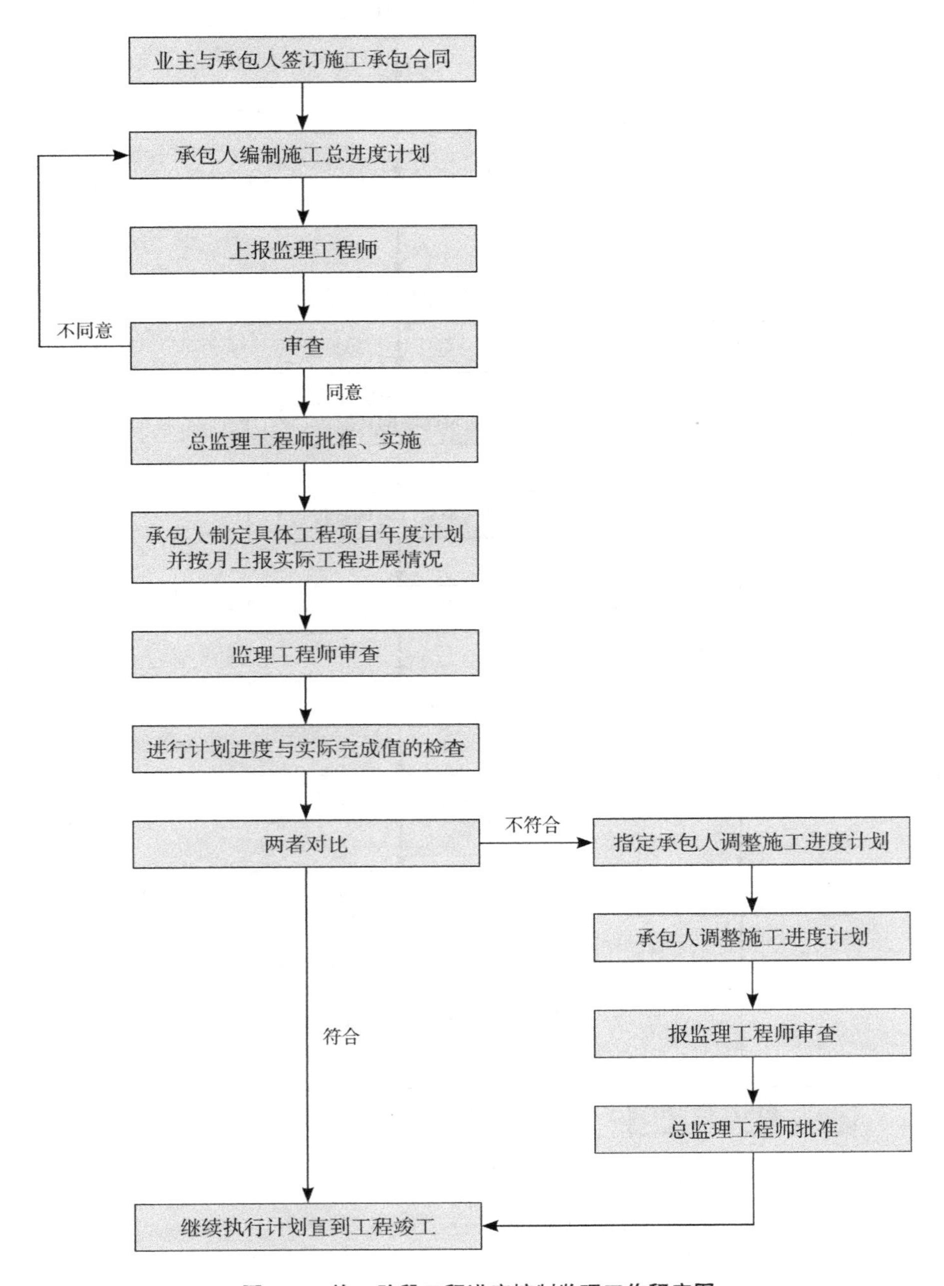

图3-14　施工阶段工程进度控制监理工作程序图

（4）当实际进度符合计划进度时，应要求施工单位编制下一期进度计划；当实际进度滞后于计划进度时，专业监理工程师应书面通知施工单位采取纠偏措施并监督实施。

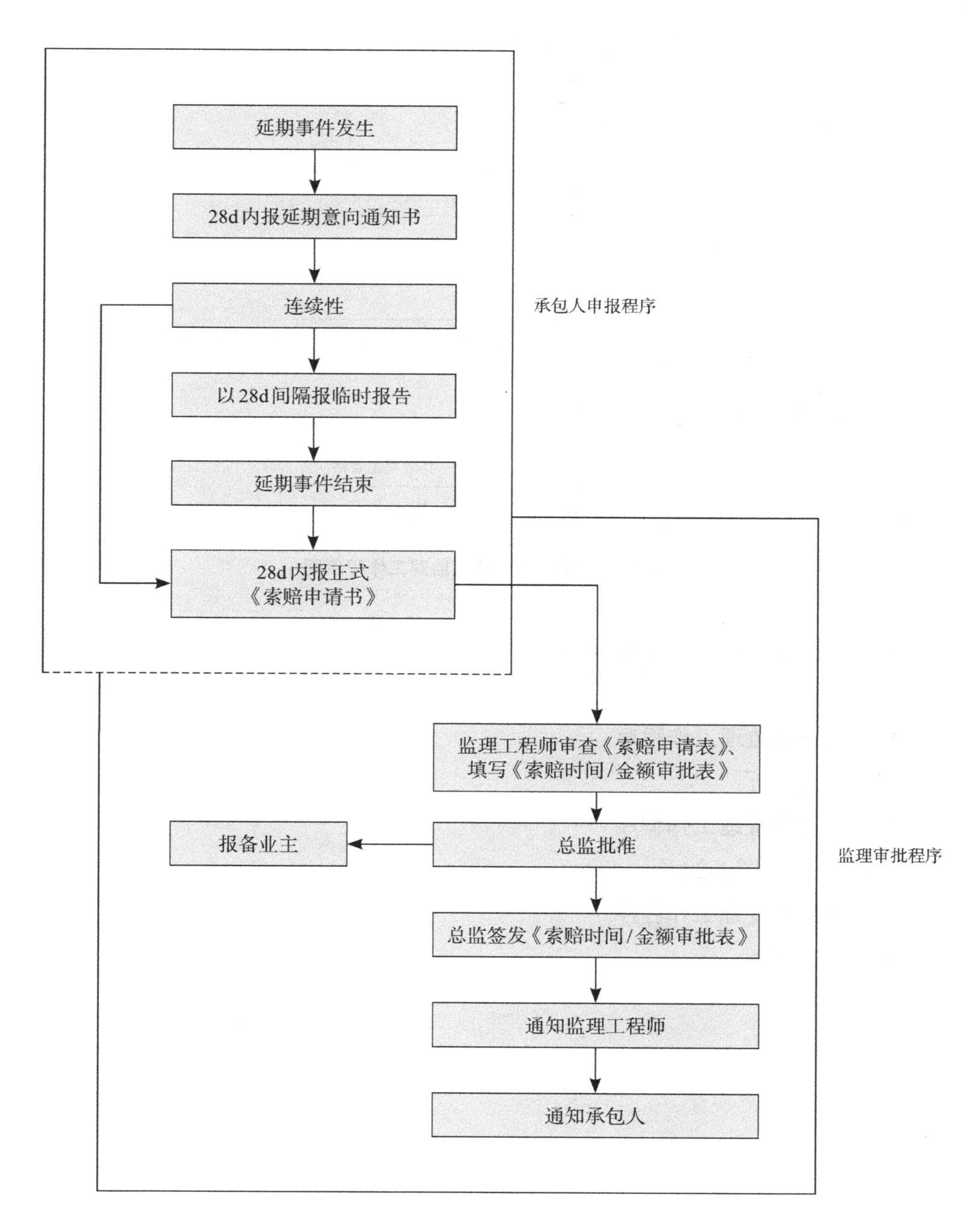

图3-15　工程延期审批监理工作程序图

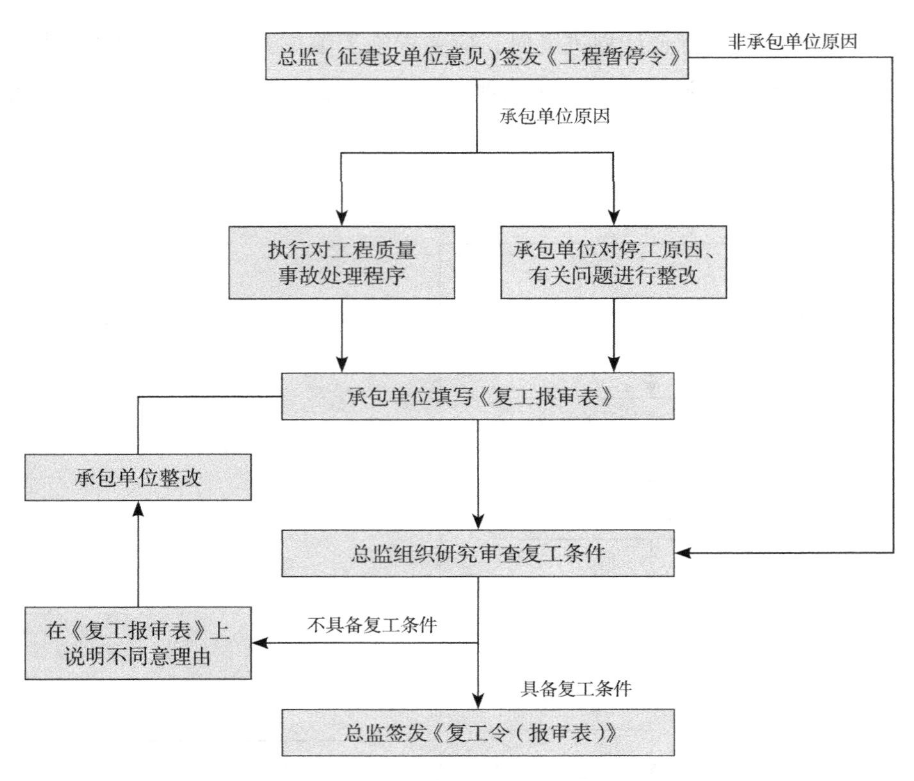

图3-16　工程停工、复工监理工作程序图

3.工程投资控制监理工作程序

如图3-17～图3-20所示。

4.工程安全监理工作程序

如图3-21所示。

5.工程合同管理工作程序

如图3-22～图3-24所示。

6.工程信息管理工作程序

如图3-25所示。

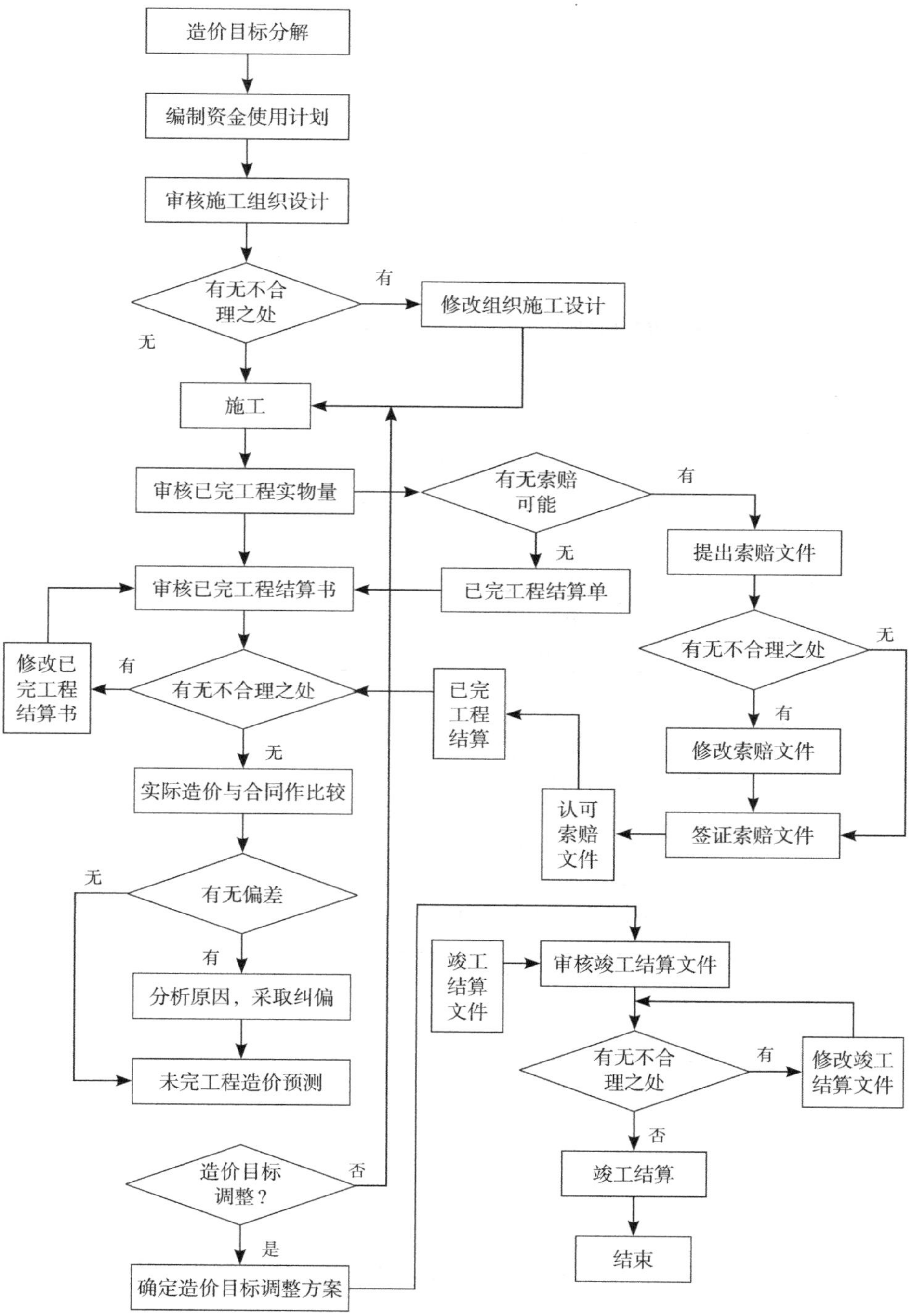

造价目标分解

编制资金使用计划

审核施工组织设计

有无不合理之处

有

修改组织施工设计

无

施工

审核已完工程实物量

有无索赔可能

有

提出索赔文件

无

已完工程结算单

审核已完工程结算书

有无不合理之处

无

有

修改已完工程结算书

有

有无不合理之处

已完工程结算

有

修改索赔文件

无

实际造价与合同作比较

认可索赔文件

签证索赔文件

无

有无偏差

有

分析原因，采取纠偏

未完工程造价预测

竣工结算文件

审核竣工结算文件

有无不合理之处

有

修改竣工结算文件

否

造价目标调整？

否

是

竣工结算

确定造价目标调整方案

结束

图3-17　投资控制监理流程图

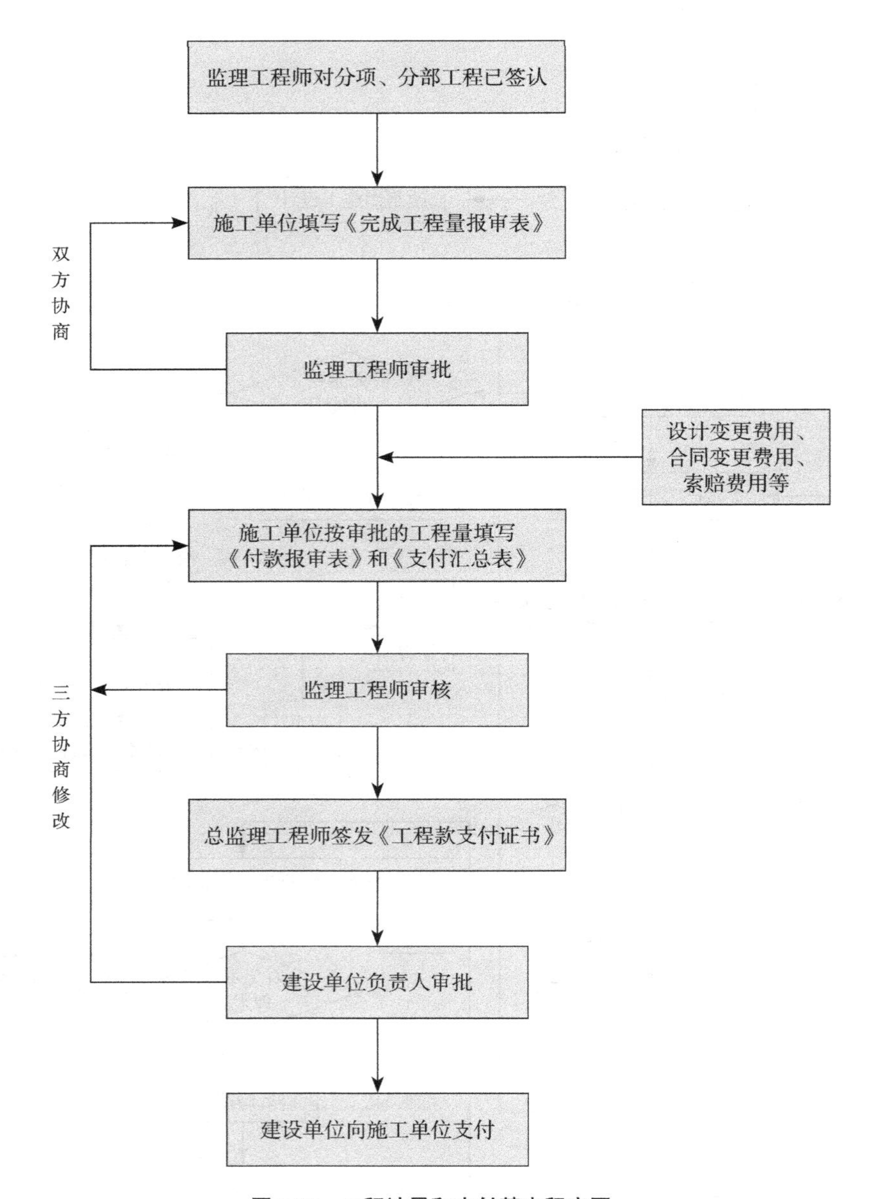

图 3-18　工程计量和支付基本程序图

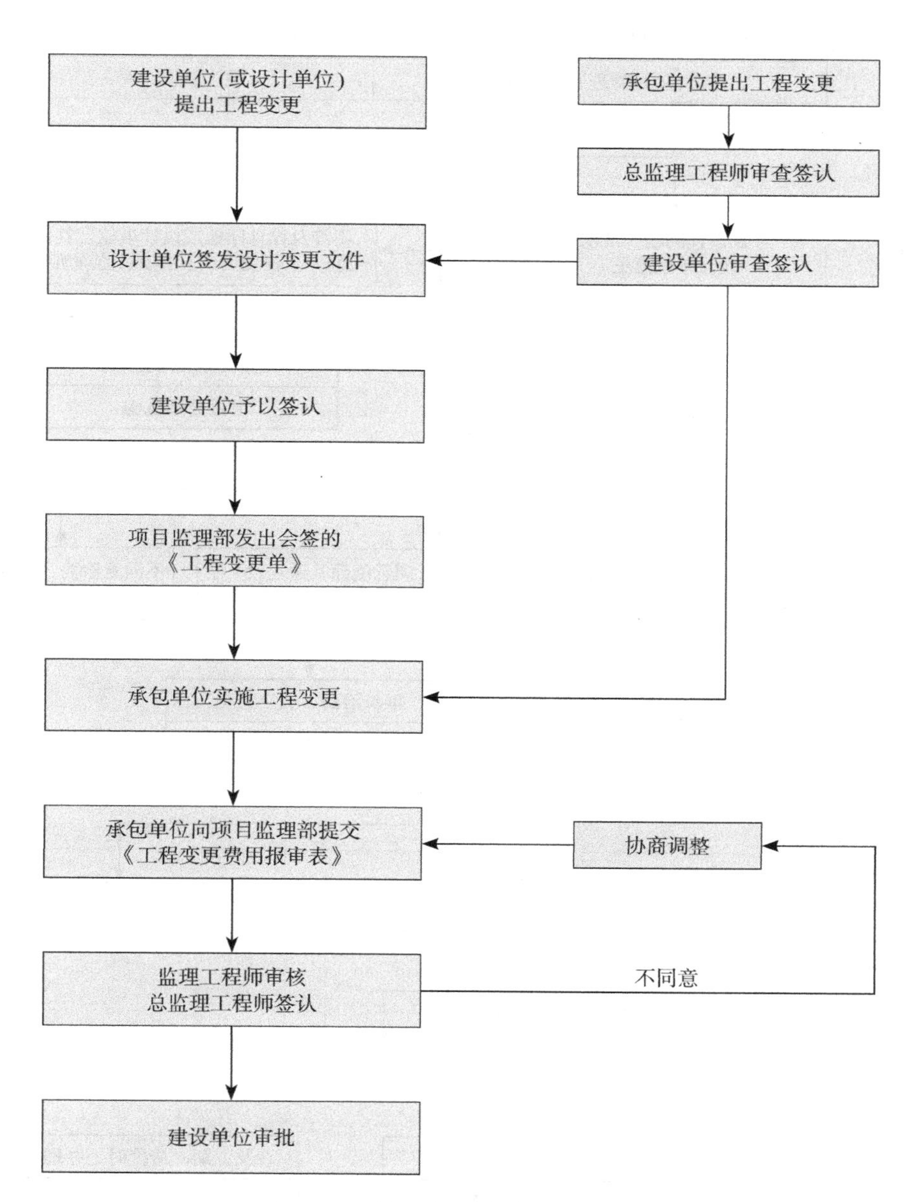

图3-19　工程变更审批程序图

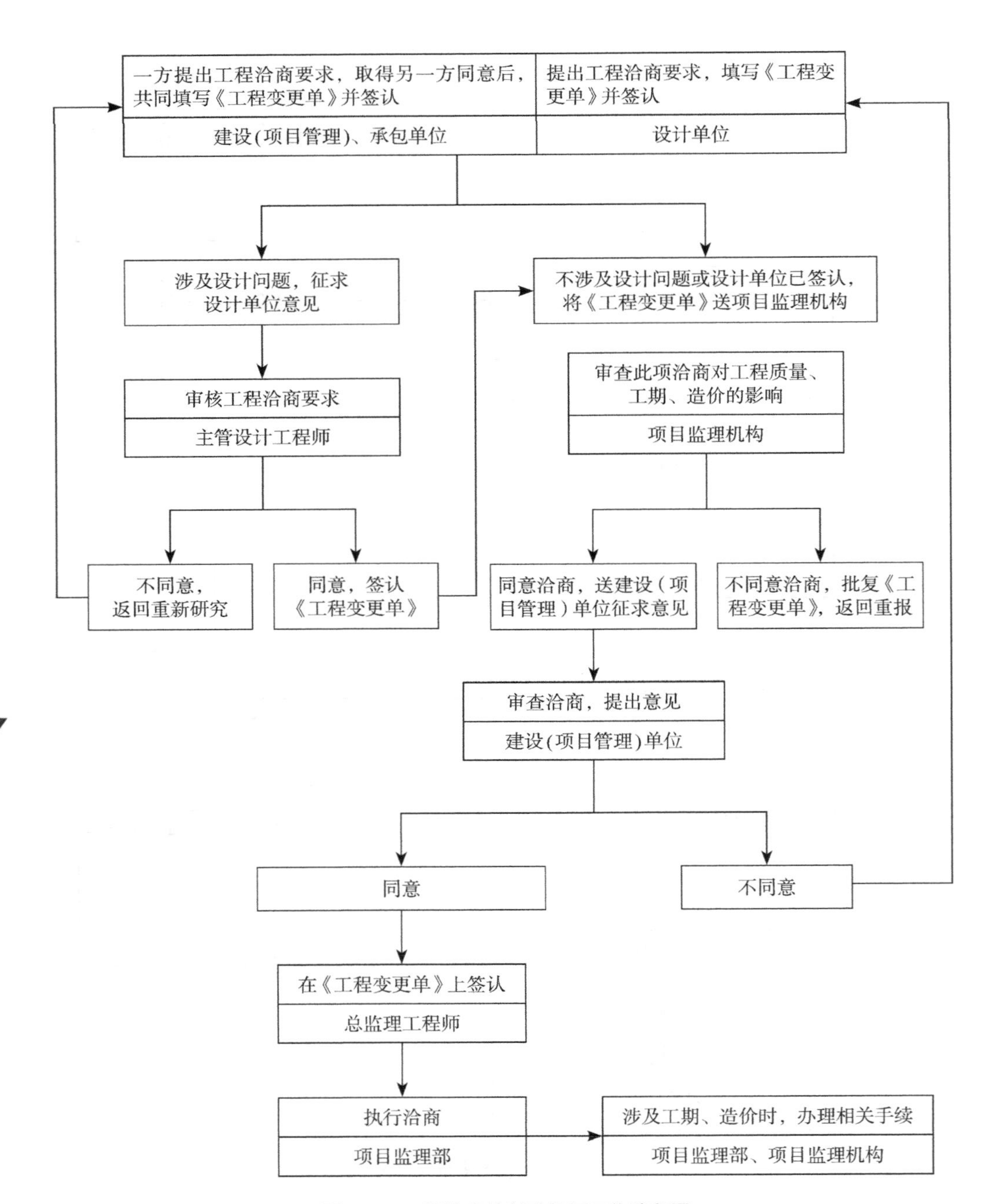

图3-20　工程洽商控制及签证工作流程图

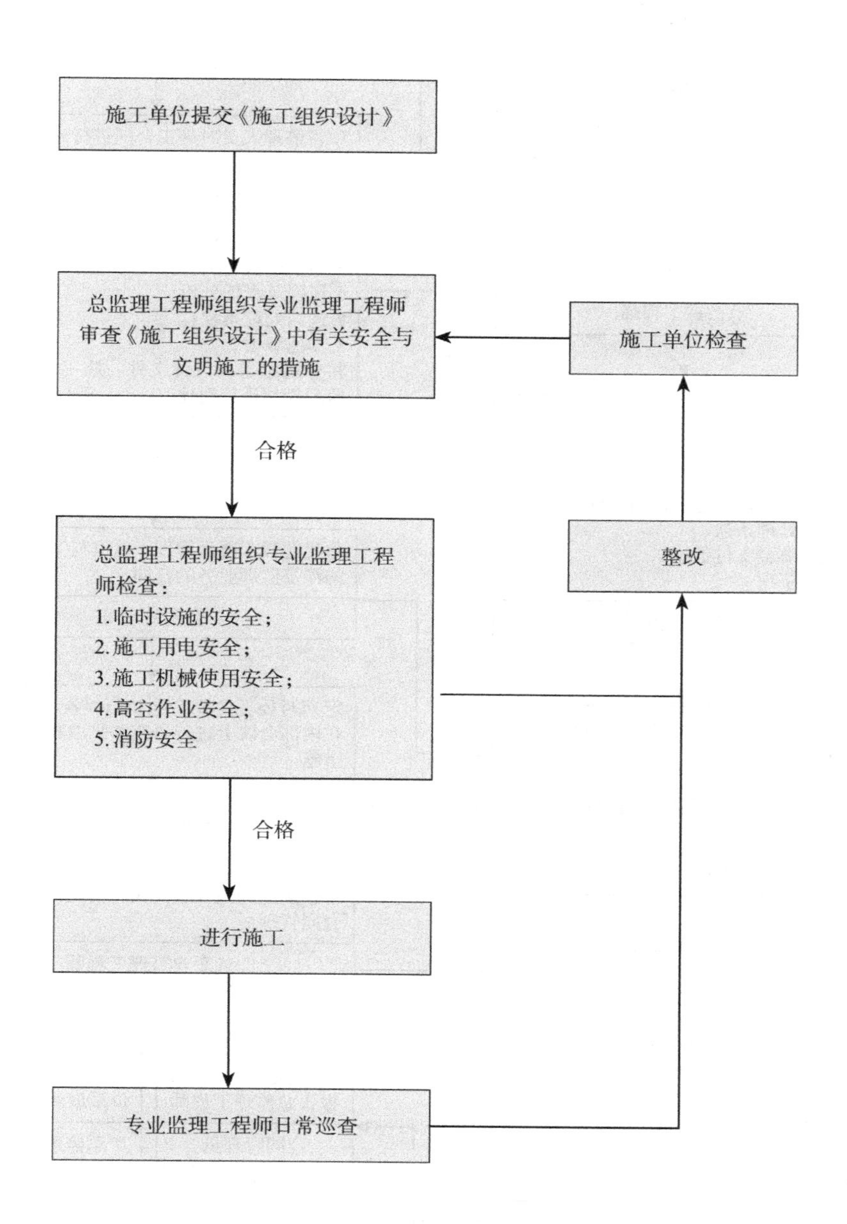

图3-21　安全管理监理工作程序图

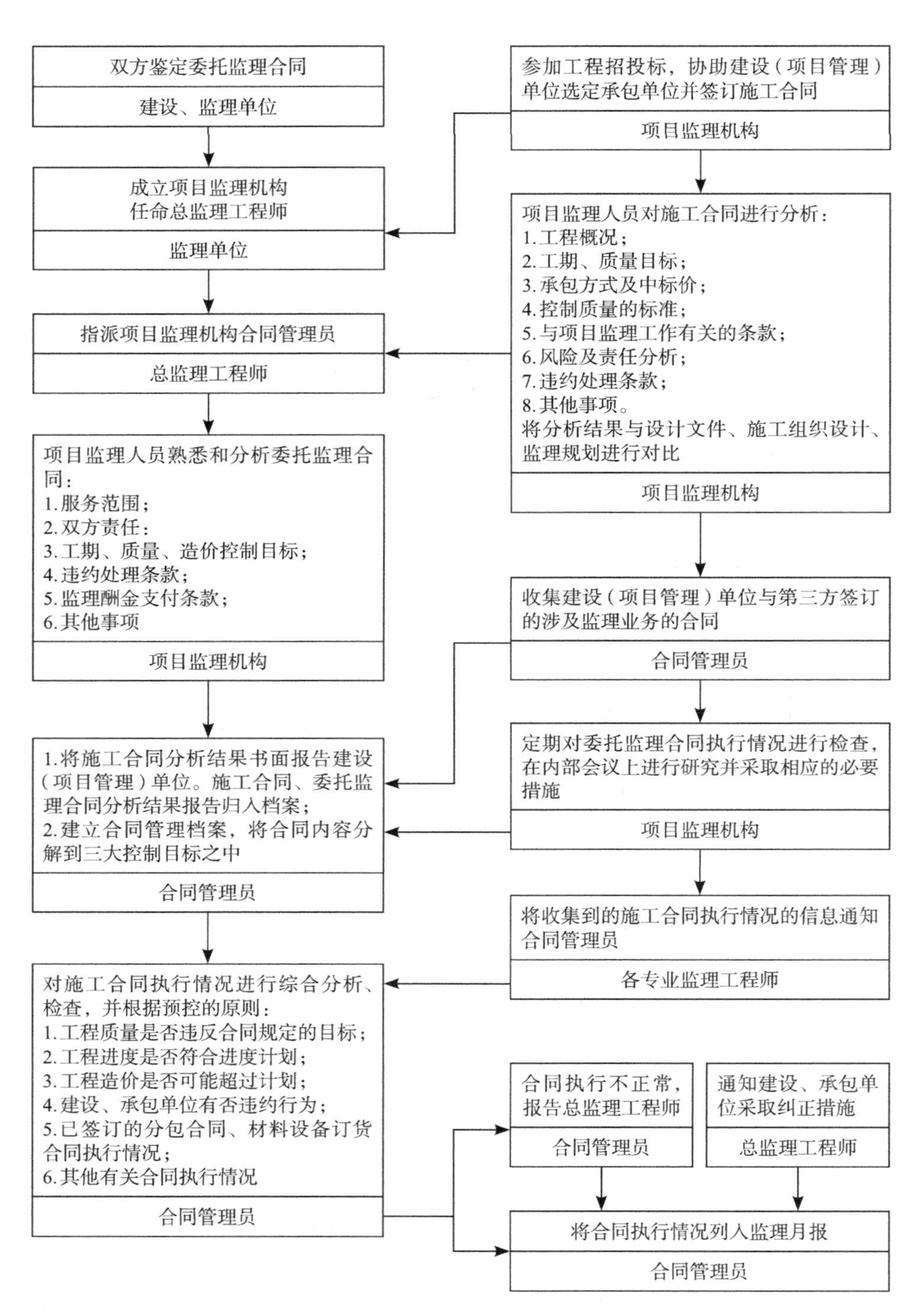

图 3-22　合同管理流程图

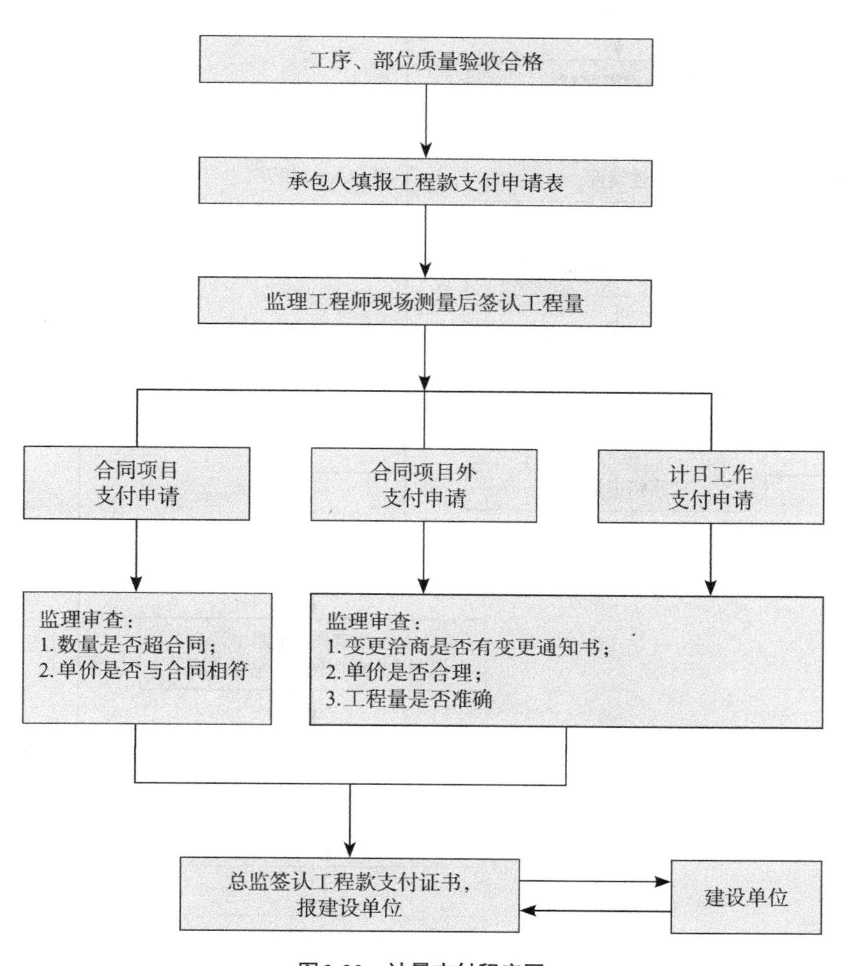

图3-23　计量支付程序图

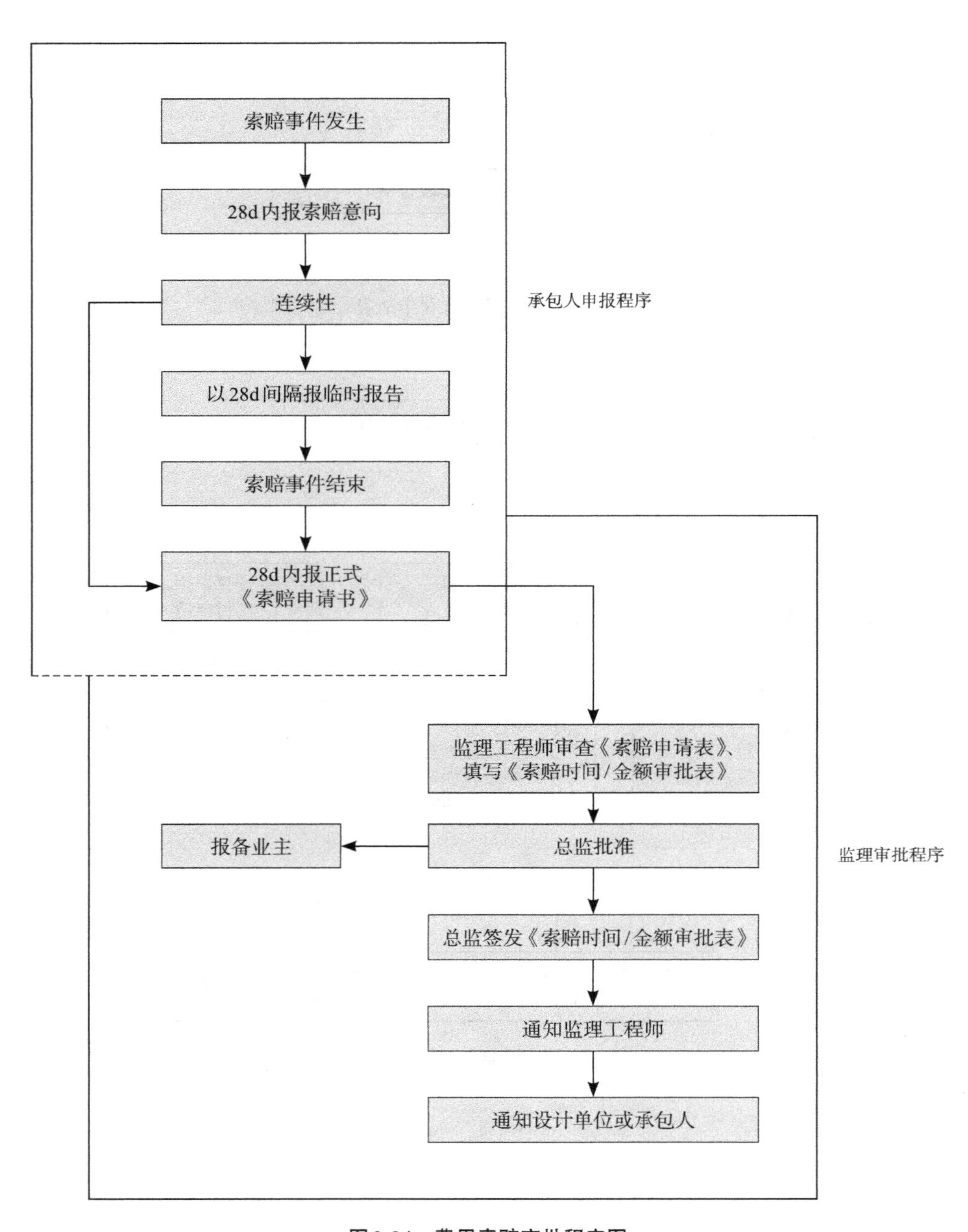

图3-24 费用索赔审批程序图

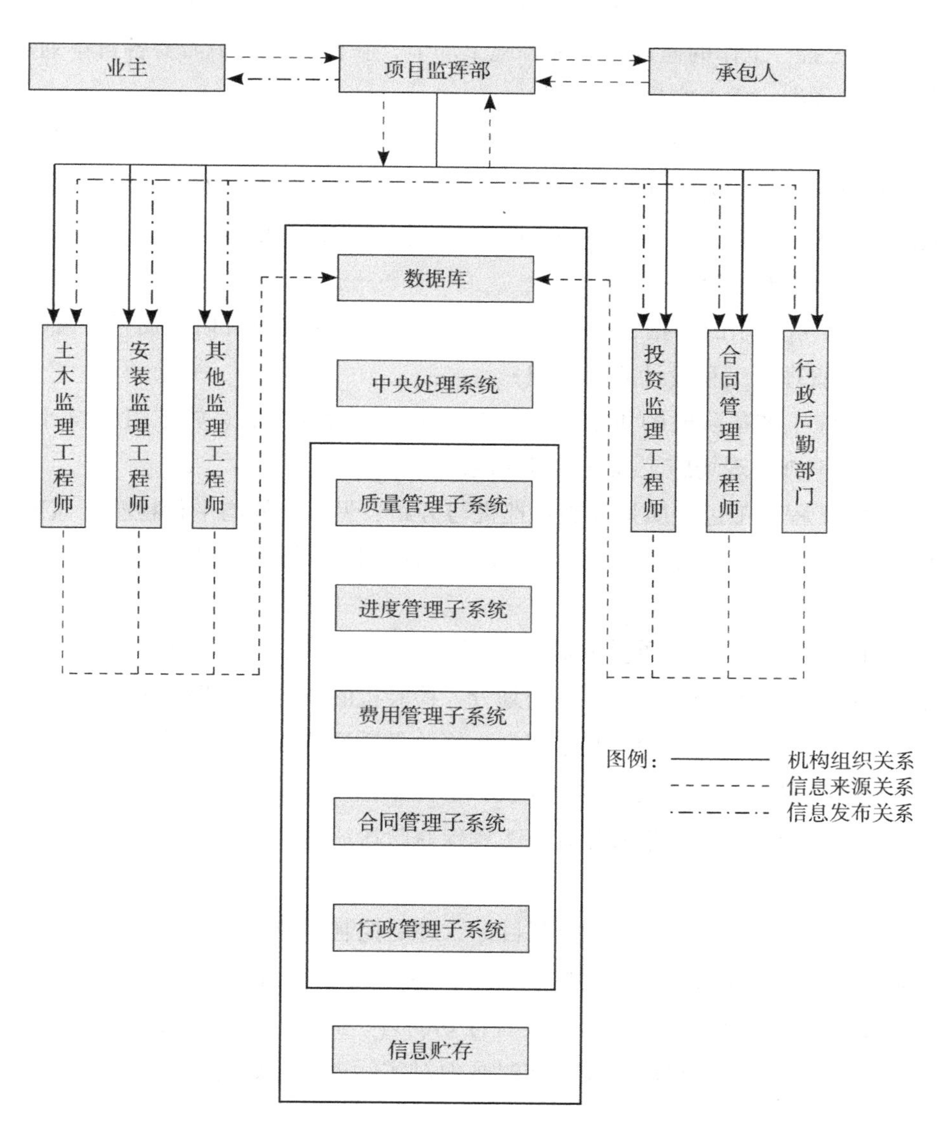

图3-25 信息管理系统监理工作程序图

（九）工程质量控制、进度控制、投资控制的编制

监理大纲中的质量控制、进度控制、投资控制简称“三控”。“三控”工作是监理规范规定的监理任务的核心内容，也是监理招标文件突出强调的重点，这从招标文件的计量评分办法中就可以看出。因此，本节是监理大纲编制的核心内容。“三控”工作的监理方法和各施工环节，在监理大纲中需要各自单列章节，内容要素详细、重点突出。

监理大纲中“三控”的编写，必须完全针对本拟建工程，以前述工程概况的描述和招标文件而要求作出承诺的管理目标为依据。具有针对性、可行性以及极大的可操作性是编写这些章节的原则，不可泛泛而谈，要有一定的深度。

1.质量控制内容

（1）质量控制的依据；质量控制的程序；工程勘察设计阶段质量管理、工程勘察质量管理、工程设计质量管理。

（2）施工准备阶段的质量控制：图纸会审与设计交底、施工组织设计审查、施工方案审查、现场施工准备质量控制。

（3）工程施工过程质量控制：巡视与旁站、见证取样与平行检验、监理通知单、工程暂停令、工程复工令的签发、工程设计变更的控制、质量记录资料的管理。

（4）建设工程施工质量验收：工程施工质量验收层次划分、单位工程的划分、分部工程的划分、分项工程的划分、检验批的划分、工程施工质量验收程序和标准、工程施工质量验收基本规定、检验批质量验收、隐蔽工程质量验收、分项工程质量验收、分部工程质量验收、单位工程质量验收、工程施工质量验收不符合要求的处理、质量事故处理、工程保修阶段质量管理。

2.进度控制内容

（1）进度控制原则、进度控制目标、进度控制内容、进度控制任务、进度控制流程、进度控制方法、进度控制措施、物资供应进度控制措施；

（2）进度控制模块还包括里程碑计划制订、施工总进度计划审批、月/周进度计划审批，以及通过施工现场实时画面对实际进度计划进行核查、分析、预警与纠偏等。

3.投资控制内容

（1）建设工程设计阶段的投资控制：资金时间价值、现金流量、资金时间价值的计算，方案经济评价的主要方法，方案经济评价的主要指标，方案经济评价主要指标的计算，设计方案评选、设计方案评选的内容，设计方案评选的方法，

价值工程，价值工程方法，价值工程的应用，设计概算的编制与审查，设计概算的内容和编制依据，设计概算编制办法，设计概算的审查，施工图预算的编制与审查，施工图预算概述，施工图预算的编制内容，施工图预算的编制依据，施工图预算的编制方法，施工图预算的审查内容与审查方法。

（2）建设工程招标阶段的投资控制：招标控制价编制，工程量清单概述，工程量清单编制，工程量清单计价、招标控制价及确定方法，投标报价的审核，投标价格的编制，投标报价审核方法，合同价格分类、合同价款约定内容。

（3）建设工程施工阶段的投资控制：施工阶段投资目标控制、投资控制的工作流程、资金使用计划的编制、工程计量、工程计量的依据、单价合同的计量、总价合同的计量、合同价款调整、合同价款应当调整的事项及调整程序、法律法规变化、项目特征、工程量清单、工程量偏差、计日工、物价变化、不可抗力、工程变更价款的确定、工程变更处理程序、工程变更价款的确定方法、施工索赔与现场签证、索赔的主要类型、索赔费用的计算、现场签证、合同价款期中支付、安全文明施工费、进度款支付。

（4）建设工程竣工验收阶段的投资控制：竣工结算与支付、竣工结算编制、竣工结算的程序、竣工结算的审查、竣工结算款支付、质量保证金、最终结算、投资偏差分析。

（十）监理安全管理内容的编制

根据建设工程法律法规规定的安全监理职责，监理招标文件设定的监理大纲评分办法中，规定了安全监理方法和措施较高的得分值。因此，投标人在编制的监理大纲中，对此项工作应有监理目标和措施的叙述，常常需要单列章节加以强调。

施工阶段的安全监理内容，必须以国家法律法规和政府文件为依据。监理大纲中，应列出本工程属于《危险性较大的分部分项工程安全管理规定》(中华人民共和国住房和城乡建设部令第37号）中“危大工程”项目，如深基坑边坡支护、高大模板支撑体系、起重吊装及起重机械安装拆卸工程、脚手架工程等。对此提出可行性、针对性的监理方案。具体应包括以下内容：

1.安全监督管理目标、安全监督管理内容、施工阶段安全监理控制流程、安全监督管理方法、安全监督管理措施、危大工程安全监督管理措施、环境职业健康安全管理、文明施工监督管理措施、环境治理与保护措施、消防安全监督管理措施、生产安全事故应急预案。

2.安全管理还包括安全监理细则（危险性较大的分部分项工程安全监理细

则）的编制及报审、施工安全生产管理体系审查、施工组织设计中安全相关内容与安全专项施工方案的审查、安全文明施工措施费使用计划、大型机械设备管理、日常安全与文明施工的巡视与检查、安全事故处理信息等。

3.以房屋建筑项目为例危大工程安全管理要点及措施如下：

1）建立危大工程安全监理工作制度

（1）安全监理人员应根据工程建设的实际情况、施工承包单位编制的施工组织设计、危大工程专项安全施工方案的规定，大型复杂工程项目可按阶段分别编制。监理细则应明确安全监理工作的方法、措施、流程及危险源控制要点，安全监理实施细则由总监理工程师审核并批准，必要时召开专题会议向施工承包单位进行交底。

（2）在施工安全监理工作中，总监理工程师应及时组织监理人员学习《危险性较大的分部分项工程安全管理规定》（中华人民共和国住房和城乡建设部令第37号）等文件；及时传达上级建设主管部门、业主及本公司的有关建设工程安全工作文件和会议精神等，并在项目监理组内部定期学习和交流，同时做好学习记录（每月不得少于1次）。

（3）总监理工程师应组织安全监理人员和专业监理工程师按有关规定和要求，审查施工承包单位编制的各类安全专项施工方案，并收集与安全施工管理工作相关的《安全管理协议书》和《施工安全总交底记录》，发现与法律、法规和安全施工强制性标准不符之处，应书面要求施工承包单位调整或补充。

（4）安全监理人员必须填写安全监理日记，记录每天施工现场安全监理工作实施情况、存在问题及交接注意事项（包括现场安全状况、安全巡视旁站情况、安全状况的处理等内容）。日记中涉及书面整改要求的应记录相关文件的存处及编号。项目总监应每周不少于一次进行检查，并签署安全监理日记。

（5）安全监理工程人员应编制《安全监理工作月报》，由总监理工程师签字，《安全监理工作月报》应与监理工作月报一并每月上报公司。

（6）安全监理人员应每天至少一次对施工现场进行安全工作巡视，按施工现场实际情况并对照相关监控要求逐项填写《安全监理工作日常巡视检查记录》。

（7）对属于“施工安全重大危险源”的部位应实施旁站监理，并做好安全监理旁站记录。

（8）项目总监应定期组织召开安全监理现场会议（也可与每周工程例会合并召开），会议的主要议程可包括：检查上次会议明确的安全工作执行情况；施工单位人员、施工机具及现场施工安全状况；现场存在的安全问题及整改措施；确定下次会议的时间、地点和内容。对所发现的安全施工隐患，应在会上确定整改措施和责任人员，做好会议纪要。

(9) 对在日常巡视检查过程中发现的安全事故隐患及违反《工程建设施工安全标准强制性条文》规定（即《安全监理工作日常巡视监控要点》中的内容）的情况，安全监理人员应及时向施工承包单位签发《监理工程师通知单》。在施工承包单位按通知单要求定时、定人、定措施整改完毕后，监理人员应及时组织验收，并在《监理工程师通知回复单》上签署验收意见。

(10) 出现重大安全事故隐患（指可能直接影响工程质量和人员生命安全的）或未按《监理工程师通知单》的要求限期整改的情况，应由总监理工程师下达《工程暂停令》，要求施工承包单位立即对指定部位停工整改。工程暂停令应及时抄送建设单位和项目经理部相关负责人，必要时应抄报安监站。

(11) 为加强建设工程施工现场的安全管理工作，总监理工程师应以《监理工作联系单》或《监理备忘录》的形式向工程建设参建各方书面发出建议和意见，以此加强相互间的沟通和协调工作。

(12) 监理项目部应严格执行有关的安全监理工作管理规定，对施工现场发生的安全事故和人员伤亡事故，项目监理组应及时掌握突发事件的信息，在得知安全事故信息后，应在2h内报告公司，并在24h内书面呈报突发安全事故报告。书面报告应说明安全事故发生的时间、地点、工程项目名称、建设单位和施工单位、安全事故简要情况（包括造成的伤亡情况和影响、初步估计的经济损失）、安全事故原因的初步分析和责任的初步判断、安全事故发生后所采取的应急措施、影响是否得到控制等。

2) 制定危大工程安全监理措施

(1) 关键工序（重大危险源）旁站监理内容

督促施工单位明确重大危险源，并制订计划表，书面送达建设单位和监理单位；

监理单位据此制订安全旁站监理计划。安全旁站监理的关键工序（重大危险源）如下：

① 建筑起重机械（塔式起重机、施工升降机、井架、物料提升机等）的安装、拆除；

② 建筑起重机械的验收检验；

③ 大型结构或大型设备的起重吊装；

④ 附着升降脚手架的升、降过程。

(2) 安全旁站监理措施

① 检查待实施旁站监理的关键工序（重大危险源）是否有施工方案并经过

审批。

②检查施工单位管理人员到位情况。

③检查作业人员持证上岗情况。

④督促作业人员严格按专项施工方案及有关规范、规定操作。

⑤检查施工作业对周围环境的影响（如附近是否有高压架空线会碰撞等）。

⑥发现问题及时作出处理决定，并及时报告总监。

⑦旁站监理过程中，发现作业人员不按专项施工方案操作，应立即制止，并要求及时纠正。若发现异常情况或情况危急，应要求立即停止施工，督促采取措施控制事态的发展，并及时报告建设单位。

⑧针对安全旁站监理工作内容，认真做好安全旁站监理记录和监理日记，旁站监理记录应针对旁站监理内容记录每项内容的监理情况，安全旁站监理记录格式可使用《巡视旁站监理记录》。

3）危险性较大的分部分项工程范围

依据《危险性较大的分部分项工程安全管理规定》（中华人民共和国住房和城乡建设部令第37号），本项目危险性较大/超危大的分部分项工程拟定范围如表3-3所示。

危险性较大/超危大的分部分项工程拟定范围一览表 **表3-3**

分项工程名称	危险性较大的分部分项工程范围	超危大的分部分项工程范围	备注
基坑支护与降水工程	开挖深度超过3m（含3m）的基坑（槽）并采用支护结构施工的工程	开挖深度超过5m（含5m）的基坑（槽）的土方开挖、支护、降水工程	
土方开挖工程	开挖深度超过3m（含3m）的基坑（槽）的土方开挖工程	开挖深度超过5m的基坑工程	
模板工程	（1）各类工具式模板工程：包括滑模、爬模、飞模、隧道模等工程； （2）混凝土模板支撑工程：搭设高度5m及以上，或搭设跨度10m及以上，或施工总荷载（荷载效应基本组合的设计值，以下简称设计值）10kN/m^{2}及以上，或集中线荷载（设计值）15kN/m及以上，或高度大于支撑水平投影宽度且相对独立无联系构件的混凝土模板支撑工程； （3）承重支撑体系：用于钢结构安装等满堂支撑体系	（1）各类工具式模板工程：包括滑模、爬模、飞模、隧道模等工程； （2）混凝土模板支撑工程：搭设高度8m及以上，或搭设跨度18m及以上，或施工总荷载（设计值）15kN/m^{2}及以上，或集中线荷载（设计值）20kN/m及以上； （3）承重支撑体系：用于钢结构安装等满堂支撑体系，承受单点集中荷载7kN及以上	

续表

分项工程名称	危险性较大的分部分项工程范围	超危大的分部分项工程范围	备注
起重吊装工程	(1)采用非常规起重设备、方法，且单件起吊重量在10kN及以上的起重吊装工程； (2)采用起重机械进行安装的工程； (3)起重机械安装和拆卸工程	(1)采用非常规起重设备、方法，且单件起吊重量在100kN及以上的起重吊装工程； (2)起重量300kN及以上，或搭设总高度200m及以上，或搭设基础标高在200m及以上的起重机械安装和拆卸工程	
脚手架工程	(1)搭设高度24m及以上的落地式钢管脚手架工程(包括采光井、电梯井脚手架)； (2)附着式升降脚手架工程； (3)悬挑式脚手架工程； (4)高处作业吊篮； (5)卸料平台、操作平台工程； (6)异型脚手架工程	(1)搭设高度50m及以上的落地式钢管脚手架工程； (2)提升高度在150m及以上的附着式升降脚手架工程或附着式升降操作平台工程； (3)分段架体搭设高度20m及以上的悬挑式脚手架工程	
其他	(1)建筑幕墙安装工程； (2)钢结构、网架和索膜结构安装工程； (3)人工挖孔桩工程； (4)装配式建筑混凝土预制构件安装工程； (5)采用新技术、新工艺、新材料、新设备可能影响工程施工安全，尚无国家、行业及地方技术标准的分部分项工程	(1)施工高度50m及以上的建筑幕墙安装工程； (2)跨度36m及以上的钢结构安装工程，或跨度60m及以上的网架和索膜结构安装工程； (3)开挖深度16m及以上的人工挖孔桩工程； (4)重量1000kN及以上的大型结构整体顶升、平移、转体等施工工艺； (5)采用新技术、新工艺、新材料、新设备可能影响工程施工安全，尚无国家、行业及地方技术标准的分部分项工程	

4)安全事故类型及预控监理措施如表3-4所示。

安全事故类型及预控监理措施一览表 **表3-4**

序号	作业活动施工场所	危险源	重大	一般	可能导致的事故	监理工作措施
1	土方开挖	施工机械有缺陷		√	机械伤害、倾覆等	进行巡视检查
2		施工机械的作业位置不符合要求		√	倾覆、触电等	进行巡视检查
3		挖土机司机无证或违章作业		√	机械伤害等	督促施工单位进行教育和培训，并进行巡视检查
4		其他人员违章进入挖土机作业区域		√	机械伤害等	督促施工单位执行运行的安全控制程序，并进行巡视检查

续表

序号	作业活动施工场所	危险源	重大	一般	可能导致的事故	监理工作措施
5	基坑支护	支护方案或设计缺乏或者不符合要求	√		坍塌等	督促施工单位编制或修订方案，并组织审查
6		临时防护措施缺乏或者不符合要求		√	坍塌等	督促施工单位认真落实经过审批的方案或修正不合理的方案
7		未定期对支撑、边坡进行监视、测量		√	坍塌等	督促施工单位执行运行的安全控制程序，并进行巡视检查
8		壁坑支护不符合要求	√		坍塌等	督促施工单位执行已经批准的方案，并进行巡视控制
9		排水措施缺乏或者措施不当		√	坍塌等	进行巡视检查
10		积土料具堆放或机械设备施工不合理造成坑边荷载超载	√		坍塌等	督促施工单位执行运行的安全控制程序，并进行巡视检查
11		人员上下通道缺乏或设置不合理		√	高处坠落等	督促施工单位执行运行的安全控制程序，并进行巡视检查
12		基坑作业环境不符合要求或缺乏垂直作业上下隔离防护措施		√	高处坠落、物体打击等	督促施工单位对此危险源制定安全目标和管理方案
13	脚手架工程	施工方案缺乏或不符合要求	√		高处坠落等	督促施工单位编制设计与施工方案，并组织审查
14		脚手架材质不符合要求		√	架体倒塌、高处坠落等	进行巡视检查
15		脚手架基础不能保证架体的荷载	√		架体倒塌、高处坠落等	督促施工单位执行已经批准的方案，并根据实际情况对方案进行修正
16		脚手架铺设或材质不符合要求		√	高处坠落等	进行巡视检查
17		架体稳定性不符合要求		√	架体倒塌、高处坠落等	督促施工单位执行运行的安全控制程序，并进行巡视检查
18		脚手架荷载超载或堆放不均匀	√		架体倒塌、倾斜等	进行巡视检查
19		架体防护不符合要求		√	高处坠落等	进行巡视检查
20		无交底或验收		√	架体倾斜等	督促施工单位进行技术交底并认真验收

续表

序号	作业活动施工场所	危险源	重大	一般	可能导致的事故	监理工作措施
21	脚手架工程	人员与物料到达工作平台的方法不合理		√	高处坠落、物体打击等	督促施工单位执行运行的安全控制程序，并进行教育和培训
22		架体不按规定与建筑物拉结		√	架体倾倒等	进行巡视检查
23		脚手架不按方案要求搭设		√	架体倾倒等	督促施工单位进行教育和培训，并进行巡视检查
24	悬挑架手架	悬挑梁安装不符合要求	√		架体倾倒等	督促施工单位执行运行的安全控制程序，并进行巡视检查
25	悬挑钢平台及落地操作平台	施工方案缺乏或不符合要求	√		架体倾倒等	督促施工单位编制或修改已批准的方案，并组织审查
26		搭设不符合方案要求		√	架体倾倒等	督促施工单位执行已批准的方案，并进行巡视检查
27		荷载超载或堆放不均匀	√		物体打击、架体倾倒等	进行巡视检查
28		平台与脚手架相连		√	架体倾倒等	进行巡视检查
29		堆放材料过高		√	物体打击等	督促施工单位进行教育和培训，并进行巡视检查
30	附着式升降脚手架	升降式架体上站人		√	高处坠落等	督促施工单位进行教育和培训，并进行巡视检查
31		无防坠装置或防坠装置不起作用	√		架体倾倒等	督促施工单位执行运行的安全控制程序，并进行巡视检查
32		钢挑架与建筑物相连不牢或不符合规范要求	√		架体倾倒等	进行巡视检查
33	模板工程	施工方案缺乏或不符合要求	√		倒塌、物体打击等	督促施工单位编制或修改方案，并组织审查、进行巡视检查
34		无针对混凝土输送的安全措施	√		机械伤害等	要求施工单位针对实际情况提出相关措施
35		混凝土模板支撑系统不符合要求	√		模板坍塌、物体打击等	督促施工单位执行已批准的方案，并进行巡视检查
36		支撑模板的立柱的稳定性不符合要求	√		模板坍塌等	督促施工单位执行已批准的方案，并进行巡视检查
37		模板存放无防倾倒措施或存放不符合要求		√	模板坍塌等	进行巡视检查

续表

序号	作业活动施工场所	危险源	重大	一般	可能导致的事故	监理工作措施
38	模板工程	悬空作业未系安全带或系挂不符合要求	√		高处坠落等	督促施工单位进行教育和培训，并进行巡视检查
39		模板工程无验收与交底		√	倒塌、物体打击等	督促施工单位进行教育和培训，并进行巡视检查
40		模板工程2cm以上无可靠立足点	√		高处坠落等	进行巡视检查
41		模板拆除区未设置警戒线且无人监护		√	物体打击等	督促施工单位执行运行的安全控制程序，并进行巡视检查
42		模板拆除前未经拆模申请批准	√		坍塌、物体打击等	督促施工单位执行运行的安全控制程序，并进行教育和培训
43		模板上施工荷载超过规定或堆放不均匀	√		坍塌、物体打击等	进行巡视检查
44	高处作业	员工作业违章		√	高处坠落等	督促施工单位进行教育和培训
45		安全网防护或材质不符合要求		√	高处坠落、物体打击等	进行巡视检查
46		临边与“四口”防护措施缺陷		√	高处坠落等	进行巡视检查
47	施工用电作业物体提升安装、拆卸	外电防护措施缺乏或不符合要求	√		触电等	进行巡视检查
48		接地与接零系统不符合要求		√	触电等	进行巡视检查
49		用电施工组织设计缺陷		√	触电等	督促施工单位进行教育和培训，并进行巡视检查
50		违反“一机，一闸，一漏，一箱”		√	触电等	督促施工单位进行教育和培训，并进行巡视检查
51		电线电缆老化，破皮未包扎		√	触电等	进行巡视检查
52		非电工私拉乱接电线		√	触电等	督促施工单位进行教育和培训，并进行巡视检查
53		用其他金属丝代替熔丝		√	触电等	督促施工单位进行教育和培训，并进行巡视检查
54		电缆架设或埋设不符合要求		√	触电等	进行巡视检查
55		灯具金属外壳未接地		√	触电等	进行巡视检查

续表

序号	作业活动施工场所	危险源	重大	一般	可能导致的事故	监理工作措施
56	施工用电作业物体提升安装、拆卸	潮湿环境作业漏电保护参数过大或不灵敏		√	触电等	督促施工单位执行运行的安全控制程序，并进行巡视检查
57		闸刀插座插头损坏，闸具不符合要求		√	触电等	进行巡视检查
58		不符合“三级配电二级保护”要求导致防护不足		√	触电等	进行巡视检查
59		手持照明未用36V及以下电源供电		√	触电等	督促施工单位执行运行的安全控制程序，并进行巡视检查
60		带电作业无人监护		√	触电等	督促施工单位执行运行的安全控制程序，并进行巡视检查
61		无施工方案或方案不符合要求	√		架体倾倒等	督促施工单位编制施工方案并严格执行
62		物料提升机限位保险装置不符合要求	√		吊盘冒顶等	督促施工单位执行运行的安全控制程序，并进行巡视检查
63		架体稳定性不符合要求	√		架体倾倒等	督促施工单位检查架体方案并整改，并进行巡视检查
64		钢丝绳有缺陷		√	机械伤害等	进行巡视检查
65		装、拆人员未系好安全带及穿戴好劳保用品		√	高处坠落等	督促施工单位进行教育和培训，并进行巡视检查
66		装、拆时未设置警戒区域或未进行监控		√	物体打击等	督促施工单位执行运行的安全控制程序
67		拆卸人员无证作业	√		机械伤害等	督促施工单位进行教育和培训，并进行巡视检查
68		卸料平台保护措施不符合要求		√	高处坠落、机械伤害等	进行巡视检查
69		吊篮无安全门、自落门		√	机械伤害等	进行巡视检查
70	施工电梯	传动系统及其安全配置不符合要求		√	机械伤害等	进行巡视检查
71		避雷装置，接地不符合要求		√	火灾、触电等	进行巡视检查

续表

序号	作业活动施工场所	危险源	重大	一般	可能导致的事故	监理工作措施
72	施工电梯	联络信号管理不符合要求		√	机械伤害等	督促施工单位执行运行的安全控制程序，并进行巡视检查
73		违章乘坐吊篮上下	√		机械伤害等	督促施工单位进行教育和培训，并进行巡视检查
74		司机无证上岗作业		√	机械伤害等	督促施工单位进行教育和培训，并进行巡视检查
75		无施工方案或方案不符合要求	√		设备倾覆等	督促施工单位编制设计与施工方案，并认真审查
76		电梯安全装置不符合要求		√	机械伤害等	督促施工单位执行运行的安全控制程序，并进行巡视检查
77		防护棚、防护门等防护措施不符合要求		√	高处坠落、物体打击等	督促施工单位执行运行的安全控制程序，并进行巡视检查
78		电梯司机无证或违章作业		√	机械伤害等	督促施工单位进行教育和培训，并进行巡视检查
79		电梯超载运行	√		机械伤害等	督促施工单位执行运行的安全控制程序，并进行巡视检查
80		装、拆人员未系好安全带及穿戴好劳保用品		√	高处坠落等	督促施工单位进行教育和培训，并进行巡视检查
81		装、拆时未设置警戒区域或未进行监控	√		物体打击等	督促施工单位执行运行的安全控制程序，并进行巡视检查
82		架体稳定性不符合要求	√		物体倾倒等	督促施工单位执行运行的安全控制程序，并进行巡视检查
83		避雷装置不符合要求		√	触电、火灾等	进行巡视检查
84		联络信号管理不符合要求		√	机械伤害等	督促施工单位执行运行的安全控制程序，并进行巡视检查
85		卸料平台防护措施不符合要求或无防护门		√	高处坠落、物体打击等	进行巡视检查
86		外用电梯门连锁装置失灵		√	高处坠落等	督促施工单位执行运行的安全控制程序，并进行巡视检查

续表

序号	作业活动施工场所	危险源	重大	一般	可能导致的事故	监理工作措施
87	施工电梯	装拆人员无证作业		√	机械伤害等	督促施工单位进行教育和培训，并进行巡视检查
88	塔吊安装、拆除及作业、其他起重吊装作业	塔吊力矩限制器，限位器，保险装置不符合要求	√		设备倾覆等	督促施工单位执行运行的安全控制程序，并进行巡视检查
89		超高塔吊附墙装置与夹轨钳不符合要求	√		设备倾覆等	进行巡视检查
90		塔吊违章作业		√	机械伤害等	督促施工单位进行教育和培训，并进行巡视检查
91		塔吊路基与轨道不符合要求	√		设备倾覆等	进行巡视检查
92		塔吊电器装置设置及其安全防护不符合要求		√	机械伤害、触电等	进行巡视检查
93		多塔吊作业防碰撞措施不符合要求	√		设备倾覆等	督促施工单位执行已批准的方案或修改不合理内容，并进行巡视检查
94		司机、挂钩工无证作业		√	机械伤害等	督促施工单位进行教育和培训，并进行巡视检查
95		起重物件捆扎不紧或散装物料装得太满		√	高处打击等	督促施工单位执行运行的安全控制程序，并进行巡视检查
96		安装及拆除时未设置警戒线或未进行监控	√		高处打击等	督促施工单位执行运行的安全控制程序，并进行巡视检查
97		装拆人员无证作业	√		设备倾覆等	督促施工单位进行教育和培训，并进行巡视检查
98		起重吊装作业方案不符合要求	√		机械伤害等	督促施工单位重新编制起重机作业方案并认真组织审查
99		起重机械设备有缺陷		√	机械伤害等	进行巡视检查
100		钢丝绳与锁具不符合要求		√	物体打击等	进行巡视检查
101		路面地耐力或铺垫措施不符合要求	√		设备倾覆等	督促施工单位执行运行的安全控制程序，并进行巡视检查

续表

序号	作业活动施工场所	危险源	重大	一般	可能导致的事故	监理工作措施
102	塔吊安装、拆除及作业、其他起重吊装作业	司机操作失误	√		机械伤害等	督促施工单位进行教育和培训，并进行巡视检查
103		违章指挥		√	机械伤害等	督促施工单位进行教育和培训，并进行巡视检查
104		起重吊装超载作业	√		设备倾覆等	督促施工单位执行运行的安全控制程序，并进行巡视检查
105		高处作业人的安全防护措施不符合要求		√	高处坠落等	进行巡视检查
106		高处作业人违章作业		√	高处坠落等	督促施工单位进行教育和培训，并进行巡视检查
107		作业平台不符合要求		√	高处坠落等	进行巡视检查

4.安全事故应急预案

1）应急目标

及时开展自救与互救，有效控制事态发展，防止事故扩大，努力减少突发事件对本工程及周边相关方的影响，避免救援人员被伤害和二次伤害，将事故损失降到最低。

2）成立生产安全事故应急领导小组

（1）由总监理工程师组织项目监理人员成立生产安全事故应急监理小组，组长由总监理工程师或项目经理担任，安全监理工程师或土建及安装工程师担任副组长，监理人员和施工单位管理人员为组员。

（2）生产安全事故应急监理小组全权负责处理应急事项。

3）应急响应程序

（1）当现场发生初级火灾时，监理人员应督促现场管理人员要及时组织扑救，发生重大火灾及时拨打火警119，督促现场管理人员要及时组织扑救和抢救物质，同时通知项目重大安全、火灾事故应急处理小组成员。发生特级火灾及时拨打火警119，督促现场管理人员要及时组织人员从安全通道撤离现场，抢救伤员及扑救和抢救物质，同时通知项目重大安全、火灾事故应急调查处理小组成员。

（2）应急响应程序如图3-26所示。

4）当发生各类事故时，项目监理部督促施工单位按下列方法处置（表3-5）。

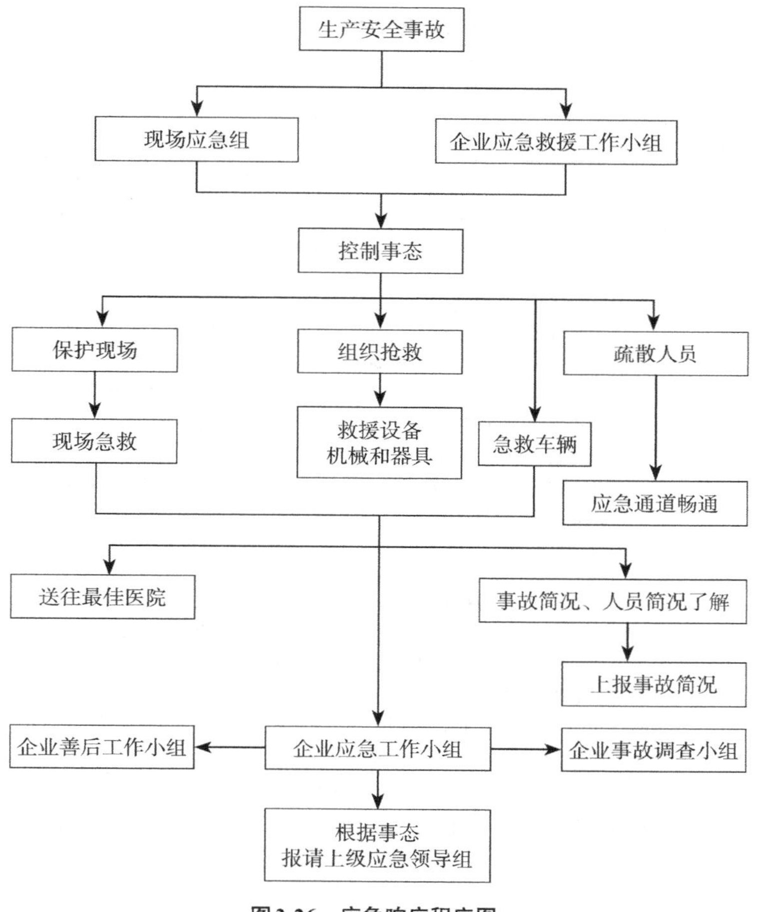

图3-26　应急响应程序图

5）现场急救

受伤人员的现场正确急救是防止伤势加重甚至死亡的重要手段，以下现场急救处置方法仅为基本手段，限于现场条件和人员水平，在进行简单急救和处置的同时，必须尽快将伤员送往医院进行治疗和抢救。

6）培训和演习

（1）项目根据自身实际情况，做好专（兼）职应急救援队伍的培训，积极组织志愿者的培训，提高职工自救、互救能力。

（2）项目开始施工作业前，应做好预案交底，讲明各名词内涵，便于有关人员正确理解。

（3）项目应当根据自身特点，组织应急救援演习。演习结束后应及时进行总结、改进。

5.依据招标文件要求编制环保监理措施

各类事故处置办法一览表 表3-5

序号	事故类型	处置方法	备注
1	坍塌事故	①发生土方坍塌事故后，派专人监护边坡状况，防止事故发展扩大。及时清理边坡上堆放的材料，如有人员被埋，立即组织人员进行清理土方或杂物，应首先按部位进行抢救人员，在简单处置的同时立即送往医院。 ②发生结构坍塌事故后，造成人员被埋、被压的情况，在确认无再次坍塌情况下，立即组织人员用铁锹、撬棍进行人工挖掘，并注意不要伤及被埋人员；当建筑物整体倒塌造成特大事故时，由社会应急救援指挥部统一指挥，各有关部门协调作战，保证抢险工作有条不紊的进行。要采用吊车、挖掘机进行抢救，现场要有指挥并监护，防止机械伤及被埋压人员及抢险人员。 ③发生脚手架坍塌事故，组织架子工进行倒塌架子的固定，防止架子再次倒塌，如有人员被压埋，应首先清理被砸人员身上的材料，集中人力先抢救受伤人员，最大限度地减小人员伤亡。 ④在挖掘伤员时，注意不要再度受伤，动作要轻、准、快，不要强行拉。如全部被埋应尽快将伤者的头部优先暴露出来，清理口鼻泥土砂石、血块，松解衣带，以利呼吸。伤员挖掘出来后，要使伤员平卧，头偏向一侧，防误服呕吐物。伤口出血时应用布条止血和净水冲洗伤口，用干净毛巾包扎好以防感染。骨折时要用夹板或代用品固定。呼吸停止者，口对口人工呼吸。心跳停止者，实行胸外心脏按压。搬运伤员要平稳，避免颠簸和扭曲	
2	倾覆事故	发生塔吊、施工电梯、门井架倾覆事故发生，先切断相关电源，防止发生触电事故。同时立即组织人员清理现场，抬运物品，及时抢救被砸、被压人员，以最快的速度抢救伤员。抬运伤亡人员时，应尽量使受伤人员平躺，防止搬运不当造成二次伤害	
3	物体打击	发生物体打击事故，立即将受伤人员抬到安全地点进行止血和包扎，同时对发生物体打击区域进行清理，防止再次发生物体打击。抬运伤亡人员时，应尽量使受伤人员平躺，防止搬运不当造成二次伤害	
4	机械伤害	发生机械伤害事故，首先必须立即切断机械电源，并将受伤人员抬到安全地点进行止血和包扎	
5	触电事故	发生人身触电事故时，首先使触电者脱离电源。迅速急救，关键是“快”。 对于低压触电事故，可采用下列方法使触电者脱离电源： ①如果触电地点附近有电源开关或插销，可立即拉开电源开关或拔下电源插头，以切断电源。 ②可用有绝缘手柄的电工钳、干燥木柄的斧头、干燥木把的铁锹等切断电源线。也可采用干燥木板等绝缘物插入触电者身下，以隔离电源。 ③当电线搭在触电者身上或被压在身下时，也可用干燥的衣服、手套、绳索、木板、木棒等绝缘物为工具，拉开触电者或挑开电线，使触电者脱离电源。切不可直接去拉触电者。 对于高压触电事故，立即封闭触电地点15m以内区域，并通知有关部门停电。 触电者如果在高空作业时触电，断开电源时，要防止触电者摔下来造成二次伤害	

续表

序号	事故类型	处置方法	备注
6	高空坠落	发生物体打击事故，立即将受伤人员抬到安全地点进行止血和包扎，同时对发生物体打击区域进行清理，防止再次发生物体打击。抬运伤亡人员时，应尽量使受伤人员平躺，防止搬运不当造成二次伤害	
7	火灾	发生火情后，应安排专人负责切断着火区域电源，立即组织人员用灭火器材（灭火器、消防沙、消防水）等进行灭火。如果是由于电路失火，必须先切断电源，严禁使用水或液体灭火器灭火以防触电事故发生。 火灾发生时，为防止有人被困，发生窒息伤害，应准备部分毛巾，湿润后蒙在口、鼻上，抢救被困人员时，为其准备同样毛巾，以备应急时使用，防止有毒有害气体吸入肺中，造成窒息伤害。被烧人员救出后应采取简单的救护方法急救，如用净水冲洗一下被烧部位，将污物冲净，再用干净纱布简单包扎，同时联系急救车抢救。 当自有措施无法控制火势时，必须立即通知119请求支援	
8	食物中毒、传染疾病	当发生食物中毒、传染病事故时，首先清理中毒、传染病人员范围，并采取隔离措施。尽快调查确认中毒源、传染病源，在按规定向上报告的同时，拨打120电话，派专人负责在大门口接应	
9	中暑	作业人员出现大量出汗、口渴、头晕、胸闷、恶心、全身无力、注意力不集中等表现时，这是中暑的先兆。此时，要尽快离开高温潮湿的环境，转移到安全地方。 当发现有人中暑倒下时，迅速将病人抬到阴凉通风的环境下躺下，头稍垫高、脱去病人的衣裤，用纸扇或电扇扇风。同时用冷水擦身或喷淋，有条件的可用酒精擦身加散热。也可将冰块装在塑料袋内，放在病人的额头、颈部、腋下和大腿根部。神志清醒者，可喂以清凉饮料、糖盐水及人丹、十滴水或藿香正气水等清热解暑药。若病人昏迷不醒，则可针刺或用手指甲掐病人的人中穴、内关穴、虎口等，促使病人苏醒。出现呕吐的，应将其头部偏向一侧，以免呕吐物呛入气管引起窒息。对于高烧不退或出现痉挛等表现的病人，在积极进行上述处理的同时，应将其尽快送往医院抢救	
10	噪声投诉	当发生噪声投诉事件时，首先将投诉噪声超标的单位或个人带到项目接待室，认真听取他们的意见，做好记录，对他们指出项目的问题表示感谢，并对给他们带来的不便表示歉意，制定噪声排放的管理措施，防止噪声排放超过标准。 如投诉者已达有关部门或媒体，立即向经理部和公司报告，配合经理部（公司）和有关部门或媒体沟通	
11	大雪、暴雨、高温、台风等恶劣气候	公司（经理部）立即下发紧急通知，针对恶劣天气进行布置和安排。公司（经理部）对布置和要求的落实情况进行检查和督促。 项目针对具体气候情况采取有效措施，防止安全事故发生。大雪天气时，及时清理积雪，铺设草袋，在无法保证安全时停止室外施工；暴雨天气时，注意边坡、土方安全，注意用电安全；高温天气时，合理安排工作时间，发放防暑降温药品，注意食品卫生，防止食物中毒；台风季节，密切注意气象预报，台风来临，及时将人员疏散到安全地点，并对现场脚手架、垂直运输设备进行检查和加固；恶劣天气后对现场进行全面检查	

（十一）合同管理内容的编制

监理合同管理应包括以下内容：

（1）建设工程勘察、设计合同履约管理：建设工程勘察合同履约管理、设计合同履约管理；施工准备阶段的施工及采购合同履约管理。

（2）发包人的义务、施工单位的义务、监理人的职责；施工阶段的合同管理：合同履行涉及的几个时间期限、施工进度管理、施工质量管理、工程款支付管理、施工安全管理、变更管理、不可抗力、索赔管理、违约责任。

（十二）信息资料管理、协调工作和竣工验收及保修期监理内容的编制

监理大纲中的信息资料管理、协调工作和竣工验收工作、保修期的监理工作内容的编制，要注意按照本工程的特点和招标文件要求及投标人所采取的措施等方面进行编制。

（十三）工程重点、难点分析及监理对策、合理化建议

监理大纲的核心是反映监理服务水平高低的能力，尤其是针对工程重点难点等具体情况制定的监理对策，以及向建设单位提出的原则性建议等。在监理大纲评分中，对编制较好的建设工程监理难点、重点分析及合理化建议分值较高。

（1）监理大纲中的实施方案是监理评标的重点。根据招标文件的要求，针对工程特点，拟定监理工作指导思想、监理工作计划；监理主要管理措施、技术措施以及监理控制要点；拟采用的监理方法和手段；监理工作制度和监理工作流程；监理文件资料管理；拟投入的监理检测工器具、办公、交通和通信等设备配置。招标人一般会特别关注投标人配置的监理检测工器具及设备等资源的投入，也包括项目监理机构的设置和人员配备，包括监理人员（尤其是总监理工程师）素质、监理人员数量和专业配套情况。

（2）建设工程难点、重点及监理对策、监理的合理化建议是编制监理大纲中的重点内容。建设工程监理难点、重点及合理化建议是整个投标文件的精髓。工程监理单位在熟悉招标文件的基础上，要按实际监理工作的开展和部署进行策划，既要全面涵盖“三控两管一协调”和安全生产管理职责的内容，又要有针对性地提出重点工作内容、分部分项工程控制措施和方法以及合理化建议，并说明采纳这些建议将会在工程质量、造价、进度等方面产生的效益，力争取得最高分值。

（3）在建设工程监理招标、评标过程中，招标人往往注重对工程监理单位能

力的选择。因此，监理大纲的编制应充分体现投标人对建设工程难点、重点的技术管理能力。

二、对招标文件其他要求的响应

（1）不同的监理招标文件，往往会根据不同的项目工程特点和项目建设需求，有着不同的侧重和要求。一般情况下，监理大纲的编制必须做到积极响应以取得招标人的信任。

（2）招标人的要求，有时超出国家法律、法规的规定。例如，有的招标文件提出，总监理工程师的人选，必须具有国家一级注册结构工程师的资格，这与国家对监理人员的资质规定不符，但监理单位要予以理解并接受。有的招标文件，自定建设单位对监理人员的日常考核和奖罚措施，这显然于法无据，但监理单位也应做出积极的表示，将在以后的监理工作中自觉地接受并服从，因为这与监理单位本来就承诺要诚信服务的宗旨并不矛盾。上述招标文件条文，明显既不规范，也不平等，但已通过政府的招标文件备案，就具有一定的合法性，监理单位应以积极的态度在编制监理大纲时，制定更加严格的质量、进度、投资、安全管理、合同信息管理以及监理协调工作等监理措施，投入先进的监理检测器具、设备及满足招标文件要求的监理人员以作出实质性的响应和承诺，力求大纲分值最高。

三、监理大纲编制后的评审

为了确保或增加中标概率，监理大纲编制完成后，应进入评审环节，这是为了减少大纲编制中的失误，导致不必要的损失。具体措施如下：

（1）由公司技术总工或投标部门组织具有一定投标评标经验的专家3～5名，成立标书评审小组。

（2）由评审小组对照招标文件，对监理大纲内容进行仔细评审，从中找出监理大纲内容缺项、存在的重大问题或缺陷之处。发现大纲内容有缺项、存在的重大问题或缺陷之处，应详细记录，重新对大纲进行修改完善。

（3）杜绝投标文件产生重大偏差（①未实质响应招标文件；②符合招标文件废标条件；③监理大纲雷同；④串通投标；⑤对投标文件拒不按要求澄清、说明或补正）现象。

（4）杜绝投标文件产生细微偏差（①监理大纲有不合理之处；②监理大纲有缺项、漏项或不完整的技术信息；③计算或文字错误；④含义不明确）的现象。

第4章 工程重点、难点分析及监理对策（案例）

一、某房建住宅项目

某房建住宅监理项目：由于本工程地处交通繁华中心地段，建筑施工总面积达418552m^2，且分为南北二个施工区。施工单体多达30幢、建筑物最高达23层（高约80m），建筑工程地质情况较复杂，施工期间正处当地雨、夏季，且地下施工面积达111120m^2，有较大基坑施工项目，基础结构采用的桩基为钻孔灌注桩，主体应为框剪结构。

（一）本工程重点、难点分析

（1）由于施工面积大，栋号多，施工组织和建安量也大，造成施工组织总设计、合理组织施工流水、安排施工顺序及工期总体计划安排是本工程监理进度控制的难点和重点。

（2）由于工程是市重点拆迁安置民心工程，政治影响面大，领导关注多，施工工期会较紧，保证施工的进度和质量是本工程监理工作难点和重点。

（3）由于本工程采用了专业性较强的钻孔桩桩基，且地质结构较复杂，成桩长度均在28～50m，工程量相对不固定，对于其质量控制和投资控制是本工程监理工作的重点。

（4）由于本工程有较大型地下结构施工（深基坑），其安全风险较大，对于其开挖、支护及安全的控制是本工程监理工作的难点和重点。

（5）由于本工程施工高度均在50m以上，最高达23层（高约80m），工程地处交通繁华主城区内，施工区域四通八达，加上单体栋号多，现场安全文明施工控制是本工程监理工作的难点和重点，其现场脚手架搭设防护、起重吊装设备防护、高空防护、施工总平面布置、车辆进场、场内硬地化等是监理工作的重中之重。

（6）由于本工程是施工阶段全过程监理，工程施工涉及队伍多、专业多、分包多，造成合同管理、信息管理、监理人员专业配置及协调量大，是本工程监理工作的难点和重点。

（二）监理对策

基于以上分析的监理工作难点和重点，我们将主要采取以下对策和针对措施：
（1）选派精兵强将，组建精干高效的项目监理班子；
（2）协助业主精选高素质的施工队伍及其他承包分包商。
（3）充分发挥规范监理和技术经验的优势；
（4）加强技术监理，实施样板引路、科学施工；
（5）加强监理，确保使用在工程上的各种材料符合要求；
（6）加强对承包协调管理，确保各分项分部工程质量一次验收合格；
（7）加强资料管理，确保工程资料的及时和完整性。

（三）监理主要措施

1.进度控制监理

（1）协助业主编制本工程合理的工期总体建设进度安排；

（2）认真审核施工单位提交的施工总进度计划特别是抓住施工动态的变化情况，做好月进度计划的调整工作；

（3）通过调查分析，找到影响本项目进度的不利因素和主要环节，科学安排好施工时间，对属于关键线路的项目工程进行重点管理；

（4）在认真了解施工单位的施工履约能力外，对当地的不可抗拒因素（台风、暴雨、停水、停电等）也要做好充分的调查研究分析及预见，调配好不利施工日与施工日的紧上紧下关系，减少工期延误和窝工现象；

（5）加强各阶段、各分部、各专业施工计划的分解、细化的衔接，充分与各施工单位加强进度计划的严肃性和贯彻落实，通过会议、监理协调、建设单位支持，及时督促施工单位通过目标实行动态管理工程。

2.质量控制监理

（1）抓住深基坑支护、桩基础、地下室施工、防水防渗施工、混凝土浇灌工程等项目施工难点重点的监控，施工前认真编制监理细则，认真审核施工方案，加强全过程检查并记录施工情况，全过程实施监理旁站。

（2）加强监理技术及验收标准的监理。监理项目部配备专业齐全的技术指导书籍和相应的检测仪器，所有工序和材料进出场必须按相关监理程序进行验收，认真记录施工过程和情况，对于质量偏差的要下达监理通知单，要求施工单位限期改正，清楚交代质量缺陷和通病的防治工作。

（3）对商品混凝土的施工、钢筋进场制作安装建立质量跟踪制度，监理人员全过程监理的同时，做好现场的检测试验工作，例混凝土坍落度、水灰比、混凝土试件及养护、水泥安定性、桩基成孔泥浆浓度、钢筋表面观测等。

（4）加强混凝土钻孔桩的施工监理工作，在认真编制监理细则的同时，也要认真审核施工方案，重点是对地质情况的了解和随施工情况变化的分析，准确判断成孔、入岩、清孔、浇筑情况，全过程实施监理。

（5）加强防水防渗漏工程监理工作，例如卫生间、上下水管道封闭及防水层施工，重点落实各闭合闭水试验及全过程旁站监理。

3.安全文明施工控制监理

（1）编制监理安全细则和认真审核安全施工方案，特别是各危险源较大专项施工方案。例：深基坑开挖支护、起重设备（塔吊、提升机等）、外架及悬挑架搭设、高大模板支护支撑体系、高空防护等。

（2）认真审核施工总平面布置，合理安排施工场地排水、道路及各作业区、场地硬地化，各施工警示牌、卫生责任牌、设备保养牌、标示牌等标牌落实到位，以确保文明施工。

（3）加强对防火动火点的施工过程监控，严格审批其施工方案，重点措施落实到位。

（4）加强深基坑开挖、支护的技术论证及施工监理工作，特别是开挖的安全监理工作以及对周边建筑的影响监测工作。

（5）加强本工程高空施工防护监理工作，特别是项目中23层高的单体工程，严格做好高空围护、高空坠物等安全监理工作。

（6）驻现场监理组织中确定专人负责安全监理工作。

4.投资控制监理

（1）加强对施工图纸审核，认真做好会审工作，减少工程变更；

（2）加强对桩基中的钻孔桩监理工作，认真了解地质，合理确定成桩深度，减少工程量变化签证；

（3）重点对材料选型提出合理论证，特别是对潜在价格上涨材料的进场和工期保证，减少材料价格签证。

5.监理组织

（1）配置专业配套的监理工程师，选派组织管理协调能力强的总监理工程师；

（2）选派专业能力强的监理工程师担负各专业的现场工程师；

（3）选派专职安全工程师驻工地负责安全施工监理工作；

（4）根据工程规模及合同要求委派合适的监理人员开展监理工作，确保监理到岗履职；

（5）公司把本工程的监理业务作为公司重点工程，除本次投标公司法人代表到位外，公司将加强定期和不定期开展项目检查，建立公司级检查指导工作制度，以确保监理组织的完整性。

本工程监理重点难点除以上所述外，对可能存在的各工序监理重点难点，在拟监理过程中应及时做好相应对策和措施。

二、某商业办公楼项目

（一）预应力管桩工程重点、难点分析及监理对策

预应力管桩长细比是比较大的构件，在沉桩过程中，桩受到高于设计承载力数据的压力，如果制作质量不符合要求、吊桩时桩身受到损伤、混凝土强度不符合要求或养护不到位，尤其是在复杂的工程地质条件下以及遇到地下障碍物如大块石头、遇软土层或土洞就会产生断桩、桩身破碎、沉桩达不到设计要求、桩身突然下沉、桩身倾斜、接桩处松脱开裂等质量问题。

1.断桩

（1）原因分析

桩制作过程中纵向弯曲超过标准较多，由侧模不直和底模沉陷引起。混凝土搅拌不均匀，局部漏振；部分混凝土配合比差错；吊桩时，桩身受到损伤，使桩身产生局部薄弱环节。桩头接触古土壤，在压入过程中逐渐弯曲，变形积累到一定限值后，混凝土发生脆性断裂。

（2）监理对策

加强原材料进场检验控制，无出厂合格证或外观检查不通过一概退货，并要求施工方技术人员、质保人员、机上操作人员经常观察压力变化情况，检查桩身垂直度。

2.桩身破碎

（1）原因分析

混凝土强度不符合要求或养护不到位。混凝土不密实。桩头到达古土壤后，未及时降压，导致桩身夹碎。

（2）监理对策

加强构件检验控制。对管桩生产厂家进行制作质量检查。桩头接近持力层或岩面时增加压力观察频率。

3.沉桩达不到设计要求

(1)原因分析

勘探点不够和粗略，对工程地质情况不明，尤其是持力层标高起伏，致使设计考虑持力层或选择桩标高有误，有时因设计要求过严，超过了施工机械能力或桩身混凝土的强度。勘探工作以点代面，对局部硬夹层不可能全部了解，尤其是在复杂的工程地质条件下，以及遇到地下障碍物如大块石头、混凝土大块等，沉桩就会达不到设计要求。群桩效应问题，砂为持力层时，桩数越多，会越挤越密实，最后就会出现下沉不多或不下沉的现象。

沉桩行机路线选择不合理，使桩沉不到设计标高，或沉入过多。桩顶压碎或桩身压断，致使桩不能继续打入。

(2)监理对策

探明地质情况，必要时应补充勘探，正确选择持力层或标高，根据工程地质条件、桩断面及长度，合理选择桩工机械、施工方法及行车路线。防止桩顶压碎或桩身断裂。正式沉桩前，可在正式桩位上进行工艺试桩(选不同部位试打3～5根)，以校核勘探与设计要求的可能性、合理性。否则研究出补救措施以指导正常施工。

4.桩身突然下沉

(1)原因分析

遇软土层或土洞。地下部分发生断桩。接头部分脱焊。

(2)监理对策

加强构件进场质量控制。接桩时焊缝要饱满，无气泡、夹砂，不得咬边。加强地质资料分析。

5.桩身倾斜

(1)原因分析

场地不平，桩机垂直支撑架未落稳。稳桩时不垂直，接桩过程中未对称施焊或上下节不在同一直线上。管桩制作误差过大。沉桩顺序安排不合理，使桩向一侧挤压而倾斜。持力层或岩面倾斜。

(2)监理对策

加强构件进场质量控制。加强桩机就位检查。合理安排沉桩顺序。桩机就位时检查桩机支撑稳固，桩机水平。加强分析地质勘察资料。

6.接桩处松脱开裂

(1)原因分析

接桩连接处的表面没有清理干净，留有杂质、雨水和油污等。采用焊接时，连接铁件平面不平，有较大间隙，造成焊接不牢。焊接质量不好，焊缝不连续、不饱满，焊肉中央有焊渣等杂物。接桩方法有误，时间效应与冷却时间等因素影响。两节桩不在同一直线上，在接桩处产生曲折，锤击时接桩处局部产生集中应力而破坏连接。上下桩对接时，未作严格的双向校正，两桩顶间存在缝隙。在挤土效应等因素作用下造成松脱开裂。

（2）监理对策

接桩时，桩头处尽量避开坚硬土层。选用较经济的沉桩方式，消除上下桩接头的间隙，可检测桩的完整性（用小应变检测），若为错位桩，需采取新的加固措施（用加桩处理的方法）。焊接接桩时，两接头焊接要连续进行对称焊，并按焊接操作规程执行。

（二）地下室防水防潮重点、难点分析及监理对策

1. 重点、难点分析

本工程设有一层地下室，作为商业、停车场及设备用房。由于地处南方潮湿多雨的气候特点，其防水防潮工程即成为本工程的重点、难点。

2. 监理对策

1）造成地下室渗漏的原因主要有两个方面：其一，设计原因：地下室外墙结构没有考虑混凝土的收缩裂缝控制，墙体间距偏大，或者墙体拐弯处没有增设斜拉筋，造成外墙体出现裂纹或裂缝；或者其部位防水设计未详细，达不到施工的要求。其二，施工原因：混凝土底板和外墙混凝土在浇灌时没有采取有效的防裂措施，造成其结构出现裂缝；混凝土底板和外墙混凝土浇灌未连续，出现施工缝。施工缝、后浇带处理不当；穿墙螺栓、穿墙套管没有设止水环；防水层没有按设计和有关规范、规程的要求施工。

2）上述设计的原因，监理工程师应通过组织施工图会审，将其问题得到解决，对于施工原因，监理工程师除了要求施工单位根据其渗漏原因，编制有针对性的施工组织设计（方案），提出质量保证措施，并督促其落实外，还应对下列的质量控制点进行重点控制：

（1）底板和外墙结构的质量控制；

（2）防水层施工的质量控制。

3）地下室防水工程应以防水为主，阻排结合，优先采用混凝土结构自防水，并附加柔性防水层。附加防水层应以迎面设防为主。重点对下列几方面进行控制：

（1）对施工缝、结构转角处应采取增加防水附加层进行处理。

（2）做柔性防水层的基层要平整、清洁干燥，如基层干燥有困难时，应增设潮湿基面处理剂。柔性防水层必须保护，迎水面立面宜用柔性保护层，平面应做刚性保护层。

（3）穿墙管道和套管周围的混凝土表面应留10mm×10mm凹槽，嵌填密封材料，再用水泥砂浆抹灰。

4）基坑回填土监控：

（1）基坑回填土时，要防止施工机械等碰坏已经做好的柔性防水层；

（2）基坑回填土必须分层夯实，防止日后填土沉降带动防水保护层下沉而破坏其外墙防水层；

（3）靠外墙边的回填土宜用黏土。

（三）主楼地下室大体积混凝土、结构转换层混凝土施工重点、难点分析及监理对策

1.重点、难点分析

地下室底板外墙、转换层、转换层以下框支柱、落地剪力墙结构是结构关键部位。

2.监理对策

1）地下室底板、转换层裂缝控制

地下室底板、转换层属于大体积钢筋混凝土结构，其质量控制除了要控制好钢筋工程质量和转换层的模板（含支撑）以外，重点要对大体积混凝土的裂缝进行控制，防止出现裂缝现象。监理工程师应对下列控制点进行重点控制：

（1）审查施工组织设计（方案）

监理工程师应要求施工单位有针对性（根据特点、难点）编制地下室底板、第1层或第2层转换层的专项工程施工组织设计（方案），其施工组织设计（方案）应有保证大体积混凝土不产生裂缝的质量保证措施。监理工程师和总监理工程师应严格审查，施工组织设计（方案）经审查批准后方可实施。在施工过程中，监理工程师应督促施工单位落实其质量保证措施。

（2）防止大体积混凝土产生裂缝的技术措施

造成大体积混凝土出现裂缝的原因主要有：

①泵送混凝土本身的强度高，因而其水泥用量多，致水化热高；

②泵送混凝土本身的坍落度大，石子粒径小，因而混凝土收缩应力大；

③由于混凝土体积大，造成混凝土内外温差大，因而温度收缩应力也大；

④混凝土配合比设计不合理，或者混凝土施工有问题，保养不及时、不合

理等。

针对上述原因，应采取如下技术措施：

①应选用水化热相对低的水泥，宜采用中热的普通硅酸盐水泥，这样可以减少混凝土的发热量。

②在混凝土中掺入适量减水剂，可降低水泥用量10%，这样既减低了水化热量，又减缓了混凝土初凝时间，减缓浇灌速度，有利于散热，掺入减少剂品种、数量应由试验室试验确定。

③在混凝土中掺入适量微膨胀剂，这样既可减少水泥用量，降低水化热，又可补偿收缩。掺入微膨胀剂应由试验室试验确定。凡是掺入微膨胀剂的混凝土，必须加强混凝土保养。

④混凝土的配合比应优化设计，监理工程师应对原材料进行见证抽检，控制石子粒径，减少含砂率，降低细粉含量和含泥量，由试验室进行配合比的优化设计。

⑤改进混凝土振捣工艺，对浇筑后的混凝土，在振动界限以前给予二次振捣，能排除混凝土因泌水在粗骨料、水平钢筋下部生成的水分和空隙，提高混凝土与钢筋的握裹力，防止因混凝土沉落而出现的裂缝，减少内部微裂，增加混凝土密实度，使混凝土抗压强度提高10%～20%左右，从而提高抗裂性。混凝土二次振捣的恰当时间是指混凝土振捣后能恢复到塑性状态的时间，一般称为振动界限。掌握二次振捣恰当时间的方法；将运转的插入式振捣棒以其自身的重力逐渐插入混凝土中进行振捣，如混凝土仍处于可恢复塑性的程度，使插入式振捣棒小心拔出时，混凝土仍能自行闭合，而不会在混凝土中留下孔穴，这样就认为该时段施加的二次振捣是适宜的。

⑥对混凝土表面进行及时保湿、保温养护。为了控制混凝土内外温差，确保内外温差不大于25℃，应对混凝土表面进行及时保湿、保温养护，宜采用2层草袋（或麻袋）覆盖，浇水养护。在混凝土浇灌完后4h内，应在混凝土上面先盖一层塑料薄膜，再盖草袋（或麻袋），对转换层混凝土，还应在侧面盖一层草袋（或麻袋）保湿、保温养护。混凝土保养也可采用蓄水，其深度约为10～13cm。

⑦对于混凝土浇灌，要加强捣固，确保混凝土密实。对于转换层的混凝土浇灌，由于其钢筋密集，尤其是柱头、梁端的部位，更应采取措施，加强捣固，保证其混凝土密实配合比均匀（石子和水泥砂浆不能分家）。

⑧监理工程师应要求施工单位加强管理。混凝土浇灌完后（局部或全部浇灌完），如发现混凝土表面出现裂缝，应及时采用收光或补浆压光的办法处理。

⑨对混凝土内外温度进行监测，并做记录。

（3）监理工程师、监理员应加强监督检查

在大体积混凝土浇灌过程中，监理工程师和监理员应实行全过程的旁站监理，其检查的内容主要有：

①检测混凝土的坍落度，混凝土的坍落度应符合配合比的要求，如发现混凝土坍落度达不到要求，应督促商品混凝土退货并要求供货商整改；

②检查混凝土浇灌工序，防止混凝土出现不必要的施工缝，保证混凝土连续浇筑，督促施工单位按规定捣固，保证混凝土浇灌密实，控制上下混凝土覆盖间隔时间；

③督促施工方按规定制作试件；

④督促施工方按规定保养；

⑤如发现混凝土表面出现裂缝，应督促施工方按上述技术措施进行处理；

⑥对混凝土内外温度进行监测，并做记录。

2）对高强度的泵送混凝土的裂缝控制

地下室外墙和高层建筑的下部结构，混凝土强度都比较高，一般五层以下都为C50，再加上浇灌时采用泵送混凝土，混凝土本身坍落度相对较大，水泥用量相对较多，骨料相对粒径较小，这样的混凝土容易产生收缩收缝。地下室外墙出现裂缝是目前的质量通病，监理工程师应对下列控制要点进行重点应对：

（1）地下室外墙钢筋设置应控制其间距，间距应不大于150mm；楼板的钢筋设计，负弯筋宜通长设置，若没有通长设置，应在没有负弯筋的板中，布置ϕ8@150分布钢筋，对于容易产生应力集中的部位，例如拐角处，应设置加强筋。

（2）混凝土浇灌的技术措施基本上与大体积混凝土裂缝控制一样（没有混凝土内外温差的控制）。

（3）对地下室外墙混凝土浇灌实行旁站监理，对楼板混凝土浇灌加强巡视检查。

（四）对大空间、大跨度梁及转换层大梁的施工重点、难点分析及监理对策

1.重点、难点分析

由于本工程为商业办公楼，具有大空间、大跨度梁及转换层，且大梁跨度大、梁体高、梁钢筋密集等特点，混凝土施工难度大，质量标准要求高。

2.监理对策

1）事前控制

（1）审查施工单位编制的专项施工方案：专项施工方案的编制、审查、论证

应符合以下要求：

施工单位依据施工企业应严格按照《建筑施工模板安全技术规范》JGJ 162—2008、《建设工程高大模板支撑系统施工安全监督管理导则》（建质〔2009〕254号）、《建筑施工扣件式钢管脚手架安全技术规范》JGJ 130—2011等有关规定和规范的要求，由项目技术负责人组织相关专业技术人员，结合工程实际，编制高大模板支撑系统的专项施工方案。

（2）专项施工方案编制应当包括以下内容：

①编制说明及依据：相关法律、法规、规范性文件、标准、规范及图纸（国标图集）、施工组织设计等。

②工程概况：工程高大模板特点、施工平面及立面布置、施工要求和技术保证条件，具体明确支模区域、支模标高、高度，支模范围内的梁截面尺寸、跨度、板厚，支撑的地基情况等。

③施工计划：施工进度计划、材料与设备计划等。

④施工工艺技术：高大模板支撑系统的基础处理、主要搭设方法、工艺要求、材料的力学性能指标、构造设置以及检查、验收要求等。

⑤施工安全保证措施：模板支撑体系搭设及混凝土浇筑区域管理人员组织机构、施工技术措施、模板安装和拆除的安全技术措施、施工应急救援预案，模板支撑系统的搭设、钢筋安装、混凝土浇捣方法，混凝土内外温差的控制和混凝土浇捣过程中及混凝土终凝前后模板支撑体系位移的监测监控措施等。

⑥劳动力计划：包括专职安全生产管理人员、技术管理人员、特种作业人员的配置等。

⑦计算书及相关图纸：验算项目及计算内容包括模板、模板支撑系统的主要结构强度和截面特征及各项荷载设计值及荷载组合，梁、板模板支撑系统的强度和刚度计算，梁板下立杆稳定性计算，立杆基础承载力验算，支撑系统支撑层承载力验算，转换层下支撑层承载力验算等。每项计算列出计算简图和截面构造大样图，注明材料尺寸、规格、纵横支撑间距。附图包括支模区域立杆、纵横水平杆平面布置图，支撑系统立面图、剖面图，水平剪刀撑布置平面图及竖向剪刀撑布置投影图、梁板支模大样图、支撑体系监测平面布置图及连墙件布设位置及节点大样图等。

（3）高大模板支撑系统专项施工方案：应先由施工单位技术部门组织本单位施工技术、安全、质量等部门的专业技术人员进行审核，经施工单位技术负责人签字后，再按照相关规定组织专家论证。

（4）方案论证应符合下列要求：

①专家论证会应由下列人员应参加：专家组成员；建设单位项目负责人或技术负责人；监理单位项目总监理工程师及相关人员；施工单位分管安全的负责人、技术负责人、项目负责人、项目技术负责人、专项方案编制人员、项目专职安全管理人员；勘察、设计单位项目技术负责人及相关人员。专家组成员应当由5名及以上符合相关专业要求的专家组成。本项目参建各方的人员不得以专家身份参加专家论证会。

②施工单位应在论证审查会召开之前7个工作日，将论证材料送达专家。专家在论证会召开前，应仔细审阅方案，提出书面的初步审查意见。

③召开论证会时，专家应踏勘施工现场，提出书面论证审查报告。

④施工单位应根据专家组的论证报告，对专项施工方案进行修改完善。

⑤方案论证签认通过后，经施工单位技术负责人、项目总监理工程师、建设单位项目负责人批准签字后，方可组织实施。

（5）审查满堂脚手架搭设人员资格：高大模板满堂脚手架搭设前，施工单位应将搭设人员资格向监理组进行报审。高大模板支撑架体的搭设作业人员必须经过培训，取得建筑施工脚手架特种作业操作资格证书后方可上岗。其他相关施工人员应掌握相应的专业知识和技能。

（6）材料验收应符合的要求：施工单位应严格控制进场钢管、扣件的质量。所使用的钢管、扣件必须具有产品合格证、生产许可证、质量合格检测证明。进场的钢管、扣件、配件应向监理报验，检查合格后签认；有合格证及产品检验报告，其直径、壁厚、端面偏差弯曲、外观、锈蚀均应符合要求。门架只能有轻微变形、损伤、锈蚀，否则要修复、矫正，甚至降低承载力。进场钢管、扣件须检测合格后才能使用。

（7）检查技术交底及安全文明交底的情况，查看记录。

（8）测量放线已复核，监理工程师已签认。

2）事中控制

（1）高大模板支撑系统搭设前，应对下一层支模架进行检查，验收。并按规定在模板支撑立柱底部采用具有足够强度和刚度的垫板。

（2）高大模板支撑系统搭设前，项目工程技术负责人或方案编制人员应当根据专项施工方案和有关规范、标准的要求，对现场管理人员、操作班组、作业人员进行安全技术交底，并履行签字手续。安全技术交底的内容应包括模板支撑工程工艺、工序、作业要点和搭设安全技术要求等内容，并保留记录。

（3）作业人员应严格按规范、专项施工方案和安全技术交底书的要求进行操作，并应符合下列要求：

①高大模板工程搭设的构造要求应当符合相关技术规范要求，支撑系统立柱接长严禁搭接；应设置扫地杆、纵横向支撑及水平垂直剪刀撑，并与主体结构的墙、柱牢固拉接。

②搭设高度2m以上的支撑架体应设置作业人员登高措施，正确佩戴相应的劳动防护用品，作业面应按有关规定设置安全防护设施。

③模板支撑系统应为独立的系统，禁止与物料提升机、施工升降机、塔吊等起重设备钢结构架体机身及其附着设施相连接；禁止与施工脚手架、物料周转料平台等架体相连接。

④对于高大模板支撑系统的钢管立柱顶部，施工单位必须严格按照《建筑施工模板安全技术规范》JGJ 162—2008的有关规定，采用可调顶托直接支顶在底模的主梁（主楞）上受力的构造形式，不得将立柱顶端与做主梁（主楞）的钢管用扣件连接，以免出现偏心荷载。

⑤为提高模板支撑系统的整体稳定性和抗倾覆能力，板底支撑系统和梁底支撑系统沿立杆高纵横布置，每步宜小于1.8m，纵横水平杆互相联结为一个整体，在梁底每根立柱间纵横向上加设剪刀撑。在距楼地面200mm处的立杆上必须设置纵横扫地杆一道。剪刀撑与楼地面夹角为45°～60°，由楼地面一直接驳到顶部，与立杆连接牢固，剪刀撑间距不大于6m，剪力撑宽度一般不大于4个跨距，截面尺寸较大的梁下应加密设置剪刀撑，纵横剪刀撑每隔4排（列）立杆应设一道；每隔4排（列）立杆，从顶层开始向下每隔2步设一道水平剪刀撑。

⑥高支模支顶架系统中的梁底立柱单根承受荷载较大，为避免应力集中，对支承层产生冲切破坏，在梁底立柱杆下垫通长方木。

⑦大梁下立柱原则上使用整根通长钢管，若需要两根竖向连接，只能采用“一”字扣件对接，禁止采用“十”字扣件连接。

⑧立柱间距必须按施工方案搭设，上下层立柱应同在一竖向中心线上，垂直度偏差不大于0.75/100，上下层立柱接头应牢固可靠。

⑨立柱钢管顶插上一个顶托，被支承模板的荷载通过顶托直接作用于立柱上，这种连接和支承方式传力直接，偏心小，受力性能好，可在一定范围内（13～35cm）调整立柱的高度。

⑩严禁将外径48mm与51mm的钢管混合使用。

⑪剪刀撑、横向斜撑搭设应随立杆、纵向和横向水平杆等同步搭设。

⑫扣件规格必须与钢管外径（ϕ48mm或者ϕ51mm）相同；螺栓拧紧扭力矩不应小于40N·m，且不应大于65N·m，在主节点处固定横向水平杆、纵向水平杆、剪刀撑、横向斜撑等用的直角扣件、旋转扣件的中心点的互相距离不应大

于150mm。

（4）采用钢管扣件搭设高大模板支撑系统时，对扣件螺栓的紧固力矩将进行抽查，抽查数量符合《建筑施工扣件式钢管脚手架安全技术规范》JGJ 130—2011的规定，对梁底扣件将进行100%检查。

（5）高大模板支撑系统搭设完成后，要求施工单位项目负责人组织验收，验收人员应包括施工单位和项目部两级技术人员，项目安全、质量、施工人员，监理单位的总监和专业监理工程师。验收合格后请市质安站相关人员进行验收，验收合格后经施工单位项目技术负责人及项目总监理工程师签字后，方可进入后续工序的施工阶段。

（6）模板支撑系统的使用过程中应符合以下要求：

①模板、钢筋及其他材料等施工荷载应均匀堆置，放平放稳。施工总荷载不得超过模板支撑系统设计荷载要求。

②模板支撑系统在使用过程中，立柱底部不得松动悬空，不得任意拆除任何杆件，不得松动扣件，也不得用作缆风绳的拉接。

③混凝土浇筑前，施工单位项目技术负责人、项目总监确认具备混凝土浇筑的安全生产条件后，签署混凝土浇筑令，方可浇筑混凝土。

④混凝土浇筑过程中，应按先浇筑柱混凝土，后浇筑梁板混凝土的顺序进行。浇筑过程应符合专项施工方案要求，并确保支撑系统受力均匀，避免引起高大模板支撑系统的失稳倾斜。

⑤浇筑过程应有专人对高大模板支撑系统进行观测，发现有松动、变形等情况，必须立即停止浇筑，撤离作业人员，经施工、监理、建设单位现场负责人确认符合安全条件后，方可对松动、变形的模板支撑体系采取加固措施。

⑥监理工程师在搭设过程巡查，对存在问题及时下发监理通知单。

3）事后控制

（1）高大模板支撑系统拆除前，项目技术负责人、项目总监应核查混凝土同条件试块强度报告，浇筑混凝土达到拆模强度后方可拆除，并履行拆模审批签字手续。

（2）高大模板支撑系统的拆除作业必须自上而下逐层进行，严禁上下层同时拆除作业，分段拆除的高度不应大于两层。

（3）高大模板支撑系统拆除时，严禁将拆卸的杆件向地面抛掷，应有专人传递至地面，并按规格分类均匀堆放。

（4）高大模板支撑系统搭设和拆除过程中，地面应设置围栏和警戒标志，并派专人看守，严禁非操作人员进入作业范围。

（5）大跨度梁及转换层大梁钢筋工程质量控制

大梁及主楼转换梁钢筋非常密集，施工比较困难，因此，其钢筋工程是控制的重点，应采取下列质量保证措施：

①钢筋工程所使用的材料都必须经过检验合格后方可使用，其钢筋对焊接头性能必须检验合格。

②钢筋的加工制作必须符合设计和规范要求。

③钢筋绑扎前应事先确定施工顺序，施工人员应按其顺序实施，避免钢筋摆设错位和返工。

④梁主筋的规格、数量、绑扎位置、锚入支座的长度等应符合设计和规范要求；箍筋的规格、数量、绑扎位置以及弯钩的角度、长度应符合设计和规范要求，要特别注意支座和梁体交叉的钢筋绑扎质量。

⑤框支梁、落地剪力墙进入梁内的长度、位置、弯钩等应符合设计要求。

⑥钢筋接头应按规范要求错开。

⑦钢筋的保护层的垫块厚度，应符合设计要求。钢筋底部的垫块要求坚固，防止被压破。

⑧监理工程师应在施工单位自检合格后，组织隐蔽工程验收，参加人员有：业主、施工单位、设计单位，还应请质监站参加监督检查。验收合格后，参加人员应在验收记录签认。对于验收中发现的问题，应督促施工单位整改，监理工程师应进行复查，存在问题全部整改后方可进行下道工序的施工。

（6）销售部大跨度梁及转换层大梁混凝土工程质量控制

由于销售部大跨度梁及转换层大梁钢筋密集，关键是保证混凝土振捣密集。混凝土振捣棒可采用小振捣棒。具体的质量保证措施参照地下室底板、转换层和主体工程的质量控制的相关内容。监理工程师、监理员应对混凝土浇灌进行全过程旁站监理。

（7）销售部大跨度梁及转换层大梁以下框支柱、落地剪力墙的质量控制

框支柱没有钢筋芯柱，落地剪力墙钢筋工程也相对多、复杂，在施工过程中应加强质量控制：

①严格按设计和规范要求制作和绑扎钢筋，重点检查主筋的数量、规格、位置（尤其是框支柱芯柱），箍筋的数量、规格、位置，弯钩的角度、长度，钢筋的保护层，进入转换层梁板的长度、位置和弯钩；

②接头必须凿毛、清洗干净；

③具体的质量保证措施参照主体工程质量控制的相关内容；

④监理工程师应组织其隐蔽工程验收，具体做法与大跨度转换梁相同；

⑤监理工程师、监理员应对其施工工序加强巡视、平行检查，混凝土浇灌要进行旁站检查。

（五）绿化种植屋面工程防水重点、难点分析及监理对策

1.重点、难点分析

防水工程是一般建筑工程施工的一个难点，容易出现施工质量问题。本工程种植屋面给建筑物外观带来美感的同时，对防水施工也增加了难度。

屋面出现渗漏，通常的原因有三个方面，其一，设计原因：例如，屋面板的结构设计不合理，在设计上只考虑强度要求，未考虑混凝土的裂缝控制，造成屋面板的结构出现混凝土裂缝；防水设计不合理，其做法未作说明，深度达不到施工的要求，通屋面的管道边没有强化防水处理的要求等，如果属于设计上的原因，监理工程师应通过组织施工图会审（含设计交底）得到解决。其二，施工原因：屋面板的结构施工时，因负弯筋移位，而造成结构出现裂缝；因结构支撑和模板过早拆除，造成结构裂缝；因混凝土浇灌不连续或捣固不密实而造成混凝土有施工缝或混凝土有孔洞（或有细小孔隙）；因混凝土保养不及时或者保养时间不够，造成混凝土有收缩裂缝或收缩裂纹；因防水材料不合格；因铺设防水层的工艺不符合规范要求（如：铺设屋面防水层前，基层不干净、不干燥；卷材铺设方向和工艺未符合规定；涂料防水因落水口、管道孔边，泛水等部位处理不当，或者根本没有进行强化防水处理等）。其三，成品保护不当或者成品受到破坏；防水层完成后，未按要求作蓄水试验，未及时进行混凝土保护层施工，或因需要安装管道、预埋件，又在其防水上凿孔打洞，造成其部位防水层受到破坏。上述的第二、三原因，监理工程师除了要求防水层施工单位和有关施工单位根据其特点和难点编制有针对性的施工组织设计（方案），提出质量保证措施以外，还应对下列的质量控制点进行重点控制。

2.监理对策

1）屋面结构质量控制（控制不出现裂缝）

（1）在设计上，屋面板的负弯筋宜通长设置，若负弯筋未按通长设置，也应在未设置负弯筋的部位设分布筋，其负弯筋或分布筋的间距宜≤150mm，在板的拐角处（容易产生应力集中的部位）应设放射筋；

（2）监理工程师在组织钢筋隐蔽工程验收时，应检查负弯筋有保证不移位的可靠措施；

（3）屋面板在混凝土浇灌时，监理工程师或监理员要进行旁站监理，督促施工单位防止负弯筋变形移位，保证混凝土连续浇灌，捣固密实，对于混凝土在未

终凝之前出现收缩裂纹，应要求施工单位及时压实收光；

（4）监理工程师应督促施工单位及时进行混凝土保养，保养时间应满足规范要求；

（5）在已浇灌的混凝土强度未达到1.2N/mm^{2}以前，不得在其上踩踏或安装模板及支架；

（6）混凝土强度未达到规范要求之前，不得提早拆除支撑和模板。

2）防水层基面检查和防水层按工序、层次检验

（1）在铺设屋面隔汽层和防水层前，监理工程师应组织基面隐蔽工程验收，其基面必须干净、干燥。

（2）在防水层施工过程中，监理工程师应按施工工序、层次进行检验，未经监理工程师检验合格后，不得进行下道工序、层次的作业。

（3）卷材的铺设方向、铺贴方法应符合规范要求；监理工程师或监理员在防水层施工过程中，应进行旁站监理，保证其施工工序、层次、工艺符合设计和规范要求。

3）对落水口、管道孔、泛水天沟等防水处理进行监控

屋面上的落水口、管道孔、泛水等是容易发生渗漏的部位，是质量通病，也是一个难点。因此，上述部位的防水处理是监理工程师的质量控制点，应加强巡视检查和旁站监理。

（1）屋面上的落水口、管道孔堵洞施工的监控：堵洞前应先将洞口松散的混凝土凿除，清洗干净且保持湿润；堵洞混凝土比屋面板混凝土强度高一级（干硬性细石混凝土）并加微膨胀剂，混凝土捣固密实，注意保养；若安设套管，套管上应设止水环；对落水口要掌握好流水坡度，保证排水顺畅，落水口杯埋设标高，应考虑落水口设防时，增加附加层和柔性密封层的厚度以及排水坡度的尺寸。

（2）落水口周围直径500mm范围内坡度不应小于5%，并应用防水涂料或密封材料涂封，其厚度不应小于2mm（增强层）。落水口杯与基层接触处应留宽深各为20mm的凹槽，嵌填密封材料。

（3）伸出屋面管道周围的找平层应做成圆锥台，管道与找平层间应留凹槽，并嵌填密封材料，防水层收头应满贴，用金属箍箍紧，且用密封材料封严，管道周围应增设防水涂料附加层。

（4）屋面天沟与女儿墙阴角处应做成R=100mm圆弧角；屋面女儿墙做泛水处理，泛水卷起高度应符合要求，立面铺设防水卷材应采用满粘法，卷材收头应固定牢固，用密封材料封严，其上按要求做滴水线。泛水应增加防水涂膜附加层。

（5）屋面混凝土天沟宜设置涂膜防水层，而且应增设增强层，当刚性细石混凝土防水屋面的天沟外檐板高于屋面的结构层时，应采取溢水措施。

4）分格缝的防水处理

防水层施工完成并验收合格后，应按设计和规范要求设置保护层；若在柔性防水层的上面设置刚性防水层，应在其中间设隔离层，其保护层（或刚性防水层）应按设计和规范规定设置分格缝，分格缝应嵌填性能良好的密封胶（经见证抽检合格）。

5）屋面防水成品保护

伸出屋面的管道、设备或预埋件等，应在防水层施工前安设完毕。屋面防水层完工后，应避免在其上凿孔打洞。工程竣工后，应提示业主注意使用方法，防止破坏屋面防水。

6）屋面防水蓄水检查

为了检验其防水效果，屋面防水层完成后，应按规定做蓄水检查。屋面蓄水最少24h，每6h检查一次，一共4次，并按规定做记录。经检验，未发现渗漏时，监理工程师应在其记录表上签署意见；如有渗漏，应找出原因，督促施工单位整改，整改完毕后再做蓄水检查，直到不渗漏为止。

（六）综合协调工作重点、难点分析及监理对策

1.重点、难点分析

（1）基础工程与上部框架剪力墙结构的搭接；

（2）土建工程与智能化专业设备的安装施工配合；

（3）土建工程与水电、通风、空调设备工程的施工配合；

（4）与周边市政环境设施（特别是煤气管道）的协调。

因此，本工程单项工程多，而且布局分散，各工程之间既有联系，又相互独立。在条件具备的情况下，众多工程将同时施工，如此一来，监理单位就要协调工程各方面的关系，尤其是要协调设计进度与工程进度之间的关系；在许多施工单位同时施工时，监理工程师不但要协调工程质量、进度的关系，还要特别注意协调施工单位对周边环境的保护，要让各施工单位对本工程性质有清醒的认识，使其能自觉保护周边环境。这些均是监理单位要协调的内容。由此可见，本工程协调工作将是本工程的一项难点。

2.监理对策

（1）建立项目组织协调管理体系

建立起科学有效、雷厉风行的施工现场协调机制，即由监理牵头，业主、施

工单位、供货商等各建设方参与的总协调体系。这是做好全面协调工作的关键。选派经验丰富的总监理工程师和各专业监理人员组成项目监理机构，由总监理工程负责进行协调工作的管理。

（2）按工程实施阶段确定组织协调工作重点

认真踏勘施工现场，仔细审阅工程图纸、工程量和工程预算，细致分析每个施工单位的施工重点和难点。

施工准备阶段——主要协调对象是规划国土、建设、供水、供电、通信等政府部门。不利因素是主客观因素影响较大，各种手续较难顺利办理。监理应紧紧依靠业主，工作应详细规划，分工明确，分步实施，采取检查纠偏、多管齐下的措施。

施工阶段——主要协调设计方、总（分）包商、供货商、制造商等参建各方之间的关系。不利因素是专业发包队伍多，施工中交叉作业协调难度大，监理人员一定要勤跑施工现场，与现场各方保持密切联系，随时解决施工中出现的问题，实行严格的工序交接验收制度。

竣工验收阶段——为确保工程质量达到施工合同规定的质量目标，协调的主要任务是组织各施工单位对各自的工程技术资料进行加工整理，重点是搞好总包与业主直接发包工程的配合资料整理。并协调好各施工单位对竣工资料、竣工图、竣工决算的限期完成。

保修阶段——主要对象是工程使用中出现的问题。不利因素是施工单位已撤离现场，及时处理问题需要通知相关方。监理应严格执行有关保修阶段监理程序，定期回访业主（用户），对出现的问题派专人及时跟踪。

（3）积极配合业主实施对总包方、分包方、设备供货商的资信和能力的考察、审核。

（4）积极为业主对其采购的原材料、产品和设备的规格、质量把好关，并在总进度计划的指导下，督促进场和安装的时间。

（5）积极督促施工单位按时进场，并对进场人员素质、各工种人数、进场各机具、设备名称、数量、完好率进行审查，以确定施工单位能否在硬件上满足所承包范围的工程建设。

（6）认真履行监理岗位职责，公平、公正、诚信、守法开展监理工作，及时做好监理服务和信息的采集与反馈。

（7）在组织程序上，各监理工程师向总监理工程师汇报日常协调工作，监理项目部向业主实行每周汇报和重大问题随时汇报制，遇事及时与各参建单位互联互通，加强与各方协调工作的管理，避免各种矛盾的产生。

三、某房建学校项目

（一）本工程质量控制重点、难点分析及监理对策

1.重点、难点分析

（1）工程一标段包含：书院1号楼、书院2号楼、书院3号楼、书院4号楼、书院5号楼、书院6号楼、研究生公寓1号楼、研究生公寓2号楼、研究生公寓3号楼、教师公寓1号楼、教师公寓2号楼、专家公寓1号楼、专家公寓2号楼、专家公寓3号楼、生活服务楼、学生活动中心、学生食堂、生活服务中心、体育馆、运动场、体育活动场地、广场、地下工程、室外工程等，建筑总面积约16.5万平方米。

（2）单位工程数量多、整体质量控制难度大

①本工程一旦开工，特别是建安工程主体与室外配套工程、室外土方工程施工将必然产生很多施工队、班组同时交叉施工的情况，对施工整体质量规划及部署要求高，监理的综合协调、整体质量控制等难度较大。

②本项目作为大学校园建设重点公共建筑工程，要确保工程质量达到国家和地方现行颁布的施工质量验收标准和规范规定，达到合格标准。为此我们要与各参建单位一起必须严把质量关。本项目学生活动中心、学生食堂、体育馆等公共建筑，其结构形式应为钢结构、钢筋混凝土结构、钢筋混凝土剪力墙结构。因此，对钢结构安装焊接质量、防混凝土开裂问题控制难度大；冬季、雨期施工对室外工程作业、外墙装修、道路及广场铺装质量影响较大；地下室外墙、顶板、屋面、卫生间防水防潮问题控制是重点；运动场、体育活动场地、广场、沟槽等回填土施工质量难于控制；室外综合管线施工质量是监理控制要点。要做好这些方面的质量控制，确保本项目施工质量合格，施工、监理的各项质量控制措施要到位。

2.监理对策

（1）认真审核总包单位的质量保证体系是否健全，检查总包单位是否按照规定和施工合同要求设置相关质量控制管理机构和人员配备以及是否与投标文件一致。

（2）认真审核劳务等专业分包单位的资质和队伍素质，分包队伍资信差的或施工中表现不好的单位，监理部不得批准或及时提出更换意见。

（3）实施总承包管理，注重评审施工组织设计及专项方案。重点对施工的技术质量措施进行审核。

（4）建立各参建单位的综合质量管理体系，充分发挥建设单位、监理、设计及施工方的协同能力。

（5）充分利用合同要素，约定各方责任、义务。

（6）针对本工程实际情况，监理部要制定严格的质量验收报验制度，加强各专业监理现场巡查，加强对本工程重点、难点、要点等巡视力度和频次，做到24h全过程、全方位旁站监督，确保工程能按计划顺利开展。

（7）严格以施工图纸、验收规范、规程等为验收依据，要求施工单位严格控制施工质量，保证工程的每一个检验批、每一个隐蔽工程、每一个分项分部工程都达到优良标准。

（8）认真审核施工图纸，图纸错、漏、碰、缺的地方要及时找出来；及时转设计院修正、优化。

（9）对于本项目施工质量控制，监理人员应积极贯彻落实“验评分离、完善手段、过程控制”的质量方针；以质量预控为主，重点抓好本工程重点、难点、要点等关键工序和薄弱环节的施工质量控制。

（10）为保证本工程施工质量，必须严把工程材料设计关，严把工程材料进场关；在钢结构安装焊接、钢筋混凝土结构、钢筋混凝土剪力墙结构施工过程中，监理工作重点是做好施工质量预控措施，要求施工单位严格按照相关规范施工；要求施工单位做好冬季、雨期施工措施，做好室外作业、外墙装修、道路及铺装、地下室外墙、顶板、屋面、卫生间防水防潮施工质量控制；对运动场、体育活动场地、室外回填土施工、园林绿化等质量控制。给水排水、暖通管线、电气工程、装饰工程、绿化苗木等所使用的材料必须经业主确认品牌，监理人员监督施工单位按业主确认的品牌采购进场使用。

（二）大空间、大跨度模板工程质量控制重点、难点分析及监理对策

1.重点、难点分析

（1）本项目学生活动中心、学生食堂、体育馆等大跨度、大空间公共建筑，施工时需要搭设大跨度承重支架。承重支架搭设应根据工程结构形式、荷载大小、施工设备和材料供应等条件进行设计，承重支架应具有足够的承载能力、刚度和稳定性，能可靠地承受浇筑混凝土的重量、侧压力以及施工荷载。

（2）学生活动中心、学生食堂、体育馆等工程若设计为钢结构楼盖、冠形桁架、环形桁架时，网格焊接、组拼以及提升是施工质量控制的重点、难点，其施工质量、安全必须严格控制。

2.监理对策

（1）认真审核承重支架及模板施工方案，审查重点：单根杆件的承载力计算、架体整体稳定性计算、承重支架的构造措施（如扫地杆、剪刀撑、纵横连杆的步距与主体结构的连接件的设置是否可靠合理）。方案审核通过后，方可进行架体搭设。

（2）认真检查、验收承重支架及模板的施工质量：检查钢管的质量，凡有打孔、弯曲的钢管不得使用；检查扣件的扭矩是否符合验收规范的要求；检查扫地杆、剪刀撑、纵横连杆的步距是否按照施工方案设置；检查承重支架与主体结构（框架梁、柱、混凝土墙）的连接是否可靠，检查验收合格后才可进行混凝土浇筑施工。

（3）建议本工程应设计钢网架结构，并采用整体提升的施工方法，将网架分两部分，在地面进行拼装，随后整体提升。网架内管线、检修马道、屋面檩条等将随网架一并安装。

网架的组拼焊接顺序：

①在完成一个网格后进行统一焊接，同时进行下一个网格的组拼作业。

②焊接顺序为由中间向两侧展开，有利于结构内应力的释放，焊接时先焊接下弦球，再焊接上弦球。

③定位时，位参照用杆件长度进行定位，不会对网架整体造成累积误差。在拼装过程中，需要严格控制网架杆件的下料长度，在下料时应充分考虑焊接间隙和焊接收缩对于下料长度的影响。外扩拼装好一部分小单元后，应及时利用网架三维模型在AutoCAD软件中对相应位置的坐标进行换算，以换算过后相对坐标位置对拼装的小单元安装精度进行复核，若出现偏差，则应在下一小单元中进行调整。

（4）钢结构工程，必须要有类似经验的钢结构专业施工队伍施工。监理人员必须严格审查钢结构施工单位资质、业绩，特种作业人员上岗证书，检查作业人员技术及成果质量是否符合设计及规范要求。检查结果按照质量控制程序，对不符合质量要求的责令返工，对技术不合格的作业人员予以退场处理。

（三）弱电工程质量控制重点、难点分析及监理对策

1.重点、难点分析

本工程一标段包含：书院1号楼、书院2号楼、书院3号楼、书院4号楼、书院5号楼、书院6号楼、研究生公寓1号楼、研究生公寓2号楼、研究生公寓3号楼、教师公寓1号楼、教师公寓2号楼、专家公寓1号楼、专家公寓2号楼、

专家公寓3号楼、生活服务楼、学生活动中心、学生食堂、生活服务中心、体育馆、运动场、体育活动场地、广场、地下工程、室外工程等，总计建筑单体20栋，智能化子系统数量多，功能先进，系统可靠性高，操作维护方便是基本要求，对监理的高效率服务技术水平也提出了很高的要求。

（1）本工程智能化子系统数量众多，主要应有以下子系统：

①结构化综合布线系统（GCS）；

②通信网络系统（CNS）；

③计算机网络系统（OAS）；

④有线电视系统；

⑤安全防范系统（SA）；

⑥一卡通管理系统；

⑦车库出入口管理系统；

⑧公共及应急广播系统（PA&EP）；

⑨公共及业务信息显示系统；

⑩会议系统。

以上各子系统需相互独立，又协调一致，才能真正做到安全有效，使得本工程真正成为现代化游乐中心。

（2）系统功能先进。本工程要做到系统具有适当的先进性，能够完全适应目前工作的需要；并有适当的超前性，且适可而止，尽量避免浪费；而在需要时可很容易地进行扩展，以适合未来发展的需要。

（3）系统可靠性要求高。本工程对智能化系统的可靠性提出了很高的要求。如网络系统、应急广播系统、火灾自动报警系统、安全防范系统必须要保证可靠运行。因此要尽量提高设备的安全使用周期。要保证这一点，防雷、接地系统，电源供应系统，设备的安全可靠就显得至关重要了。系统的方案设计、施工管理质量，运行维护的技术要求都必须认真考虑。

（4）各工种交叉施工，相互影响。由于智能化系统是一门多专业、多学科工程，需要与强电、土建、装潢、水暖等专业配合，系统内各子系统之间也需要配合。管线施工复杂是本工程的一个显著特点。动力、通信和控制缆线的施工需充分考虑。各分施工单位需要深化图纸设计，与业主、设计院、监理之间需要配合。因此对监理的协调能力也提出了许多要求。

（5）验收规范更新很快。目前，建筑的智能化系统技术发展很快，而现行的施工验收规范与质量检验评定标准更新也很快。因此，现场监理必须十分熟悉现行建筑智能化系统的施工验收规范、质量检验评定标准与设计规范；同时，要具备丰富的现场管理经验和技术处理能力。

2.监理对策

针对智能化系统工程施工监理的工作重点，监理除了做好一般监理应做的工作，如对施工单位的资质审查、进场材料设备报验、施工方案审查、图纸二次设计的讨论、工序报验和调试验收外，为了保证智能化系统的顺利实施，监理应着重做好以下几点：

（1）监理应尽早介入该智能化系统工程，特别是智能化的规划设计阶段，加强监理十分重要。因为相对于施工，这一阶段可塑性最强。如何规划、如何设计，涉及整个智能化系统的技术先进性、可靠性，投资的合理性，系统功能的科学性、实用性，今后施工的难易性等。如果忽略这个阶段的论证和监督，一旦进入实施阶段，必将影响整个工程的投资、工期和质量。

（2）强调“预控”原则。监理对工程的控制，分为事前控制、事中控制、事后控制。要特别重视事前控制。在规划设计阶段，要抓住定方案、选队伍。在施工阶段，要抓住审核施工组织设计。对工程中的薄弱环节、可能出现的质量通病，要心中有数，在事前，要用书面形式通知施工单位加以避免。

（3）强调主动监理原则。在智能化系统工程的整个建设过程中，监理都应保持主动，一是要站在业主的立场上，主动为业主考虑，为业主提供主动的、尽可能全面的服务；二是监理人员在技术上要钻进去，要专业化。这样才能在监理中有更多的发言权，才能进一步发挥主动作用。

（4）监理要配备必要的检测仪器。智能化系统在检测时光凭肉眼看是不行的，必须要有专业的检测仪表，如UTP电缆测试仪等。

（5）弱电监理应以工程的使用功能与运行可靠性为重点。为此弱电监理人员应根据工程进展的各个阶段确定质量控制的重点。

（6）贯彻贯标体系文件措施：

①按照《质量体系程序文件》要求，注意对业主提交的文件进行登记、标识。

②全面做好工程项目质量控制控制工作，对承包单位的质保体系和申报的开工报告、施工组织设计、技术方案、进度计划等重点审查。

③按照《质量体系程序文件》要求，认真做好质量记录和整理归类。重点做好材料报审单、工序报审单、会议纪要、通知单、联系单、日志、日报等质量记录工作。

④做好分部工程、单位工程的竣工验收工作。

⑤按照《质量体系程序文件》要求，做好监理工作总结和工程监理总结报告；做好文件和资料归档工作。

（四）安全管理重点、难点分析及监理对策

1.重点、难点分析

本大学校园建设项目单位工程较多，现场消防安全、文明施工管理难度较大；学生活动中心、学生食堂、体育馆等公共建筑跨度较大，楼盖应为钢网架结构，属于“超危大工程”，施工难度大，安全风险高；因此，在本项目学生活动中心、学生食堂、体育馆等公共建筑设计为大跨度空间时，需搭设大跨度承重支架。承重支架搭设应根据工程结构形式、荷载大小、施工设备和材料供应等条件进行设计，承重支架应具有足够的承载能力、刚度和稳定性，能可靠地承受浇筑混凝土的重量、侧压力以及施工荷载。

本项目若设计为钢结构屋盖、冠形桁架、环形桁架时，网格焊接、组拼以及整体提升安全管理至关重要。这就要求各参建单位加强安全管理，不仅要防护措施到位，还要做到严防死守，丝毫不能马虎。特别是现场监理人员要加强施工安全意识，以确保本项目安全，具体内容有以下几点：

（1）各单位工程群塔安装、拆卸及使用；

（2）各单位工程施工电梯安装、拆卸及使用；

（3）各单位工程外墙脚手架、满堂支模架体搭设；

（4）设备吊装作业较多、分散；

（5）各单位工程外墙电动吊篮作业；

（6）临边、洞口、动火、机械使用、用电等施工作业安全防护、消防安全管理；

（7）交叉作业人员和工作面多，安全防护量大；

（8）体育馆钢结构工程、钢屋架焊接与拼装作业。

2.监理对策

（1）严格审查施工单位报送的塔吊、施工电梯安装、拆卸方案，群塔作业专项方案，外墙脚手架、满堂支模架体搭设方案，外墙电动吊篮施工方案等，严格审查操作人员资格证书。要求合理布局施工作业道路、加工区、材料堆放区、卸料区与施工范围，考虑塔吊的辐射范围和群塔作业防碰撞措施并进行合理布置。

（2）加强对塔吊、施工电梯、外墙脚手架、满堂支模架体、外墙电动吊篮等安全检查，并建立日巡视检查制度，填写巡视检查记录，发现存在安全隐患，及时下发安全隐患整改通知单，并督促施工单位整改回复。

（3）加强对各工作面临边、洞口、动火、机械使用、用电等施工作业的安全

检查，督促施工单位布置完善、有效的安全防护设施。发现存在安全隐患，及时下发安全隐患整改通知单，并督促施工单位整改回复。

（4）要求施工单位及时在脚手架、塔吊下部设置型钢安全防护棚，保证下部作业人员安全。脚手架外侧采用钢板网作为防护立网，以减少风荷载。

（5）在现场加工棚及安全通道顶部设置双层钢板防砸棚，保证施工作业人员安全。

（6）严格审查钢结构工程分包单位安全管理体系、项目安全管理组织机构、特种作业人员资格。

（7）严格审查体育馆钢结构专项施工方案，审查楼盖球形网架拼装焊接方案。监督施工单位按照审查通过的方案实施。发现实施中存在的安全隐患，及时书面通知施工单位整改，消除安全隐患，确保本项目顺利进行。

（8）审核施工单位编制的大型设备专项吊装方案，以确保吊装安全。

（五）进度控制重点、难点分析及监理对策

1.重点、难点分析

某大学校园建设项目单位工程多、施工交叉作业影响大，施工进度管理和协调难度大。加上在工程建设过程中存在的各种来自不同施工阶段的“人、机、料、法、环”五大影响因素，会对工程进度产生复杂的影响，使得工程难以一直执行原定的进度计划。因此，项目监理人员要不断了解掌握工程实际进展情况，并与计划进度进行对比，从中得出偏离计划的原因并制定调整措施。

为此，针对计划进度及实际施工进度，按照时间节点将工程建设实际情况与进度计划进行对比，通过对比可以直观准确地显示出实际进度与计划进度的偏差。

本工程计划施工总工期825日历天，该工程可能有以下几方面的进度影响因素。①施工区域为校园，既要保证施工进度，又不能因施工产生噪声而影响学生上课，如果不采取一些必要的措施可能影响施工计划进度；②体育馆等某些单体钢结构跨度大，焊接拼装、地下工程、群塔作业、架体施工安全风险高；③冬季、雨期施工对室外作业、外墙装修、道路及铺装影响较大等。

2.监理对策

（1）监理人员要做好进度协调沟通工作，积极推进工程施工进度。由于本项目单体多，涉及的施工作业人员多，需要在施工过程中加强与各参建单位沟通协调。因此，本工程需要建立信息渠道与沟通机制，并保持畅通，从而能够取得事半功倍的效果。

（2）依据总进度计划，建立分阶段工期节点考核工作。

（3）协助建设单位做好本工程工期的合理总控计划，总控计划中要充分考虑到诸多由于原有规划基础资料不足可能导致在本工程设计中未明确的工程量，方可控制工程变更，做好整个项目计划工期监理工作。

（4）要求施工单位根据建设单位的总控制计划，制定合理的施工总进度计划。根据总进度计划执行情况，合理调配资源，以足够的劳务力、机械、设备、材料，来满足工作面需要。要求施工单位要充分考虑到本工程的特点，做好事前预控措施，编制网络计划并按照网络计划节点完成关键线路上的关键工作。

（5）要求总包做好分包单位的进度管理，保证各专业分包单位的进度满足总工期的要求，项目监理部根据施工单位上报的月、周进度计划及时检查、落实、分析，提出纠偏措施和要求，确保实现总的进度计划目标。

（六）投资控制的重点、难点分析及监理对策

1.重点、难点分析

（1）本工程计划825日历天，周期较长，目前建材市场价格波动较大，在此期间有价格上涨的风险，参建各方特别是建设单位应做好相应准备；

（2）本工程体育馆等单体结构复杂，空间跨度大，在施工单位编制的施工组织设计、方案中可能会隐含一些增加投资、产生索赔的诱因；

（3）根据本招标文件拟定的工程规模、投资金额，由于原地质勘查报告可能存在“不足以说明地下地质情况”，监理工程师必须认真做好该项目工程量认定，以控制总投资，为国家节省资金；

（4）本项目单位分项工程多，不可避免会造成设计漏项、误差问题，由于校区地质结构复杂、提升改造项目多等因素，施工过程会造成大量设计变更，从而对造价控制及工期控制产生影响，从而引起索赔。

2.监理对策

（1）在施工或材料、设备采购文件中明确，一定幅度范围内价格上涨由施工单位或供货商承担，而价格上涨幅度过大时，按政府行政主管部门或行业协会的统一规定和约定执行。同时，为保证项目在价格波动时正常实施，建议建设单位为项目准备一定量的预备费。

（2）根据施工单位的投标文件中的施工组织设计要求，加强对施工组织设计和方案的审查，严格控制采用增加投资的新施工方法、工艺等。对关键部位、重点部位（如基础工程、主体工程、设备安装工程等）的方案审查，对施工工艺、方法进行必要的技术经济论证，鼓励施工单位采用可靠的新技术、新工艺。

对施工单位所节约的投资，建议建设单位采取一定的奖励措施，从而达到双赢的目的。

（3）积极与建设单位沟通，利用本公司多项类似工程经验，协助建设单位在项目结构分解的基础上，建立合理的合同架构，最大限度地明确合同界面，减少合同争议引起的索赔；根据建设单位确定的合同架构，协助建设单位做好材料、设备招标投标及施工招标工作，做好事前投资控制；在工程实施过程中，进行风险分析，找出工程投资最易突破部分以及最易发生费用索赔的原因和部分，制定出防范性措施；对项目中出现的不可避免的索赔，利用监理在现场掌握的第一手准确资料，以最有利于项目总目标实现为原则，进行公正、公平的协调。

（4）要求施工单位分阶段提前申报资金使用计划表，经审查确认后据此进行控制、执行。

（5）建立完善的、严密的、切实可行的现场签证计量工作程序，严把工程量计量关；除非出现设计变更将降低投资的情况，严格控制不必要的设计变更。同时，为避免出图进度滞后而引起施工单位的索赔，建议建设单位在设计合同中明确各部分出图时间，违约责任，必要时要求设计单位派驻现场代表。

（6）建议建设单位委托跟踪审计单位，在工程实施的全过程中对工程投资进行动态控制。

（7）利用价值工程原理，在确保建设单位所需功能得到实现的情况下，降低工程成本。

（七）组织协调工作重点、难点分析及监理对策

1.重点、难点分析

根据本工程概况、监理工作范围和内容以及监理公司对本工程监理经验，认为本工程楼房单体多，有20个单位工程。特别是学生活动中心、学生食堂、体育馆等属于公共建筑，项目建设体量大，地下工程、室外工程、广场铺装等工程质量高，工期紧，任务重，各工序、各工种相互交叉、相互影响；外部条件：本工程为校园建设区域，施工噪声大，在实施过程中，必然要与外单位领导及有关部门进行多方面的协调；安全方面：文明施工管理协调难度大，单位工程较多，消防安全管理协调量大；基础与主体结构施工阶段、外墙装饰施工阶段的危大或超危大工程安全管理风险高；各个楼栋外墙装饰施工时，外墙四周电动吊篮多；体育馆钢结构楼盖网架焊接、拼装或整体提升作业等施工安全管理协调量多、难度大。而监理单位如何做好这些方面的组织协调工作，是保证本工程

建设正常开展的关键。

2.监理对策

本公司一旦中标，即将该项目列为本公司“重点监理项目”，利用我公司各专业人员优势，调动精兵强将组成项目监理班子，选派组织、协调、管理能力强，有责任心且技术过硬的项目总监负责项目组织协调工作。重点对施工安全、质量、进度、投资及工地扬尘治理、文明施工情况及时沟通、协调处理，确保工程建设目标顺利实现。

（1）加强与建设单位之间的沟通：监理单位接受建设单位的委托对工程项目进行监理，因此要维护建设单位的法定权益，尽一切努力促使工程按期、保质、保量完成，尽早投入使用。因此，监理工程师应充分尊重建设单位，加强与建设单位的联系与协商，听取他们对监理工作的意见。在召开监理工作会议、延长工期、费用索赔、处理工程质量事故、支付工程款、设计变更与工程洽商的签认等监理活动之前，应征求建设单位的同意。当建设单位要求的工期与质量安全相冲突时，监理人员应果断地、耐心地与业主沟通，说明其利害关系，不可采取对抗态度，必要时可发出备忘录，以记录在案并明确责任。但应坚持原则，建设单位对工程的一切意见和决策应通过监理工程师审核后再实施，否则监理工程师将失去监理协调工作的主动权。监理工程师要以自己的工作及成果赢得建设单位的支持和信任，这是沟通的基础条件。

（2）加强与设计单位的沟通：监理单位与设计单位之间虽只是业务联系关系，但围绕在建工程项目，双方在技术上、业务上有着密切的关系，因此设计工程师与监理工程师之间、总监与工程项目设计负责人之间，应互相理解与密切配合。监理工程师应主动向设计单位介绍工程进展情况，充分理解建设单位、设计单位对本工程的设计意图，如监理工程师认为设计中存在不足之处时，必须以工作联系单形式通过建设单位和设计单位进行协调沟通。同时监理工程师应配合设计单位做好设计变更、设计优化、工程洽商工作。

（3）加强与施工单位的沟通：监理机构与施工单位之间是监理与被监理的关系。监理人员要严格按照有关法律、法规及施工合同中规定的权利，监督施工单位认真履行施工合同中规定的责任和义务，促使施工合同中规定的目标能够实现。在涉及施工单位的权益时，应站在公正的立场，不应损害施工单位正当权益。在施工过程中监理工程师应及时协调、督促施工单位和专业分包单位，根据上述的单位工程和室外工程各个专业的工作面需要组织符合上岗要求的劳务工人进场施工。及时了解工程进度、工程质量、工程造价的有关情况，理解施工单位的困难，使施工单位能顺利地完成施工任务。对上述各楼基础、主体结构施工、室内外装饰施工、广场铺装、绿化、道路等工程质量必须严格要求，凡不符合设计文件及施工技术规范要求的，监理工程师拒绝验收、拒绝支付工程款。对于工程安全，特别是本工程主体施工，外墙装修，体育馆钢结构楼盖网架焊接、拼装或整体提升作业施工安全，以及校园区域扬尘治理、环境保护等，监理人员要坚持“安全第一”原则，注意环境保护，杜绝施工产生扬尘，杜绝施工单位盲目施工抢工行为，杜绝发生一切安全事故。

（4）加强与工程质量监督部门的沟通：建设工程质量监督部门与监理单位之间是监督与配合的关系。工程质量监督部门作为受政府委托的机构，对工程质量进行宏观控制，并对监理单位工程质量行为进行监督。监理机构应在总监的领导下，认真执行工程质量监督发布的对工程质量监督的意见，监理应及时、如实地向工程质量监督部门反映情况，接受其监督。总监应与本工程项目的质量监督负责人加强联系，尊重其职权，双方密切配合。总监应充分利用工程质量监督部门对施工单位的监督强制作用，完成工程质量的控制工作。

（5）充分发挥合同的作用：熟悉建设单位与各施工单位签订的合同，掌握各施工单位应承担的义务，包括质量、进度、安全、造价、文明等方面，在协调工作中，运用合同中的有关条款，督促施工单位在其合同范围内采取各项措施，加强其自身的协调管理、对分包单位的管理以及和协作单位等之间的协调管理。

四、某超高层监理项目

超高层工程施工重点、难点分析及监理对策一览表 **表4-1**

序号	施工重点、难点	分析	对策及应对措施
1	超深基坑施工对周边环境的保护	本工程基坑裙楼开挖深度14.5m，塔楼开挖深度16.3～17.5m。基坑北面为已施工完成绿化区域，东面与西面为即将施工或正在施工的规划道路，其中西侧规划滨湖路下有四条规划给水、雨水管道，距离基坑最近距离9.8m（在基坑2.5倍开挖深度范围内）	（1）同相关单位积极沟通 开工前积极同业主联系，了解市政管道施工时间，同时同基坑监测单位取得沟通，了解围护桩结构内测斜管的分布，动态反映围护体深层位移变化。并同时对建筑物、管线进行水平及垂直位移监测，发现报警及时暂停施工，有必要时采取跟踪注浆。 （2）对周边管线的保护 ①工程实施前，要求施工单位向有关管线单位提出监护书面申请，办妥《地下管线监护交底卡》手续。

续表

序号	施工重点、难点	分析	对策及应对措施
1	超深基坑施工对周边环境的保护	本工程基坑裙楼开挖深度14.5m，塔楼开挖深度16.3～17.5m。基坑北面为已施工完成绿化区域，东面与西面为即将施工或正在施工的规划道路，其中西侧规划滨湖路下有四条规划给水、雨水管道，距离基坑最近距离9.8m（在基坑2.5倍开挖深度范围内）	②工程实施前，要求施工单位落实保护本工程地下管线的组织措施，要求施工单位安排管线保护专职人员负责本工程地下管线的监护和保护工作，组织地下管线监护体系，严格按照经审批的施工组织设计和经管线单位认定的保护地下管线技术措施的要求落实到现场，并设置必要的管线安全标志牌。 ③成立由业主、监理单位和施工单位的有关人员参加的现场管线保护领导小组，定期开展活动，检查管线保护措施的落实情况及保护措施的可靠性，研究施工中出现的新情况、新问题，及时采取措施完善保护方案。 ④工程实施时，要求施工单位严格按照经批准的施工组织设计进行施工；要求施工单位各级管理保护负责人深入施工现场监护地下管线，督促操作人员遵守操作规程，制止违章操作、违章指挥和违章施工。 ⑤施工过程中对可能发生意外情况的地下管线，要求施工单位事先制订应急措施，配备好抢修器材，以便在管线出现险情时及时抢修，做到防患于未然。 ⑥一旦发生管线损坏事故，要求施工单位在24h内报上级部门和业主，特殊管线立即上报，并立即通知有关管线单位要求抢修，积极组织力量协助抢修工作。 ⑦对邻近的地下管线作严密的沉降观测，发现沉降量达到报警值时，要求施工单位立即对管线下的地基作跟踪注浆，防止管线过量沉降。 ⑧对出入口处的地下管线，要求施工单位采取铺设钢筋混凝土垫层并增铺路基箱
2	安全文明施工要求高	本工程为本地区地标性建筑。工程施工安全文明要求省级文明工地	文明施工措施要求： ①采取全封闭式施工，垃圾由专人清理。 ②在主要进出大门口设置车辆冲洗池，组织专人对进出车辆进行冲洗，配备足够保洁人员，确保大门口和周边道路的干净整洁。 ③大门口设置明显警示标志，门口设置警卫，车辆进出大门有门卫指挥，非施工人员严禁入内。 ④选择性能优良的设备与施工工艺，进行夜间施工时，禁止鸣喇叭，钢筋下料不应直接倾倒，要用吊车将钢筋起吊就位，将施工噪声控制在60dB的允许范围内。 ⑤注意对工地上粉尘的控制，对道路安排专职人员经常进行洒水。 ⑥晚间照明灯光避免向居民住房直接照射。 ⑦施工用废泥浆及时外运，保持场容整洁，不允许直接将泥浆或废水直接排入市政管道中

续表

序号	施工重点、难点	分析	对策及应对措施
3	超大超深基坑施工	本工程分两个区域进行施工，首先施工Ⅰ区塔楼区，待Ⅰ区出正负零后再行开挖Ⅱ区。Ⅰ区采用钻孔灌注桩加三道钢筋混凝土内支撑形式进行围护。Ⅱ区采用钻孔灌注桩加两道钢筋混凝土内支撑的形式围护。基坑面积约3.4万m^2，Ⅰ区开挖深度16.5～17.3m，Ⅱ区开挖深度约14.5m	在基坑施工中要求施工单位采取下列措施： ①Ⅰ区开挖时现场设置两个大门，分别位于人民路及规划湖畔路，同时于现有取土码头处设置下基坑斜坡道，提高土方开挖速度，加快支撑施工及地下室结构施工。 ②Ⅱ区开挖时于Ⅰ区已完成顶板设置材料加工车间及堆场，利用设计消防道路作为施工道路。 ③于土方开挖前安装塔吊作为支撑施工及地下室结构施工材料垂直运输工具。 ④于三个出土口处设置三个斜坡道，直接到基坑中取土，提高施工效率，最后用长臂挖机于取土码头处收尾。 ⑤支撑分区施工，先施工对撑，再施工角撑，保证基坑安全，控制基坑变形。土方开挖采用盆式开挖，盆中开挖完成后，施工盆中钢筋混凝土支撑，盆边土方采用对称抽条跳挖的方式挖土，根据分区、分块、对称、平衡的原则组织基坑开挖和支撑施工，确保钢筋混凝土对撑及角撑系统48h形成，充分发挥时空效应，减少过程变形。 ⑥承压水控制，通过周密的计算，采取分级降水，以为降低承压水对周边环境的影响。 ⑦加强过程监测，建立可靠的通信体系、制度详细的应急预案、储备完备的应急物资，争取在风险发生阶段第一时间内将风险降低为零
4	施工场地狭窄，平面规划和管理要求高	本工程基坑面积约3.4万m^2，基坑边距离红线距离约5m，施工期间场内有效可利用面积较小，为保证工程顺利有序实施，应要求施工总承包单位对现场总平面进行合理规划和管理	在基坑施工中要求施工单位采取下列措施： (1)出入口及场内交通组织 现场开设四个出入口作为施工出入口，Ⅰ区施工时利用Ⅱ区场地设置临时施工道路及材料加工车间、材料堆场。Ⅱ区施工时利用已经完成Ⅰ区场地及栈桥作为施工道路，并将部分支撑设置加强，作为材料加工场地。 根据出土口设置位置，设置下基坑斜坡道，挖机及土方车直接下到基坑内进行取土。 主要出入口设置自动车辆冲洗系统，保证文明施工。 Ⅱ区第一道支撑拆除时，根据施工部署栈桥区域支撑待南北两侧支撑拆除完成，顶板结构施工完成后现场交通可有效组织的时候再行拆除。 (2)办公区及生活区设置 在业主指定区域设置办公区及宿舍区。 (3)材料堆场布置 周转材料按计划分阶段进场，进入现场后及时吊运至施工作业点，周转材料仅需考虑临时堆放点即可。材料堆场重点是考虑钢筋原材料及加工场地，在基坑施工阶段，钢筋堆场主要布设在栈桥上，同时结合场内交通及混凝土浇筑时搅拌车停靠的需求进行综合考虑。钢筋加工车间采用可整体吊运的工具式设施，可灵活布设。

续表

序号	施工重点、难点	分析	对策及应对措施
4	施工场地狭窄，平面规划和管理要求高	本工程基坑面积约3.4万m^2，基坑边距离红线距离约5m，施工期间场内有效可利用面积较小，为保证工程顺利有序实施，应要求施工总承包单位对现场总平面进行合理规划和管理	(4) 塔吊布置 土方开挖及支撑施工时安装塔吊，塔吊布置原则为施工区域全覆盖，并考虑土方开挖及基础施工进度。 (5) 分阶段进行平面规划和管理 根据本工程施工进度，分阶段对现场平面进行统一规划和管理。 (6) 分阶段验收 由于施工面积大，施工周期长，本工程进行分区分阶段结构验收，以及时插入后道装饰及机电工程施工。 各分包单位需按总包总平面布置进行设置材料堆场及加工车间，保证现场统一规划，有序施工
5	与钢结构分包的协调配合	本工程钢结构主要由塔楼钢结构及裙楼桁架组成，钢结构深化设计、制作及现场安装将直接制约塔楼土建结构施工。而本工程钢结构工程为业主指定分包，为保证施工进度，总包单位与钢结构分包单位的协调配合是本工程施工重点	在本工程钢结构施工中要求总包单位与钢结构分包单位采取下列措施： (1) 钢结构深化设计协调配合 钢结构单位需按总进度计划要求及时确定及进场，进行前期图纸深化设计，并按总包管理方案要求提供图纸深化设计进度表，并按进度提供深化设计图。 钢结构节点深化设计需同土建结构施工进度一致。 (2) 钢结构制作及运输 钢构件加工厂需严格按照设计院审批的深化图进行加工，并分段运输到现场。 钢构件进场需根据现场施工进度提前两天时间进场。 (3) 钢构件现场安装 ①地上结构施工时塔吊选择需考虑钢结构吊装； ②钢结构施工前，土建以书面形式将各楼层的标高及轴线交于钢结构施工单位，并一起对其进行校核； ③钢结构施工划分施工区进行吊装，便于土建后续工序插入施工。 (4) 其他 本公司有自己的钢结构公司，并有钢结构加工厂，可协助钢结构施工单位完成深化设计、钢构件加工制作，既可加工制作又可参与管理
6	建筑造型新颖，结构形式变幻多样	建筑立面呈流线型，以一定曲率弯曲，施工中需确保建筑定位精确度。结构下部形式为劲性混凝土结构，上部则变换为劲性混凝土核芯筒加钢框架组合楼板形式，与以往工程形式不同，施工中需充分考虑	在主体结构施工中要求施工单位采取下列措施： ①施工前要求施工单位项目全体施工管理人员熟悉阅读图纸，并请设计人员进行现场交底，充分了解设计意图。 ②利用有限元软件根据工程图纸进行建模并将施工荷载进行预压，模拟施工过程，精确计算工程施工过程中及工程竣工验收后沉降量，然后在结构施工中进行精确调整，确保有效建筑高度。 ③要求施工单位项目部成立质量管理小组，项目经理为组长，质量总监为组长，全体管理人员参与确保工程施工中测量定位。

续表

序号	施工重点、难点	分析	对策及应对措施
6	建筑造型新颖，结构形式变幻多样	建筑立面呈流线型，以一定曲率弯曲，施工中需确保建筑定位精确度。结构下部形式为劲性混凝土结构，上部则变换为劲性混凝土核芯筒加钢框架组合楼板形式，与以往工程形式不同，施工中需充分考虑	④幕墙工程深化设计需全面、提前、详细，构件加工制作均需严格控制误差。 ⑤由于本工程结构形式有较大变化，下部32层结构施工拟采用整体提升爬架作为结构施工外围护架，35层后则安装两套爬模系统作为核芯筒结构施工围护架。 ⑥塔吊选择需充分考虑在满足上下不同结构形式施工下最佳布置，既保证结构施工工期又能使成本最经济
7	超高层建筑的垂直运输	塔楼地上77层、标准层建筑面积约2500m^2，结构施工阶段垂直运输材料主要包括钢柱、结构钢筋、结构施工所需的周转材料和安全防护材料等。机电及装饰阶段垂直运输材料主要包括幕墙材料、装饰材料、机电材料、避难层设备、屋顶设备等。 超高层建筑垂直运输须综合分析钢结构最重构件、材料吊装运输工程量、工期要求、现场条件等因素进行设备的合理选择	施工中要求施工单位采取下列措施： ①塔楼地下室结构施工安装两台D480塔吊作为劲性柱垂直运输工具，劲性柱一层一节进行吊装。 首层及二层办公大堂分成一节进行吊装，3层及以上劲性柱、钢管柱、钢梁及伸臂桁架则在有详细施工图纸后根据图纸计算进行分节吊装施工。 本工程暂拟配置两台D480内爬塔吊，安装臂长45m，端部吊重8.6t，最大吊重24t，其中28m臂可吊重16.4t。 ②塔楼核芯筒施工至6F时开始安装两台SCD200/200施工电梯（地面至屋顶），结构施工至15层时再行增加安装两台SCD200/200电梯（地面至32层），结构施工至32层时开始上部钢结构外框时，核芯筒内安装两台SCD200/200（32层至屋顶）施工电梯，同时在地面增加安装两台SCD200/200（地面至32层）施工电梯，作为塔楼结构施工人员上下及装饰、机电材料垂直运输工具。 ③塔楼采取分段验收，验收后及时开始电梯施工，然后将室内电梯在采取保护措施后代替室外施工电梯，主体结构验收后及时进行消防电梯施工，然后逐步拆除室外施工电梯，为幕墙收尾创造条件
8	超高层建筑的消防与安全	本工程最大建筑高度358m，为劲性混凝土结构及核心筒+型钢混凝土柱组合结构。幕墙根据结构分段验收节点在结构验收完成后插入，在立面上存在大量交叉施工的安全风险因素。超高层建筑临边、洞口也是安全隐患。对超高层建筑须根据作业环境、操作部位等制定相应的安全措施。超高层建筑的消防是施工全过程控制的重点，现场平面及消防设施的布置均须符合安全消防规范的要求	施工中要求施工单位采取下列安全措施： ①制定专项安全防护措施、加强高空作业的安全监督管理（专项施工方案应事先经过专家论证通过后实施）。 ②型钢框架柱外模采用钢木组合大模板，减少了常规翻模大量散装材料的垂直运输而产生坠落的安全因素。 ③外架采用导轨式整体爬升脚手架，架体底部采用花纹钢板封闭，立面采用钢板网封闭。 ④制定群塔安全运行的专项安全措施，包括塔吊管理、塔吊运行、信号指挥、挂钩操作、塔机顶升等。 ⑤在设备层设置隔离防护棚，保证幕墙立面交叉施工的人员及成品安全。 ⑥现场沿围墙周边按消防安全规范要求布设消防水管和消防笼头；主楼楼层沿筒体井道布置一根消防立管，在各设备层设置消防水箱，每层均设置消防笼头和消防水带。

续表

序号	施工重点、难点	分析	对策及应对措施
8	超高层建筑的消防与安全	本工程最大建筑高度358m，为劲性混凝土结构及核心筒+型钢混凝土柱组合结构。幕墙根据结构分段验收节点在结构验收完成后插入，在立面上存在大量交叉施工的安全风险因素。超高层建筑临边、洞口也是安全隐患。对超高层建筑须根据作业环境、操作部位等制定相应的安全措施。超高层建筑的消防是施工全过程控制的重点，现场平面及消防设施的布置均须符合安全消防规范的要求	⑦在楼梯、出入口、爬架等区域设置灭火器。 ⑧加强楼层的平面布置和管理，严格执行动火审批制度
9	参建单位众多、协调管理复杂	①本工程总包完成的主要包括支撑、土建结构工程，其施工的顺利进行将直接影响其他专业分包的穿插及进度； ②本工程所涉及的专业分包单位较多，各专业分包单位所施工的工作作业面重叠及工序多重反复交叉； ③分包单位较多，对现场资源（水、电、垂直运输设备）的管理和平面协调（施工区、生活区）要求高	施工中要求各施工单位采取下列措施： ①对总包完成的工作内容进行全面合理规划与管理：总包对自行完成的工作需严格控制施工质量，合理安排施工流程，确保施工进度计划，加强施工现场的安全管理工作。同时做好与其他专业分包单位的配合与协调工作。 ②要求总包单位加强对各专业分包进行有效协调：总包单位应对各专业分包单位进行有效的协调，从整个工程施工的角度合理安排施工流程，及时提供后续工程的施工作业面，保证各专业分包单位正常地进行施工。同时对各专业分包单位的施工质量、安全、文明施工等方面进行严格管理，确保整个工程正常的施工。 ③要求总包单位为各专业分包提供全面服务：将根据合同的规定与要求，为各专业分包单位提供全面的、有前瞻性的服务，包括为各专业分包单位提供现有的临时水电、施工现场的塔吊、电梯、安全设施等全方位的服务。对各专业分包单位的办公、生活设施进行总体规划与安排。 ④要求施工单位成立项目深化设计服务团队，负责与业主及设计对接同时全面协调施工现场各专业深化任务，确保达到既定深化要求。 ⑤要求施工单位结合当地资源优势，加大资源投入，提前做出策划部署，确保各类资源的及时到位，同时作为总承包单位，将利用自身资源协助各专业分包前期图纸深化及材料确认等相关工作，并积极协调组织各专业分包及时插入本专业的施工

五、某军医院项目

（一）地下室设备及楼层大型医疗设备就位及安装工程重点、难点分析及监理对策

1.重点、难点分析

本工程地下三层有制冷机组等大型设备，楼层功能用房有大量大型医疗设备，就位安装时的配合十分重要，各工序施工应加强协调及配合工作。

2.监理对策

（1）工程开工后，监理应协助建设单位进行图纸会审，与施工单位一起对院方拟采购设备的尺寸、用电量、发热量等参数进行确认，和设计人员一起核定安装位置、供电电缆规格以及开关容量，核定空调设计是否满足设备冷却需要。

（2）在过程中，根据总体工期进度要求，配合业主做好设备的招标及订货采购工作，确保大型设备能按时进场。

（3）施工预留预埋阶段，要求施工单位按照设备进场需要，对设计图纸上的设备吊装孔大小进行复核，如果大小不符合实际使用要求应及时与设计沟通。对大型设备的运输要留置足够的通道，为设备后续运行及安装创造条件，对大型设备和需要安装吊轨的设备，在主体施工时，核对结构荷载，进行必要的吊点预埋，确保设备顺利吊装。

（4）要求施工单位制定合适的设备进场计划。在设备进场计划确定后，立即编制设备调运方案，方案必须仔细介绍设备的体积尺寸、设备的具体重量，罗列选用吊装机具的型号和个数及如何选用机具的计算式、人员的安排、吊车停靠位置、吊点的选择、如何平行转运等事项。

（5）要求施工单位在设备进场前编制详细的设备运输及设备吊装方案。提前做好设备吊装及运输的人、材、机及组织策划工作。在每次设备进场时，充分考虑临时存放场地的防护条件、空间条件及二次搬运是否方便。

（6）医疗设备精密且贵重，对安装的环境要求较高，当医疗设备进场安装时，要求总包单位为其提供施工便利，确保水源、电源到位，要安装正式的门，在施工区域确保能够封闭，使其能有效地进行成品保护。

（二）加强各专业深化设计工作重点、难点分析及监理对策

1.重点、难点分析

本工程为某军医院内科医疗楼工程，医疗科室齐全，功能需求各异，手术室

和病房管线设备密集，特别是地下管廊、地上公共走廊部位，强电、弱电及各种设备工程、医用气体管道，均集中于此处并交叉，同时还有桥架及风管、净化空调系统等，空间极为紧张，协调量大；装饰工程节点多，结合部位处理复杂，同时配合医疗各专业设备和系统的预留、预埋工作量大、精度要求高。

因此，要求总包单位深化设计能力强，在施工过程中能充分领会设计师的意图，高标准完成工程的建设。

2.监理对策

（1）要求施工单位选派曾主持施工过大型医院工程并具有丰富施工经验的中高级职称专业技术管理人员，组成项目深化设计部。项目深化设计部将制定详细的深化设计计划，配合设计院对土建、安装、装饰、医疗设备系统等各个专业进行深化设计。

（2）针对医院工程特殊的使用性质，事先应对医疗房间、手术室、病房及有特殊用途的医疗用房内部的医用布置、各种医疗设备定位及安装、医疗管道、医护对讲等与医疗建筑相关系统进行全面的策划、设计。为确保满足各科室的功能需求，要求施工单位依据图纸进行深化设计，提前制作建筑模型或效果图，会同设计院、业主基建办以及各相关科室进行评审和论证，根据评审的结果修改深化设计图并制订详细的施工方案，避免后期因功能不满足要求而返工，导致影响工程质量。

（3）要求施工单位在主体结构施工前，配合业主、设计院对病房等房内仪器进行合理布置、定位，以保证设备轨道的埋件预埋准确合理；对于医疗设备房间、重点医疗用房等进行详细的深化设计，对医疗设备等提前做好基础、预留安装通道、预留好电源、接地、管线等。

（4）地下部分的设备机房、管廊、竖井，地上部分的公共走廊部位管线排布均比较密集，空间紧张，深化设计的部位主要在此处。监理应要求施工单位在施工前，绘制机电预留预埋图，包括各系统穿墙、穿楼板洞的预留位置，标识风管、桥架、水管穿墙的套管管径标高及定位尺寸，设备机房内的吊装点的预埋，基础的位置及尺寸，地下室穿墙刚性套管预留、平面管线布置等；地上走廊等公共部位，要考虑各种专业的交叉，还要考虑医用管道、设备等专业的交叉及与其他专业管路的间距要求，合理对各种管线进行综合布置。

（5）要求总包单位进行各系统综合布置，综合考虑各系统管线、桥架路由及空间布置，并考虑为今后系统增容及检修预留足够的空间。同时协助分包单位进行深化设计，配合完善关联系统联动控制的深化设计，向关联系统提出各接点的接线需求，并提前报请设计单位认可。

(6) 要求施工单位加强气动物流传输等专业的施工管理水平，确保本工程亮点设计功能的完美体现。

①要求施工单位在施工前需充分了解气动物流运输系统的工艺流程和特点，对气动物流系统的基本工作原理和安装方法必须掌握。充分熟悉图纸，熟练并掌握医疗带工程特有的设计和施工规范，对施工图进行深化设计，确保各系统的完善及相互衔接。施工中严格按照设计和施工规范进行，制定详细的作业指导书，拟订单体设备的调试计划，确保系统调试的顺利进行。

②应要求施工单位在施工前优化施工顺序，不仅要充分考虑施工图纸范围内气动物流系统的交叉，还要考虑与机电专业、医用管道、设备等专业的交叉、机电与土建工程的交叉、机电与精装修工程的交叉，利用AutoPLANT三维软件对施工顺序进行模拟，合理对气动物流系统进行综合布置，安排好施工工序，解决各专业的交叉搭接施工。

(三) 加强成品保护工作的重点、难点分析及监理对策

1.重点、难点分析

(1) 本工程的精装修档次高，设备多且大部分为精密设备，多专业的穿插施工极不利于成品保护。

(2) 本工程为医疗建筑，设置有洁净区域，洁净区域对环境的洁净度有很严格的要求；楼层都设置有医疗设备，医疗设备均配有精密的仪器及仪表，且医疗设备自身不允许被污染和破坏。

(3) 在施工中做好防止交叉污染。防止漏水等各项措施，确保工程达到设计及使用要求。

(4) 施工后期及竣工交付前保证洁净区域的洁净度不被交叉污染。

(5) 保证医疗设备不被损坏和污染是医院工程后期成品保护的重点及难点。

2.监理对策

(1) 要求施工单位加强深化设计，对可能产生污染的管道布置在洁净区域外，对净化空调管道的排布根据实际使用要求进行调整，防止污染。

(2) 要求施工单位在施工过程中加强质量控制，严格执行“三检制”“样板制”等各项制度，严防“跑、冒、滴、漏”现象出现，确保工程达到使用要求。

(3) 要求施工单位编制切实可行的成品保护方案，成立成品保护小组，落实保护责任人和责任制度，用小手册的形式编制要保护的楼层及要保护的区域、区域内的设备分布及布置等。对于重点部位，如洁净区域、重要医疗科室等处要重点标明保护区域，并设置专人24h看守，轮班进行保护。

（4）要求施工单位在施工过程中加强产品保护，对风管及水管要及时包扎束口，防止杂物及灰尘进入。

（5）医院工程的洁净区域对洁净度有很严格的要求，施工后期在洁净区域施工时施工单位要严格按照《医院洁净手术部建筑技术规范》GB 50333—2013的要求进行，施工完成后要及时对成品进行保护，防止后续施工的交叉污染；且在施工过程中，还要加强现场的防护措施，防止本道工序施工对已经完成的成品所带来的粉尘、杂质等污染。

（6）要求施工单位在医疗设备就位安装完成后，用原有医疗设备的外包装或板材等将医疗设备保护起来，防止后续施工对医疗设备造成污染；在有医疗设备的区域施工要文明，禁止野蛮操作，避免对医疗设备本体造成破坏或损坏。及时完成医疗设备区域的砌体及门窗工程，使其成为封闭好管理的区域。门窗应及时关闭，并由专人负责保管钥匙。

（7）要求分包单价在洁净区域、医疗设备区域后续施工时，要向总包提前申请，提前汇报，由总包统一协调安排。在施工中要实行工序交接会签制，前道工序施工完成后及时交接及时撤离，无关人员不允许随便进入洁净区域、有医疗设备的区域，避免现场管理混乱无序造成对洁净区域的污染和对医疗设备成品的破坏。

（8）要求施工单位在竣工交付前期加强对洁净区域及医疗设备房间的保管和保护，不允许随便进入洁净区域和医疗设备房，进入时须提前向总包申请，进行现场登记，进入洁净区域时需严格按照洁净规范要求操作，防止带来粉尘、污染物等，破坏洁净区域的洁净度。

（9）要求施工单位组建成品保护小组，并24h加强对洁净区域、重要医疗设备房的看守和保护，按时巡视，及时记录巡视情况，且重点关注周边环境，防止周边野蛮施工或存在滴、漏水对以上部位造成损坏的现象。

（四）对用电安全稳定性、空调舒适度、洁净度要求的重点、难点分析及监理对策

1.重点、难点分析

医院工程医疗设备多，用电负荷大，对用电稳定性及安全性能要求高；医院空调工程对不同区域的环境温度、湿度、噪声、压力值的要求也比较高，比如病房对噪声控制要求非常严格，要求控制在40dB以下，地下一层负压室对压力有特殊要求；本工程层流病房、药剂科、呼吸重症监护病房、新生儿重症监护病房等为医用洁净区域，区域内设置的洁净空调系统，对区域内环境洁净度的要求较高。

2.监理对策

为更好地体现设计意图，为业主提供满意的产品，在施工过程中需精心组织、严格控制，以达到医院使用功能要求，监理应督促和要求施工单位做好以下措施：

（1）在深化设计阶段，合理排布机电管线及机电设备，使管道及线路排布合理、畅通，减少风管运行时空气产生的阻力，复核设备的各项参数，确保设备参数与设备型号相匹配，确保系统满足医院工程的使用要求，比如在手术室、ICU急诊部监护病房、CT室等重要科室采用双电源供电，急诊手术室和ICU还采用UPS不间断电源提供备用电源，确保用电的安全性能最大地满足使用要求。

（2）在设备选型方面，选用有实力、技术服务好的生产商提供的优质产品。比如空调系统选用冷却盘管、排水系统不滞水的空调机组，选用微孔消声器，避免在空调系统中集尘。空调设备选用噪声低、效率高、运行效果好的设备，以保证空调系统有好的功效。用电设备选用灵敏度高，安全性能系数大的产品。

（3）施工阶段加强施工过程中的策划及管理，例如对医疗专用线路在桥架上采用防火隔板分开，电缆敷设之前，合理安排电缆附设的顺序，使电缆在桥架中排列整齐便于散热，电缆与设备接驳处压接牢固，绝缘摇测满足规范要求后方可送电。空调设备及管道安装采取降噪隔震措施，防止系统在运行中噪声的叠加；净化空调工程控制风管制作、安装过程中的质量及过程中的成品保护，制定防止二次污染的措施，确保从源头净化空调系统。

（4）在调试阶段，进行设备全负荷运行试验、双电源互投装置切换测试、漏电漏光测试试验、噪声测试等，确保各项测试参数满足设计要求，确保设备运行工况达到最佳效果。

（五）对总平面布置及综合管理要求的重点、难点分析及监理对策

1.重点、难点分析

本工程四周紧邻已有医疗楼和内部职工家属宿舍，工程四周道路均处于院内，且必须与医院家属及病人共用；医院外北侧为交通主干道阜成路，车辆通行众多，东西侧均为其他住宅小区道路，南侧为围墙，因此，现场的交通状况严峻。如何利用合理部署、科学组织施工生产和进行总平面的综合管理，解决材料的加工、堆放、运输等是本工程顺利进行的关键。

2.监理对策

（1）考虑到现场场地的实际情况，施工所需的钢筋（地下室阶段）、钢模板、钢构件、风管等均设在东南角也即划定的B区地块进行加工，场内仅设置半成品

和成品临时倒运区，加工成型的成品将根据现场的工作量制定进场计划，及时转运至施工作业层，尽量减少场内积压。

（2）合理安排大宗物资的进场时间，将钢筋、砌体、大型设备和物资等大宗物资的进场时间80%以上安排在每天22:00至次日6:00，缓解白天院内和市政道路的交通压力。

（3）地下结构施工期间，合理安排钢筋的场外加工制作时间，优化钢筋加工料表，以3d为一个时间段加工备料，尽可能地减少现场半成品的堆放量；地下底板施工期间，基底作为临时半成品钢筋堆场。

（4）二次结构砌筑砂浆采用预拌砂浆，避免现场内设置砂、石等堆放场地。

（5）地下室施工阶段适当加大周转材料的投入，进而较快实现地下室结构的封顶，在地下室土方回填后，以建筑物南北两侧内缩的部位作为地上结构、二次结构及装修阶段材料堆场。

（6）二次结构及装修材料部分堆放在顶撑加固后的一层平面内，以解决堆场不够的问题；砌体结构施工时，推迟一层砌筑时间，延长一层平面堆场使用时间。

（六）对院内交通运输问题的重点、难点分析及监理对策

1.重点、难点分析

院内道路狭窄，且施工、生活、医疗共用一条道路，如何保证现场土方、钢筋、混凝土、大型设备材料的院内运输是工程管理的重中之重。

2.监理对策

（1）现场设置4个大门，作为材料及施工人员的出入口，开工后5d内制作现场交通疏导图张挂于每个大门处，通过合理规划出入口及行车路线，确保场内运输路线的畅通；对于基坑土方开挖、底板混凝土浇筑等特殊施工阶段，因使用车辆较多，将派专人负责协调。

（2）适当增大垂直运输机械型号以加快钢筋、模板、周转架料等材料转运速度，现场通过设置1台QTZ6020和2台QTZ6015塔吊，塔吊单次吊运能力强，可避免因材料堆放时间过长而占用场内交通运输道路。

（3）制定科学合理的总包和分包管理计划，协调好各分包的进场时间以及场地的分配，在施工过程中保证各阶段的材料运输和现场平面的使用处于有序、可控状态。

（七）对场外材料运输问题的重点、难点分析及监理对策

1.重点、难点分析

场外交通仅北侧阜成路可以通行。工程施工过程中土方、钢筋、混凝土、钢构件、大型设备材料等进出现场将存在较大的困难，必须合理规划以满足施工需求。

2.监理对策

（1）要求施工单位遵守当地交通行政部门和市政设施管理部门关于车辆的停泊和道路使用时间的规定及限制，及时向相关部门提交运输道路所需的申请；

（2）要求施工单位根据工程各施工阶段的实际情况，对现场材料、构件的运输车次和车流量进行计算，合理地选择和分配运输时间以及科学地规划现场平面，并结合施工的各阶段进行动态管理；

（3）要求施工单位考虑以医院北侧和东北角的大门作为材料、构件的运输出入口，车长大于9m的车均由北侧大门进出，东北角的大门作为土方车辆、小车和混凝土浇筑期间的备用出入口；

（4）本工程土方量大，要求施工单位提前与当地的政府部门做好接洽、沟通工作，办理车辆通行及渣土消纳手续；

（5）做好现场已有的两家及以上施工单位的交通协调工作；

（6）由于现场周边行人和就医人员较多，要求施工单位合理选择和分配运输时间，尽量避免在高峰期行驶，以避免场区周边的交通拥堵。

（八）对施工进度的重点、难点分析及监理对策

1.重点、难点分析

本工程体量大，生产任务重。本工程总建筑面积9.5万m^2，钢筋1.16万t，混凝土5.93万m^3，在717d的工期内必须完成基坑支护、土方、结构、装修、机电、15项甲分包工程的穿插施工、联合调试、试运行的工作。

2.监理对策

（1）要求施工单位合理进行施工区段的划分，组织适宜的流水路线，地下室可分4个区11个施工段，地上1～2层可分为4个区11个施工段，3到12层可分为4个区7个施工段，按区段分两条线路组织流水施工；

（2）要求施工单位投入充足的周转料具、劳动力资源、施工机械；

（3）要求施工单位制定详细的材料计划，材料进场计划按照各施工段进行运输安排，充分利用现场的可利用场地进行材料的存放，现场存料按计划进行补

充，既保证有一定的存料，也不产生堆积；

（4）要求做好大型设备进场就位，后期做好精装修、机电、甲分包工程的深化设计及施工穿插工作；

（5）要求施工单位采用信息化项目管理软件进行现场综合管理，确保各项施工工作有序进行；

（6）要求施工单位做好各参建方的协调管理，将各管理目标纳入总承包的有序控制中。

（九）对协调工作的重点、难点分析及监理对策

1.重点、难点分析

专业分包多且专业性强，总承包管理协调任务重。本工程甲指分包工程多达15项，医疗专业性强，各专业工种之间的穿插协作极为频繁，总包管理任务重。因此必须要求总包单位既要具有很强的综合协调管理能力，能为各专业施工单位营造良好的施工环境；又要具有很强的专业施工监控能力，特别是专业医疗设备和系统安装阶段的施工控制管理能力。

2.监理对策

（1）要求施工单位编制《项目总承包管理手册》，作为项目总承包管理工作的指导性文件。手册中明确工程各项目标；项目总承包管理机构、职责；分包单位职责；材料、设备进场及工序报验程序；技术文件、方案报批程序；进度计划及进度计划调整报批程序；平面使用报批程序；现场安全、文明施工、质量等各项管理制度。

（2）成立以总承包单位为主的协调工作小组，在业主、监理的领导下加强对各专业分包的管理与协调，对进度计划进行跟踪管理，对施工中各施工程序及工期进行协调；将现场平面进行合理规划，授予各分包单位的区域使用权、使用周期及相关责任；将分包单位的质量、安全管理纳入总承包管理体系，全面履行总承包单位制定的各项质量、安全管理制度。

（3）配合业主做好各分包工程的招标投标工作，确保各分包队伍按工期要求及时进场。总包单位应为各分包工程的进场创造条件，保证各分包单位的现场办公、临设、水源、电源、加工场地、材料堆场、外架、机械及施工道路的畅通。

（4）了解大型医院建设的专业技术要求，强化对专业分包深化设计的审核和施工质量的控制，满足医疗专业功能需求。

（5）要求施工单位土建专业合理安排各工序，为机电工程施工创造工作面，保证机电工程各工序的合理穿插。对于净化工程、医用气体、气体物流传输系统

工程等对施工现场的环境有较高的要求，土建施工提前介入，保证施工现场的洁净度。走道、吊顶等部位的管道、设备、末端安装与精装修专业互相要求、互相影响、互相制约，现场必须做好机电与精装修的配合协调工作。

（6）对于甲指分包和甲供材料、设备，配合业主做好招标投标及设备选型工作。根据工期要求，提前向业主提供各分包工程的进场时间要求和材料设备的加工订货时间、进场安装时间，确保分包工程能按时进行施工以保证工期。

（7）为所有的指定分包人和其他施工单位的材料、物品和设备安排足够期限和面积的临时仓储用地和用房，考虑到现场狭小，因此将加强计划协调管理，保证甲指分包和甲供材料、设备进出场时间的科学和合理性，提前考虑、协商分包进场相关事宜。

（8）要求各关联分包商共同编制调试方案，明确各系统调试要求和调试方法应达到的各项指标、参数。督促施工单位调试人员学习掌握系统工作原理，学习验收规范，了解相关的设备技术资料，领会设计意图，以达到设计要求。

（9）本工程地下通道，连接处的防水处理、楼地面标高连接、细部节点构造、界面协调为本工程施工期间的协调重点之一。

①要求施工单位在进场后及时与北侧施工的场道集团进行沟通，了解地下通道的锚杆位置，确保本工程的支护桩及土方开挖顺利进行；向设计院了解界面节点做法，并会同业主、监理单位共同对施工作业界面予以确认，明确接头部位施工责任。

②地下结构施工期间，提前做好标高、轴线协调工作。

③保留场道集团的装饰材料厂家、品牌、技术参数资料，慎重选择地下2～3层的装饰材料，经甲方确认后再行施工，确保装饰效果一致。

④本着一切为业主服务的思想，作为后续施工单位，无条件地为接头处防渗漏处理负责，确保建筑物的使用功能。

（十）对本工程安全管理的重点、难点分析及监理对策

1.重点、难点分析

本工程基坑开挖深度大，地下室结构施工历时较长，安全隐患多；现场东西两侧为与医院共用的道路，行人及车辆众多，塔吊能覆盖四周所有道路，需做好安全防护，确保周边行人车辆通行的安全性；另外，还要对现场南侧的3层病房楼做好安全防护；大堂的钢屋架要高空安装，须确保吊装过程中的安全。

2.监理对策

（1）要求施工单位按《危险性较大的分部分项工程安全管理规定》（中华人民

共和国住房和城乡建设部令第37号）文件的要求，组织相关专家对本工程的深基坑方案进行论证。

（2）为了保护水资源和基坑周边建筑物安全，要求施工单位采取合理的降排水措施，确保地下施工期间的基坑安全。

（3）为保证施工安全，要求施工单位在进行土方开挖的同时还要做好基坑监测工作，监测内容包括：建筑基坑回弹和建筑物施工与使用阶段的沉降观测；周围建筑物的位移监测；周边地面沉降监测；地下水位变化观测；基坑边坡支护体系内力及变形、基坑内外土体位移监测等。利用信息化管理技术，对各项监测数据进行分析，反馈修改设计及采取加强措施，保障基坑安全。

（4）要求施工单位制定基坑应急方案，一旦出现异常，立即对基坑采取应急措施。

（5）要求施工单位严格按照本地主管部门创建绿色文明安全工地的标准和本地有关建筑施工现场管理规定、部队工程安保标准进行文明安全生产管理，并创省、市级绿色文明安全工地；要求施工单位建立现场安全管理体系，制定安全生产责任制及相应的措施和制度，确保安全生产目标的实现。

（6）根据现场实际情况，对各种危险因素进行识别，要求施工单位编制安全技术方案，重点对临边防护、高空坠物、起重吊装、通道防护等方面进行有效控制。

（7）要求在沿建筑物周边搭设双排外脚手架，采用密目安全网进行全封闭，避免高空落物伤人。

（8）要求施工单位编制《塔吊群体作业施工方案》，注意群塔作业的互相协调、配合，合理安排各塔吊的作业，规范塔吊作业范围，禁止塔吊在现场四周的交通干道上空运转，以避免高空坠物伤人。

（9）要求施工单位在南侧病房楼范围于地上5层结构处搭设钢管式悬挑防护，水平悬挑距离4.8m。

（10）要求施工单位在大堂钢结构屋架吊装时，拉设警戒线，设专人看护，防止无关人员进入，吊装作业区域下严禁任何作业。

（十一）对地下管线的保护工作重点、难点分析及监理对策

1.重点、难点分析

本工程由原有病房楼拆除新建，连接南北侧建筑的管线仍未拆除，施工过程中，特别是支护桩和土方施工过程中，涉及对地下管线的保护、避让、拆改工作较多。

2.监理对策

（1）要求施工单位进场后派专人与市政相关部门及业主基建部门联系，了解施工现场及周围的地下管线和障碍物的分布情况，绘制详细的管线和地下障碍物的分布图，并针对现场的实际探测情况对设计图纸中所采用的支护体系进行修改和完善，以制定切实可行、科学合理的支护方案和管线的保护、拆除、封堵方案，并报送业主和监理以及相关部门审批；

（2）在支护桩和土方施工过程中，要求施工单位在地面精确定出原管线位置并做好标记，避免施工时误伤破坏；

（3）要求锚杆施工钻孔尽量选用洛阳铲人工钻孔，便于及时发现并避让地下未探明管线；

（4）对不能避让的管线，应采取拆改的方式，确保工程施工期间周围建筑物的正常使用；

（5）要求监测单位加强基坑的变形监测工作，确保离基坑较近的管线不会因为基坑的变形影响使用，如发现变形较大的情况，及时按应急预案加固支护边坡或拆改管线。

（十二）对文明施工、环境保护工作的重点、难点分析及监理对策

1.重点、难点分析

本工程位于某军医院院内，西北侧为门诊楼，东北侧为新医疗大楼，东侧为锅炉房等，西侧为服务楼及住宅区，周围环境复杂；现场施工对西边居民的生活带来了不利的影响，需解决好扰民问题；同时对医院的环境等带来不利的影响，需要采取严格而有力的措施，将影响控制在业主可接受的范围内。

2.监理对策

（1）要求施工单位进场后严格按照国家、地方、军队的文件要求以及业主的相关要求，对用地范围内的场地以及通往外部的交通路线进行规划布置，利用围墙形成相对封闭的施工空间，现场所需材料、构件以及施工人员均通过规划大门进出工地，减少对周边环境的影响。

（2）要求施工单位项目部根据ISO14001环境管理体系、SA8000社会责任管理体系、本企业环境管理手册，建立针对施工现场的环境管理体系，并做好对所有施工人员的培训和交底工作。

（3）现场成立防扰民和保护环境工作小组，公布现场联系电话，专人负责接待来访，做好解释工作，对合理的要求及时采取措施。合理安排施工工序，因工程质量要求，需要进行连续施工时要提前办理夜间施工许可证，并做好周边居

民、病患者、陪伴家属的宣传及解释工作，其他施工段每天22：00～次日6：00不能从事产生噪声扰民的施工生产活动，并尽量避开午休时间。同时加强与医院相关部门的沟通，有特殊情况时调整施工时间，将因施工给周边居民、病患者带来的不利影响降到最低。

（4）为尽最大可能地避免对现场西侧居民、北侧门诊、医疗大楼的医患人员休息造成干扰，要求施工单位在该部位施工层外架上张挂双层进口隔声布代替普通的安全网，同时混凝土浇筑时采用低噪声环保振捣棒。现场通过布置噪声监测点，根据监测结果，及时降噪。装卸材料时轻吊轻放，在被吊材料与已吊材料之间垫木枋，防止碰撞产生噪声。

（5）要求施工单位制定防止光污染的保证措施，控制现场镝灯的照射角度，夜间照明灯光不得朝周边的居民区、门诊楼、新医疗楼等，22：00以后关闭镝灯。

（6）在底板混凝土浇筑阶段，由于施工时间较长，不可避免存在夜间施工的情况，为避免施工扰民，要求施工单位安排专人与周边居民、医患人员事先进行沟通，取得他们的理解，并采用货币补偿的方式协调解决。

（7）对现场实行准军事化管理，落实本市主管部门关于进城务工人员“实名制”的管理要求，实现全员持卡，配置现场闭路监控系统和身份识别系统，完善人员档案和工作记录。对工人进行交底，避免施工人员在施工现场周边随意穿行，影响医患及家属正常生活、工作。

（十三）对质量创优策划及质量控制的重点、难点分析及监理对策

1.重点、难点分析

本工程作为某军事医疗的最高等级医院，每年接受大量高级干部医疗工作，其施工质量的好坏将产生极为深远的社会影响和政治影响。本工程在确保合格工程的基础上，确保获得省、市结构金奖，争创鲁班奖。为此，我单位在施工期间将严格进行过程控制，使本工程不仅满足医院的使用功能和安全功能，而且必须确保质量创优目标的实现。

2.监理对策

（1）根据ISO9001系列标准和程序文件，结合医院特点，并根据以往同类工程创优过程的经验，要求参建单位编制项目质量保证计划、创优计划，进一步总结和完善“三检”制、质量会诊制、挂牌施工制、成品保护制、样板引路制，按照过程精品、动态管理、节点考核、严格奖罚的原则，以过程精品确保精品工程。

（2）将本工程列为我单位重点工程，由公司分管副总经理担任本工程的总指挥，负责工程的总体指挥和协调，并选派素质高且具有大型医院监理经验和获得过“鲁班奖”的监理人员组成项目监理部。

（3）针对医院工程的特殊性，强化质量节点控制，消除质量通病，设立若干质量控制点，如：底板大体积混凝土施工控制，地下室外墙超长无缝混凝土施工控制，满足医院洁净、防辐射以及无障碍要求的装修处理控制，医用气体物流管道定位控制等，通过开展过程质量管理和QC活动，防止质量通病的出现。

（4）加强与医院使用方的沟通了解，要求施工单位在施工过程中及时对各科室及特殊用房的布置进行深化设计，以便于提前进行变更和完善，避免后剔后凿。

（5）推行样板化施工，要求施工单位在每道工序施工前，制定样板施工计划，并将施工样板报送甲方及监理审批，在获得批准及认可后，方可用于工序施工，用样板化施工指导全部施工过程，以保证施工过程及施工质量。

（6）要求施工单位加强施工过程中的成品保护工作，成立成品保护管理组，根据各分部分项工程，制定详细的成品保护方案。

（7）要求参建单位在项目实施过程中，及时收集、整理工程资料，按照规范要求和创建鲁班奖要求做好工程资料收集、归档工作。

（十四）对本工程保修服务中的重点、难点分析及监理对策

1.重点、难点分析

本工程建成后将承担大量医疗任务，重要性程度极高。监理企业除了做好施工过程的监理质量控制和安全管理外，在工程竣工后还将做好后期的相关服务工作，为工程正常使用保驾护航。

2.监理对策

（1）在本工程施工过程中，要求施工单位在项目部设立“现场用户服务部”，专门接待和解决业主所提出的合理化建议以及科室布置需求。在施工中时刻为业主着想，满足业主提出的各种合理要求，科学编制施工方案和作业计划，为业主最大限度地节约投资。

（2）在系统调试阶段，为便于业主使用和管理，我们将组织总包单位和各专业分包单位拟定一份包含临时性的记录图则、操作和维修保养程序的《用户使用及维修手册》，该手册包含系统的说明、技术说明和维修保养内容，供业主工作人员和物业管理人员能预先对有关装置有所了解。系统调试时还要请他们一起参与，使之以最短的时间熟悉该系统。

（3）在工程验收阶段，为确保物业管理部门的工程人员能对本工程所安装的系统设备装置的日常运作、耗损和例行维护、事故的处理和解决方面等有全面的了解和认识，工程交付使用前，我们将组织各施工单位专业技术人员对物业管理部门的维护人员免费进行机电设备、设施等操作和维护的培训。培训工作开始前，我们先编制培训课程和培训计划，列出培训课程的大纲及培训所需时间，授课人员的资料要提交监理工程师审核。同时，接受培训的学员应具备一定的资历要求，使有关培训能达到预期的效果。培训工作完成后，有关装备和教材将提供给业主，以便日后业主自行对其他员工进行辅助性培训。

（4）在工程竣工收尾阶段，为保证工程能够及早地投入使用，要求施工单位在四方验收后做好工程保洁、移交工作，加强成品保护，配合业主办理竣工备案手续及档案移交。并针对大楼使用过程中易出现损耗的配件，如电灯、开关、水龙头等，我单位将按照需用量的一定比例提前进行储备，在工程交付时免费移交给物业管理部门，以便于业主在使用过程中进行维护。

（5）在工程保修年限内，监理企业将建立定期回访制度，公司将每两周进行一次电话回访，每月公司组织回访小组进行实地回访一次，雨期后或采暖期后每两周实地回访一次。对在使用过程中发现工程质量问题时及时通知施工单位维修处理，并做好相关结算工作。

（十五）对保密工作的重点、难点分析及监理对策

1.重点、难点分析

本工程为某军医院工程，对保密工作要求高，管理难度大，监理协调工作量大。

2.监理对策

（1）要求各参建单位建立项目保密制度，从人员进出场管理、行为的规范、图纸、资料保密管理等方面制订全面的保密机制。

（2）建立各单位项目人员档案备查，经审批后方能入场，同时报业主备案。项目人员包括项目管理人员、劳务队人员、分包管理及操作人员等一切进入现场的施工人员。

（3）要求总包单位管理人员和分包商、分包队伍签订保密协议，该协议要在监理和业主单位备案。凡因为本工程而知悉业主方机密者，均承担相应的保密责任。

（4）要求施工单位在人员入场教育中加入保密教育内容，施工人员不得随意对他人提及施工区域及施工内容。

（5）我单位将对本工程资料实行严格的保密制度，未经业主许可不可复印图纸，也不可向第三方扩散，禁止借给与本项目无关人员。待工程竣工后交回全部图纸及相应设计文件。

六、玻璃幕墙工程

（一）单元式幕墙工程重点、难点分析及监理对策

1.重点、难点分析

（1）某工程单元板块数量多，且分玻璃单元板块和双层单元幕墙玻璃板块，安装工作量大。另外由于单元板块较大、重量较重，现场吊运及安装较麻烦，且单元幕墙的安装一般从下往上进行，当中不留空位，任何一个板块安装精度不够都直接影响后面单元板块的安装精度，且单元式幕墙安装为高空临边作业，为了单元板块的安装吊运，临边不得搭设脚手架等任何阻碍单元板块吊运的设施，这都给单元体的安装造成了很大困难，所以选择合理、安全、快捷、有效的安装方案就成了本工程的重点、难点。

（2）幕墙为建筑的外围护结构，如果设计不合理，不仅会影响建筑的美观，还会影响建筑的使用功能，而细部如果处理得不好则会直接给建筑带来毁灭性的破坏，而在众多的细部处理中，单元式幕墙的防水设计及施工是重中之重。幕墙防水处理不当则会引起雨水渗漏，所以幕墙的防水设计及施工是幕墙设计的重点。单元式幕墙是通过对插完成接缝，这样在上、下、左、右四个单元连接点上必然有一个四个单元组件插件均不能到达的地方，此处必然有一个内外贯穿的洞，如何堵好这个洞是单元式幕墙设计中必须解决的问题，即在设计型材前就要将封口的构造设计好，在设计型材断面时要将封口构造体现在型材上，挤压出的型材断面就包含有封口构造要求，如果在设计时不考虑好封口构造，将造成不可弥补的损失。另外单元体与框架幕墙相接处的收口处理、外露女儿墙与单元板块连接处的收口处理等都可能引起幕墙漏水，所以单元板块的防水设计是重点、难点。

（3）单元板块的加工制造、安装精度直接影响到单元式幕墙的质量，单元板块在加工制作、组装过程中会产生一定的加工误差；现场单元板块在插接过程也会产生一定的安装偏差，这些误差若累加到一起，势必会影响到工程质量，严重时造成单元板块现场无法安装等后果，所以控制这些误差是单元体安装的重点，施工过程能否吸收及调节这些误差也是单元体设计的一大重点。

（4）由于本项目为高层及群楼建筑，施工场地狭小、消防通道环绕，且各专

业交叉施工、作业面重叠，各种进场建筑材料、设备占地堆放相对有限且相互干扰，故单元板块无法按正常要求进入预定吊装位置，降低了安装效率。同时，为满足现场安装进度需求，单元板块储备场地应至少考虑3d的工作量。如何在满足工期节点的要求下顺利进行单元板块吊装，是监理协调工作的重点。

2.监理对策

1）在测量放线过程中，监理人员应对单元体的垂直度、平整度、轴线和标高等进行仔细复核，做好测量放线控制。具体应要求幕墙专业施工单位依据总承包单位统一提供的基准点及基准线，建立幕墙内控制网，采用激光铅锤仪将幕墙内控点投射到每一楼层，利用经纬仪弹设幕墙分格线、出入控制线，利用水平仪进行标高测量。施工单位在每层单元体安装完成后按程序将测量结果报监理审核。监理人员应对其测量精度进行复查，对存在问题的应要求施工单位及时进行校正，减少累计误差。

2）对单元板块的加工精度控制：单元板块制作加工时的下料（数控机床切割）、铣头、钻孔、组装等工艺、工序必须保证精度。为尽可能避免工艺、工序加工组装偏差，确保偏差值最小，且不产生板块扭拧安装等任何附加应力，因此，监理人员应驻厂监督加工。由于单元板块数量较多，监理人员应要求施工单位根据现场的安装先后顺序将单元体板块进行统一的编号，并按先后次序进行发货，以保证现场单元体的安装有序进行。

3）对玻璃幕墙性能检测控制：要求施工单位对单元式玻璃幕墙委托第三方检测单位进行性能检测。主要对幕墙防水性能进行检测：检测检验密封胶性能和板块之间的密封构造，注胶和板块密封构造是确保幕墙雨水渗漏性能测试、空气渗透性能测试的关键因素，因此在整个拼装环节，监理人员应重点进行质量控制，具体措施如下：

（1）加工环境：加工车间无粉尘污染，无火种，备有良好的通风设备，温度控制在15～27℃，湿度控制在50%左右（一般都单独设定注胶间）。固化养护场地应保持同样的环境条件。

（2）在注胶前须先检查机具设备工作是否正常，正常后开始双组份胶的混合工作，并作混合性试验。打胶前必须进行蝴蝶结测试、拉断试验、剥离测试。

（3）结构胶施打要饱满，不能有连续空洞，施打后要用胶板刮平、压实。面胶施打要光滑平整、无气泡。

（4）单元体组装完成后，除去型材上的胶，并彻底清洁单元体。

（5）注胶完成后必须养护72h，待结构胶完全固化后，方可进行转运和挂装（养护环境同加工环境）。

（6）在单元板块安装过程中监理人员进行旁站，检查板块之间的密封构造是否满足设计及规范要求。

（7）在单元板块安装过程中，密封胶的注入基底部位必须干燥、干净，严禁在潮湿或有水及有灰尘的环境下打密封胶。对此，监理人员必须严格控制。

4）单元体幕墙系统必须确保具备完整的排水系统，漏水和冷凝水均排到外墙面，内部空间用适当的方式通风以保持空气压力的平衡。主要从以下几点措施来解决单元体系统的防水设计及施工问题：

（1）标准位十字接口处施工防水处理

①首先应对水平插接的单元体之间的水平缝进行注胶，胶缝深15～20mm，从前腔通注到后腔壁，这样保证单元体水平对接口没有穿透性空洞。

②其次在安装集水槽前，先在水槽底部和两侧壁打2～3mm厚的密封胶，并在打胶处贴上防水胶片；安装集水槽时，先在室内面横梁拼缝处注胶，接着移动水槽堵头到胶缝中心位置，水槽堵头四周都要打胶密封，在水槽注胶完毕后分段做水槽闭水试验，最少2h，最后在水槽上粘橡塑海绵，橡塑海绵安装应正确。

③在水槽上粘橡塑海绵后进行上部单元体的吊装，安装好上部一边单元体时，应在立柱插接腔内封堵注胶，且在单元体立柱后壁空隙内注胶，注胶应饱满。

④在十字接缝处最后一个单元体安装时，应控制好标高，并检查单元体竖向胶条的完整性和大小以及立柱两端是否挤压牢固，插接时不要损坏已经安装好的单元体的竖向胶条，否则会漏气漏水。安装时保证两气密封橡塑海绵位置不发生错动，且水密封橡塑海绵直接插入到下横梁插槽内。

（2）单元体收口防水处理措施单元体收口位处理的好坏直接关系到幕墙是否漏水，所以收口位的设计非常关键；单元体幕墙收口防漏主要有以下几条措施：

①一般单元体连接收口处应做防水板，防水板与主体连接处应用密封胶进行封堵；

②外露女儿墙与单元体连接收口处除应做防水板外还要做铝板封修，且在连接处应用密封胶进行封堵；

③单元体与框架幕墙相接收口处除应做防水板及用密封胶填堵外，还应在横梁两端界面垫泡沫棒后打密封胶封堵。

5）对单元板块的安装精度控制：提高每层安装精度、减少累计误差是监理过程控制的重点。重点是转角单元、屋面层单元板块的安装精度控制。单元体幕墙通过三维空间定位安装，通过转接件和型材连接件实现进出位、标高、左右位置的三维调节。监理人员应重点把控累计误差的消减，对预埋件埋设定位、每块单元体安装质量及每层均进行检查复核，特别是转角部位单元体的安装位置，监理人员应要求施工单位重点把控以下几点：

（1）单个转接件的中心位置必须精确，且转接件要横平竖直；

（2）左右相邻转接件要共面，支撑面标高应控制在可调节范围内；

（3）上下相邻转接件要共面，中心线要在一条直线上；

（4）以柱间距为控制量，该间距中转接件累计误差不超过1mm。

在解决这一施工重点时，除了要求监理人员在加工、制作、安装的每一环节必须严格把关，层层控制，严格按质量管理程序办事，力争将各类误差控制在最小范围外，还应要求单元体的设计能吸收及调节一定范围内的误差。以下从单元体的施工及设计提出几点解决单元体幕墙误差的措施：

（1）严格按照测量放线定出每一个单元体板块的定位点

精确的测量放线为单元板就位提供依据，施工过程中应严格按照放线点来定位。

（2）转角位先行安装，减少误差积累

采取转角位先行安装的方式解决这个难题，转角位先行安装可以减少误差积累，并可以打开工作面。转角位安装后，把工作的控制难点放在中间控制，安装产生的误差可在平面弧区段内消化，减少误差积累。具体方法如下：

① 经测量放样后外围控制线已将大楼控制在封闭状态内，角位上已用钢丝线定位，施工人员依据控制线安装；

② 安排熟练的施工人员进行转角位的安装施工，转角位在安装后实际形成了封闭网；

③ 在安装转角位时，水平高低用水平仪始终跟踪进行检查，垂直钢丝定位采用铅垂仪进行定位，确保角位的方正、垂直。

（3）单元板块的安装调节

控制好单元式幕墙的加工误差以及精确放线，测量出各个单元板块的安装位置后，在单元体现场安装过程中主要对码件进行三维调节，保证单元板块的安装误差在可控范围内。

6）对单元板块的收边收口质量控制：单元板块边口的质量直接影响工程的整体质量。在单元式玻璃幕墙施工中如何针对细部收口工作（其一，系统自身的收口处理；其二，与其他相关专业交接处收口处理；其三，与泛光照明安装配合）完善设计，也是设计方案和深化设计及施工中监理工作应关注的问题。

7）对场内运输与玻璃板块存放的协调工作：监理人员应根据施工现场的实

际情况和工序施工的特点，及时组织协调各相关单位合理安排施工顺序，划分材料堆放区域。

8）工作面移交：单元式玻璃幕墙施工前，总包单位的建筑屋面、外部结构工程施工应完成并验收合格后移交给墓墙施工单位。监理人员应做好这方面的协调工作。

9）成品保护：对加工好的单元板块在出厂前应要求施工单位采取表面覆膜保护。运输过程中应采用专用运输架打包运输；单元板块施工过程中各工种同时进行交叉施工，成品保护是玻璃幕墙工程控制的重点，监理人员应做好这方面的协调工作。

10）单元式玻璃幕墙专项施工方案的编制与报审

（1）在单元式玻璃幕墙工程施工前，监理人员应根据关于《危险性较大的分部分项工程安全管理规定》（中华人民共和国住房和城乡建设部令第37号），要求幕墙施工单位编制幕墙工程安全专项施工方案。对幕墙高度超过50m的单元式玻璃幕墙，要求施工单位除须编制安全专项施工方案外还应组织召开专家论证会，施工单位针对专家组提出的意见对专项方案进行修改完善，并经施工单位技术负责人、项目总监理工程师、建设单位项目负责人签字后，方可组织实施。

（2）监理人员应要求施工单位严格按照专项方案组织施工，不得擅自修改、调整专项施工方案。

（3）专项方案实施前，监理人员应要求施工单位项目技术负责人向现场管理人员和作业人员进行安全技术交底。

（4）对于按规定需要验收的危大工程，监理人员应组织有关单位人员进行三方联合验收。验收合格后方可进入下一道工序施工。

（5）监理单位应当将单元式玻璃幕墙（危险性较大的分部分项工程）列入监理规划和监理实施细则中加以完善，应当针对单元式玻璃幕墙工程特点、周边环境和施工工艺等制定安全监理工作流程、方法和措施。

（6）监理人员应当对专项方案实施情况进行现场旁站监督；对不按专项方案实施的，应当责令停工整改，施工单位拒不停工整改的，监理人员应当及时向建设单位和住房城乡建设主管部门报告。

11）单元式幕墙施工安全监理控制措施

（1）环形轨道安装安全控制措施：该项目单元式玻璃幕墙吊装施工应用环形轨道吊装技术，即在建筑外立面的起吊楼层挑出悬臂型钢，在悬臂下安装工字钢环形轨道，环形轨道通过钢丝绳拉结在悬臂型钢上，轨道上吊挂电动葫芦，以保证单元板块垂直提升和水平移动来满足单元式幕墙板块吊装施工。轨道安装过程中，监理人员必须要求施工单位自检和互检，并重点检查轨吊梁与外伸梁连接处每根螺栓连接是否牢固，各轨道梁交接位是否平整。

（2）由于单元板块的自重加之风荷载等作用，单元板块吊装是安全控制的关键和重点。监理人员应做好以下控制措施：

①要求施工单位根据单元体自重及各种附加荷载的计算和验算选用适当的吊装机具，吊装机具须与主体结构安装固定牢固防止倾覆。监理人员对现场吊装机具可靠性、安装方式、吊索、与结构的固定措施等进行检查，在每次吊装前也须进行复查。

②监理人员应对吊点的设置进行检查，确保吊点不少于2个，吊点能承受吊装中的综合荷载，且有防脱落和保险措施。

③起吊前，监理人员应要求施工单位进行试吊，吊点均匀受力，严禁超重吊装。

④监理人员应检查施工单位设置的缆风绳，要求起吊过程中保持单元板块平稳匀速，不摆动碰撞建筑物体。

⑤单元板块就位后板块未调校固定前严禁将吊具先行拆除。

⑥遇6级以上大风、降雨、大雾等恶劣天气时，监理人员应要求施工单位暂停单元板块的吊装。

⑦要求施工单位在幕墙作业面下方设置警示标志，进行全封闭作业，不得有其他单位及人员在封闭吊装作业区域、楼层进行其他作业。

⑧要求施工单位在单元板块吊装前进行全面、细致的安全技术交底。吊装作业人员必须系好安全带，系挂点必须牢固可靠，防止坠物情况发生。

（二）框架幕墙工程重点、难点分析及监理对策

1.重点、难点分析

1）框架幕墙是通过一根根元件（竖框、横框）安装在楼板或主梁上，再相互连接竖框、横框，形成框格体系，最后将玻璃板块镶嵌在框格上，形成幕墙，其主要工作是在现场完成，由于受现场条件简陋等影响，框架幕墙容易产生雨水渗漏问题，所以框架幕墙防雨水渗漏施工是重点。

2）框架幕墙产生雨水渗漏的原因主要有以下几种：

（1）幕墙耐候密封胶注胶质量差，造成胶体开裂、孔隙，产生漏水。主要是打胶时没有按照打胶工艺进行，如注胶部位不清洁、胶缝深度过大形成三面粘接、胶在粘接固化前受到灰尘沾染或损伤、填缝材料深浅不一或厚度不合要求、缝内注胶不密实或不均匀、个别漏封等。

（2）硅酮耐候密封胶质量不过关也是胶缝渗水的原因之一。因此对打胶工艺质量控制及胶的质量控制是重点。具体应注意以下几点：

①充分清洁板材间隙，不应有水、油渍、灰尘等杂物，应充分清洁粘结面，加以干燥。

②泡沫条填充时应连续，抹胶处应连接密实，当遇到舌片时应紧贴舌片两端，舌板上贴美纹纸。

③贴胶带纸牢固密实，转角及接头处连接顺畅且紧贴板边。胶带纸粘贴时不允许有张口、脱落、不顺直等现象。

④打胶过程中应保证缝胶光滑饱满，接头不留凹凸、纹路等缺陷，与铝板连接紧密，不能存在裂缝、砂眼等现象。

⑤打胶后，应在胶快干时及时将胶带纸清理干净，并立即处理因撕胶带时碰伤的胶表面。

⑥打胶的厚度不能太薄或太厚，且胶体表面应平整、光滑，玻璃清洁无污物。封顶、封边、封底应牢固美观、不渗水。

（3）封边、封顶等收口部位处理不到位。如收口板块直接与主体水泥砂浆接触，造成腐蚀，达不到应有的密封效果，必然造成漏水。因此，设计师在设计收口部位时，应以方便施工为原则，尽量减少施工工艺对幕墙质量的影响。同时，现场施工需加强对收口部位的质量检查。

（4）开启窗漏气、漏水。主要原因是：

①窗扇与窗框安装调整不当，组件制作尺寸误差大，装配后扇、框之间产生较大缝隙，封闭不严；

②密封胶条材质不过关，物理性能差，弹性不好，不耐老化，胶条规格型号不符合图纸要求，因此达不到密封效果；

③滑撑、执手等五金配件质量低劣，有的配件安装位置偏差大，密封胶条下料长度不够，安装后胶条收缩，造成开启部分密封失灵；

④设计上未考虑避水、排水构造；

⑤个别细部处理不到位，如框扇外露的螺丝孔洞和较大的拼接缝隙未进行密封处理，从而成为漏水通道。

2.监理对策

（1）要求幕墙设计单位在进行系统深化设计时，一定要对避水、排水构造进行细部深化，从源头上避免漏水产生，同时实现有水进入能够尽快排出；

（2）对密封胶条、窗五金件的质量进行严格把关，选用优质的、符合图纸要求的产品；

（3）在组装阶段加强质量检查，避免因组装误差过大或是细部处理不到位造成漏水。

七、某市政项目

某市政道路监理项目建设规模：道路全长4067.03m，红线宽度50m，道路等级为城市主干路。

（一）本工程重点、难点分析

（1）准备期短，开工急。城市道路工程由政府出资建设，出于减少工程建设对城市日常生活的干扰这一目的，对施工周期的要求又十分严格，工程只能提前，不准推后，施工单位往往根据工期，倒排进度计划，难免缺乏周密性。

（2）施工场地狭窄，动迁量大。由于城市道路工程一般是在市内的大街小巷进行施工，旧房拆迁量大，场地狭窄，常常影响施工路段的环境和交通，给市民的生活和生产带来了不便，也增加了对道路工程进行进度控制、质量控制的难度。

（3）地下管线复杂，城市道路工程建设实施当中，经常遇到供热、给水、煤气、电力、电信等管线位置不明的情况，若盲目施工极有可能挖断管线，造成重大的经济损失和严重的社会影响。同时也对道路工程进度带来负面影响，增加额外的投资费用。

（4）原材料投资大，城市道路工程材料使用量极大，在工程造价中，所占比例达到50%左右，如何合理选材，是工程监理工作质量控制的重要环节。施工现场的分布、运距的远近都是材料选择的重要依据。

（二）监理对策

为确保施工质量，对此不良地质地段应从管理制度上采取以下措施确保施工质量。

1.认真审核设计处治方案，并进行现场核实，对不完善的方面提出补充措施。同时审查施工单位的施工组织设计，检查施工单位的质量管理体系、质量保证体系。审查其对不良地质地段的施工方法及措施是否符合设计及规范要求。

2.建立完整的工程质量监督管理机制。合理配置监理人员，并明确职责，认真落实质量岗位责任制。特别是不良地质地段，安排专人对施工工艺和处治方法进行重点旁站检查，并注意施工方法和程序。

3.为保证工程质量，在工程施工中做到四不准：人力材料、机械设备准备不足不准开工；未经检查认可的材料不准使用；施工工艺未经批准施工中不准采用；前道工序未经验收，后道工序不准开工。

4.所有的试验、检验数据必需真实可靠，抽检频率达到规定值，且检测必须在监理的旁站下进行，监理工程师的检测、抽样工作由监理工程师完成，抽检频率不低于施工检测频率的20%。

5.本工程各关键点控制措施如表4-2所示。

各关键点控制措施一览表 **表4-2**

序号	分部分项工程	关键点	主要控制措施
1	道路工程测量放样	（1）控制桩	（1）认真进行施工图纸会审，对图纸施工质量各专业之间的相互配合进行认真审查，了解设计意图，尽量把设计中的问题解决在施工之前。 （2）施工中严格执行国家和省、市颁发的有关规范、标准、规定，在施工过程中，对关键工序进行旁站监理，对施工单位不符合设计规范的一切活动有权提出制止或返工。 （3）对工程复杂、关键的部位，施工单位先制定施工组织设计或技术方案，报监理部审批，同意后才能实施。 （4）对原材料、设备把好订货关，材料、设备进场必须有出厂合格证和试验报告。无证无复试的原材料不得进场。对重要的材料设备、成品、半成品的订货进行严格审查，由监理、设计、施工单位共同研究后方可订货。 （5）监理工程师按设计图纸、规范和检评标准认真对每一分项工程进行检查验收，未经验收的工序和隐蔽工程不得进行下道工序施工。 （6）按进度情况编制各专业子项的《监理细则》，提出专业和子项工程施工中容易出现的质量问题，并制定相应的预控措施。
		（2）水准点	
2	路基工程	（1）含水量	
		（2）最大干密度	
		（3）压实度	
		（4）填土松厚度	
		（5）外观质量	
		（6）路基土层标高、宽度、距离和中线位置、外形	
3	道路基层	（1）砂石材料的规格、级配、含泥量	
		（2）上料均匀性，虚厚高程及横断面、边线齐正	
		（3）洒水量、碾压遍数	
4	道路面层	（1）控制边线高程、路面高程及平整度	
		（2）沥青混凝土的外观质量、车上温度	
		（3）碾压温度、碾压遍数、碾压密度及外观质量	
		（4）接槎、夯边	
5	道路附属构筑物	（1）放样及高程	
		（2）整体均匀密实度	
		（3）混凝土或沥青混合料的强度、配合比	
6	排水管工程测量放样	（1）水准点闭合差，导线方位角闭合差	
		（2）管中线的控制点、中心桩、中心钉高程	
		（3）管与原管衔接高程	
7	排水管沟槽开挖	（1）槽底高程、槽底预留保护层厚度	
		（2）检查边坡支护设施	

续表

序号	分部分项工程	关键点	主要控制措施
8	排水管道安装	（1）排水管道的成品质量	（7）每月向业主报送《监理月报》，反映工程质量的动态情况。 （8）督促、检查施工单位认真落实技术资料的分类整理和填报监理用表
		（2）混凝土垫层的强度	
		（3）相邻节管子的错口量	
		（4）管子稳固质量	
		（5）管肩混凝土浇筑质量	
9	沟槽回填土质	（1）分层回填虚铺厚度	
		（2）碾压遍数	
10	给水管道工程	铸铁管对口最大间隙，承插口的环形间隙，承插口接口允许转角	

八、某地铁项目

（一）明挖车站及区间监理工作重点、难点分析及监理对策

本监理标段情况：①车站有能源中心站、能源三路站（工法为明挖顺做法）；②区间为上林路站——能源中心站（盾构法）、能源中心站——能源三路站（盾构法）、能源中心站——沙河滩车辆段（区间明挖）。其重点、难点及重大危险源防控如下：

1.重大危险源及监理对策

1）重大危险源

能源三路站西南侧、东北侧各有一处重要建筑物属于重大危险源，项目位于能源三路与沣泾大道交叉口西南象限，为商业及商务办公项目，该项目位于能源三路站西南侧，邻近车站的4号出入口通道，出入口通道紧邻道路红线布置。

2）监理对策

（1）明挖深基坑施工为重大危险源。施工单位必须提前编制专项安全施工方案，经地铁专家评审通过后方可实施。

（2）深基坑开挖施工前，应对基坑开挖所影响到的地面周边建筑会同产权单位对其现状进行查看。主要查看建筑物基础、墙体、屋面有无开裂、凹凸、隆起、错台等情况。查看完毕，留置查看现场的文字记载资料和必要的影像资料，查看后有关方签字确认查看资料，并保留备查。

（3）施工前，施工监测应协调周边地面建筑物产权单位对施工所影响的地面建筑物设置沉降监测点，并取得初始沉降变形数据，该监测数据应作为施工前现

状查看资料的附件，各方一并签认并留存备查。

(4) 严格控制土方开挖方法，土方开挖控制原则：水平分层、纵向分段，严禁水平分层超挖，严禁纵向分段过长开挖。

(5) 坑壁支撑必须紧跟，支撑分段与土方开挖分段必须协调。采用机械开挖时，下挖至支撑中心线以下1m时，必须暂停开挖，架设该段支撑后，方可继续下挖施工；机械开挖时，基坑横向两端必需预留反压土，中部应拉槽开挖。桩间应及时挂网喷射混凝土封闭。

(6) 冠梁分段施作完毕，下挖首层土方后，下挖段地面临边应及时防护。

(7) 地面基坑周边截排水沟，应随开挖进度及时形成。

(8) 基坑开挖之前，大门口必须修建渣车冲洗设施，进出车辆必须冲洗干净。

(9) 开挖见底时，基坑内应适时安装上下人行通道。

(10) 基坑施工需降水作业时，应经常检查基坑降水抽排水的含砂率，避免含砂率过大，坑壁脱空造成重大安全隐患。

(11) 深基坑施工期间，必须采取相关应急救援预案，以应对突发事件的发生。

2.特别重大危险源及监理对策

1) 特别重大危险源

上林路某市能源中心区间下穿陇海铁路。陇海铁路为双线碎石道床，基础为路基，与正线区间隧道斜交，地铁线路与铁路形成交角。区间隧道采用盾构法施工，对此，监理应采取下列对策：

(1) 首先要求施工单位编制专项施工方案，确定盾构下穿时间节点，调查周边土体结构是否采取土体加固措施等。当盾构下穿时应采取以下措施：

①盾构进入风险工程区域前应尽快调整好盾构机的施工状态，以最好的状态通过风险工程区域。掘进前，认真对刀盘、注浆系统、密封系统、推进千斤顶及监控系统等设备进行检查，确保穿越过程中设备无故障，进行连续施工。

②姿态控制：盾构过风险工程区域前，盾构姿态、管片姿态须调整到位，注意不要向上抬头，严禁超量纠偏，蛇行摆动；管片上应预留注浆孔，同时加强管片配筋，确保安全。

③严格保证盾构匀速、连续穿越风险工程区域，确保盾构机在风险工程区域范围内不停机。

④施工过程中严格控制掘进土压力和出土量。根据查明的地质情况，针对土层的变化设定合理的土压仓压力。出土量原则上按理论出土量出土，每环出土量控制在98%左右，减少土体扰动，保持土体密实。

⑤严格控制盾尾同步注浆和二次补注浆。随时根据地面隆陷监测情况调整同步注浆的注浆量和注浆压力。控制注浆压力，既防止压力过大而顶破覆土，又防止因注浆量不足而引起较大土层沉降。在盾构掘进过程中，要及时进行管片背后注浆，必要时可采取多次压浆。注浆充填率要求＞200%。

⑥加注发泡剂、膨润土浆等润滑剂，进行土体改良，减少刀盘所受扭矩，降低对土体的扰动。

⑦区间穿越此段时加强监控量测，做到信息化施工，控制地层沉降。施工前应有可靠的应急预案，以防不测事情的发生。

（2）在陇海铁路下方掘进隧道，建议业主事前应征得西宝高速管理部门的同意。

2）线路情况及监理对策

热沣双回330kV超高压电力线路为位于咸阳境内的热沣Ⅰ线、热沣Ⅱ线电力线路，也是国家电网重要输电通道，跨越国家重要干线公路福银高速公路及国家重要输油干线兰郑长油气管道，安全风险大。高压线塔位于西宝高速铁路南侧，沣泾大道东侧空地内，距离明挖区间结构约20m。高压线塔基础为独立基础，埋深约3m。对此，监理应采取下列对策：

（1）明挖车站开工3个月前，请业主牵头，地铁设计、监理、施工及产权单位参加，共同做好高压电塔、高压架空线的现场调查，摸清高压电塔、高压架空线的现状（包括高压电塔的结构类型、规格、高度、电塔间距、基础类型、桩基长度及供电所涉及的用户范围等；对高压架空线进行现场调查时，应准确了解架空线的数量、电杆结构及数量、供电范围等）。现场调查时，注意记录能全面反映高压电塔及高压架空线电杆的现状（包括查看时其结构受损情况等）影响资料。调查完毕，编写完整的现场查看书面报告，经各方签字后留存备查。

（2）根据现场调查掌握的实际情况，提前编制出具体的保护、加固方案，经地铁专家审核后，报经高压电塔产权单位审批。

（3）若有永久迁改的可能时，应在明挖车站开工前迁改完毕。不具备迁改条件的，应在明挖车站开工1个月前，要求施工单位编制专项施工保护方案。按保护方案对高压电塔基础、高压架空线电杆实施必要的注浆加固措施。加固施工前应报请产权单位到现场对加固施工实施必要的指导，以确保高压电塔基础、高压架空线使用安全。

（4）在明挖车站开工之前，应完成高压电塔基础、高压架空线电杆基座监测点的设置工作，并取得初始监测成果，初始监测成果应送达塔高压电塔基础、高压架空线产权单位。

（5）在明挖车站施工过程中，施工监测必须按照设计规定的频率对高压电塔基础、高压架空线电杆基座沉降变形及塔身、电杆倾斜进行监测，监测成果必须送达高压电塔基础、高压架空线产权单位，以便让产权单位随地铁施工进程准确掌握高压电塔基础、高压架空线电杆基座安全沉降及塔身、电杆倾斜可控等状况，及时消除产权单位不必要的顾虑，保证地铁施工顺利进行。

（6）在明挖车站施工过程中，应成立监理、施工人员巡查小组，24h轮流值班巡查，发现问题必须立即处理，要确保高压电塔及高压架空线的供电安全。如发现地铁施工沉降范围内的高压电塔基础及高压架空线电杆基座四周地面出现凹陷、开裂或塔基、基座出现开裂时，地铁施工单位应及时进行紧急处理，监理应迅速赶赴现场督促紧急处置工作，紧急处置工作必须按照保护方案的要求进行。在实施紧急处置工作之前，应告知产权单位到达现场对处置工作进行指导，以确保处置工作的有效性。

（7）在明挖车站施工过程中，如果在地铁施工沉降范围内的高压电塔及高压架空线出现倾斜等险情时，地铁明挖车站应立即暂停施工，并配合产权单位对出现险情的高压电塔及高压架空线进行抢险、救援活动。在救援活动中，经各方分析研究，其险情为地铁施工造成时，其抢险、救援的经济损失由地铁明挖车站施工单位承担。

（8）地铁明挖车站施工完成后，地铁监理、施工应积极配合地铁业主，会同产权单位对地铁施工沉降范围内的高压电塔及高压架空线结构的完好程度进行现场验收，形成书面验收报告，并发送各方留存备查。如尚有危及高压电塔及高压架空线结构的隐患，需责成地铁明挖车站施工单位在规定的时间内处理完成。

（二）车站附近市政道路、管线重点、难点分析及监理对策

1.车站附近重要管线

1）金融一路路下的管线有（为一般风险源）：

（1）DN400污水管道，材料为PE，埋深2.3m；

（2）DN600雨水管道，为混凝土浇筑，埋深2.35m。

2）丰裕路路下的管线有（为一般风险源）：

DN800雨水管道，为混凝土浇筑，埋深1.50m。

3）沣泾大道路下的管线有（为一般风险源）：

（1）电力管沟1.2m×2.2m，埋深2.2m；

（2）通信管沟1.5m×2m，埋深2.80m；

（3）DN1200污水管道，为混凝土浇筑，埋深6.2m；

(4)DN1200雨水管道，为混凝土浇筑，埋深3.2m；

(5)DN1200雨水管道，为混凝土浇筑，埋深3.46m；

(6)DN600给水管道，为钢管材质，埋深2.56m；

(7)DN600高压天然气管，为钢材质，埋深2.18m；

(8)DN250中压天然气管，为钢材质，埋深1.78m。

4)能源三路路下的管线有(为一般风险源)：

(1)DN600污水管道，为混凝土浇筑，埋深5.58m；

(2)DN800雨水管道，为混凝土浇筑，埋深2.98m；

(3)电力管沟2.2m×2.5m，埋深2.10m。

5)规划管廊：

本站沣泾大道西侧地下规划有市政综合管廊。

2.监理对策

在地铁车站开工之前，凡与本车站有关的各种管线，如具备永迁条件的，在地铁车站施工之前，应迁改完毕。不能永迁的，如果具备临时迁改条件的，应采取临时迁改的办法在车站施工之前临迁完毕。既不能用永迁也不能临迁的管线，则应在原位实施有效的安全保护，有关安全监控监理措施如下：

(1)认真查阅设计图纸，做好现场管线调查，摸清车站施工范围永迁、临迁、原位保护管线的现状(包括管线类型、规格、污水管流量、煤气与燃气压力大小及供应范围、管线走向与具体位置等)。

(2)根据管线现场调查掌握的实际情况，提出具体的迁改与保护方案。永迁、临迁管线在地铁车站施工之前迁改完成，为地铁施工提供场地；原位保护管线编制专项安全保护方案予以保护，专项安全保护方案需经地铁专家评审通过后，报经相关产权单位审批后实施。

(3)原位保护管线如为承插管、节段混凝土管，应在地铁车站开挖施工之前将位于车站范围内的管线更换为钢管，以便基坑开挖后实施悬吊保护措施。

(4)当管线直径较大且横跨基坑时，应采用军用梁悬吊保护；当管线顺基坑方向布置，离围护桩较近时，可采用三脚架支撑等形式悬吊保护。

(5)原位保护的管线应随基坑开挖进程进行，悬吊保护措施不能滞后进行，当土方开挖至需要保护管线下方时，应先悬吊保护好后再行往下开挖。悬吊保护施工时应邀请产权单位到场指导进行，以确保其悬吊保护的质量。

(6)悬吊保护措施实施后，应立即设置沉降变形观测点，按设计要求的项目与频率对其实施监测，直至基坑回填完毕为止。

(7)在车站基坑开挖土方期间，应成立监理、施工人员巡查小组，24h轮流值班并轮流对保护管线、悬吊设施的完好性进行巡查，发现问题必须立即处理，要确保悬吊保护管线的使用安全。

（8）在车站基坑开挖土方期间，如已经悬吊保护的管线发生突发重大安全隐患或重大事故时，地铁施工、监理应及时告知产权单位和地铁业主，立即组织抢险活动，使其消除隐患，尽量将隐患或损失降低到最小，其经济损失由地铁车站施工单位承担。

（9）当地铁车站结构完成时，在土方回填的过程中，应对原位保护的管线实施回填，回填时需要施作垫层或基座时，按产权单位的要求进行，土方回填应分层夯压密实，尤其是基座下方的土体必须夯压密实，不得出现较大沉降变形，以确保回填以后管线的使用安全。

（10）保护管线回填完毕时，地铁监理、施工应积极配合地铁业主，会同产权单位对回填后的管线进行质量验收并形成书面验收报告，并发送各方留存备查。如尚存在整改问题，地铁车站施工单位应在限定的时间内整改完毕并符合质量要求。

（三）重大、特别重大危险源安全控制监理措施

1.地面建筑物保护监理措施

（1）在车站开挖施工之前，请业主牵头，地铁设计、监理、施工及相关产权单位参加，现场实地查看地面建筑物（楼房及多层住宅）的现状，查看内容：地面建筑物及楼盘结构类型、建筑高度、基础类型、平面范围，建筑物及楼盘墙体、散水等现状情况，附近地面（包括出入道路、人行道等）有无凹陷、开裂、损坏等情况。实地查看时，注意留存必要的影像资料，留存的影像资料能准确反映地面建筑物及楼盘结构现状质量。实地查看完毕，编写现状调查书面报告（附摸查影像资料）各方签认后留存备查。

（2）根据实地查看掌握的情况，提出具体的加固、保护方案，如保护对象为钢筋混凝土结构时，可考虑提前对其基础下方土体钻孔、埋设袖阀管，对其基础下方的土体进行加固处理，注浆加固需连续均匀进行，确保其基础受力的均匀性。同时也可沿线路前进方向在地铁基坑与被保护对象之间，采用数排高压旋喷桩形成有效的防渗墙结构，以避免地下水流失过多，造成较大沉降变形，使被保护对象受到损害或破坏。保护方案经监理审核后，报地铁专家评审，按评审意见修改完善后报经相关产权单位审批后实施。

（3）在车站明挖施工之前，应完成所有被保护对象沉降变形监测点的设置工作，并取得初始监测成果，初始成果应向地铁业主、监理、施工、设计、各产权

单位提供一份，以备后续发生沉降变形时分析原因，界定相关责任之用。

（4）当如需注浆加固基础，或施工防渗墙时，应在地铁车站开工一个月前全部完成，确保地铁施工后的加固效果和防渗效果。在地铁车站施工时，施工监测应按设计要求的监测项目及监测频率，实施监测工作，定期向各方提供检测报告，让各产权单位对地铁施工期间其相关设施到底有多大的沉降变形做到心中有数，避免与地铁施工发生不必要的纠纷，确保地铁施工顺利进行。

（5）在地铁车站施工时，现场应安排监理、施工人员组成巡查小组，对上述被保护对象进行巡查，如发现地面建筑物及楼盘开裂或沉降变形过大时，地铁监理、施工、设计应积极配合地铁业主协调相关产权单位对险情进行紧急处置，直到消除险情为止。在发生险情的过程中，如相关产权单位发生经济损失时，由地铁施工单位承担。

（6）当地铁车站施工完成，地面建筑物及楼盘沉降变形趋于稳定时，地铁监理、施工、设计应积极配合地铁业主协调相关产权单位对电力管廊、地面建筑物及楼盘变形情况及变形后结构的安全性等进行现场验收和评定，并形成书面验收报告，发送各方留存备查。现场验收尚存在问题时，地铁车站施工单位按限定的时间整改完毕并达到相关产权单位的要求。

2.楼房拆除施工安全监控监理措施

在本标段明挖车站开工之前，需对周边民用建筑进行拆除施工。上述拆除施工属于重大危险源，必须严加管控，其监理措施如下：

（1）拆除施工之前，应选定符合拆除资质并具有类似工程经验的施工队伍承担其拆除施工任务。拆除施工队伍的资质、类似工程经验需按国家法规规定按专业分包报审，监理单位审核并经业主批准同意后，方可进场进行拆除施工。

（2）拆除工程需编制专项安全施工方案，经监理审核后，按业主要求报经地铁专家评审通过并履行完审批手续后，方可实施。

（3）拆除施工如需爆破作业时，预裂爆破施工需具有爆破作业资质，并具有类似工程经验的施工单位负责，资质审核与专业分包相同。

（4）拆除施工之前拆迁协调工作已完备，并按批准方案规定的范围实施封闭式打围。

（5）开始拆除施工时，应指派数名安全警戒人员对围挡四周实施有效的警戒，对周边车辆及行人进行疏导，确保车辆、行人安全。

（6）房屋拆除严禁使用雷管、炸药引爆作业，以防对周边车辆、行人及建筑物造成伤害或损伤。

（7）人工拆除困难较大时，应采用预裂爆破的方式，由上至下逐层进行（人工拆除时也需按此规程进行），不得上下交叉拆除作业，人工拆除时不得随意敲打、随意乱扔拆除物，严禁各种违章拆除行为。拆除物从楼上至地面应采用妥当的吊装运输方式，严防乱扔伤人。

（8）拆除作业应避开午休及夜间施工，不得影响周边居民正常的生活秩序，不扰民。

（9）拆除作业期间，应有可靠的洒水降尘措施，不得污染周边道路，不得对周边空气造成污染，不得污染市政环境。

（10）拆除施工期间，渣土外运必须符合城市文明施工及环保要求，外出车辆必须冲洗干净，装运物不得产生任何泄漏现象。

（11）拆除施工期间，工地大门应配专人值班，严禁其他与拆除工程无关的人员进入拆除现场，严防安全隐患或事故发生。

（12）拆除施工完成，及时组织向车站施工单位移交场地，办理书面移交手续。

（13）夜间拆除施工应在交管部门规定的时段进行，拆除截止时间到达时，拆除现场一切施工设备、器具应安全退场完毕，现场垃圾已清理干净，拆除现场道路、人行道应能满足车辆、行人正常通行。

3.基坑围护桩施工质量控制

1）钻孔桩测量定位：施工单位测量人员由测量控制点，引出基坑围护结构轴线，再定出钻孔桩中线的坐标点。钻孔桩中线的坐标点偏差不得大于50mm。在报请监理和建设单位确认后进入下道工序。

2）护筒制作及埋设

（1）护筒制作

护筒内径要比孔径大200mm，护筒长度1.5m为宜。护筒用5mm的钢板制作，焊接三道加劲筋，顶端设置2个溢浆孔。

（2）埋设护筒

护筒的中心应与桩位中心重合且保持竖直，在监理工程师验收护筒中心偏差和孔口标高符合要求后才能上钻机钻孔。

3）钻机就位

做好场地的平整及压实工作，用方木支垫，钻头与桩位的对位误差要小于2mm。

4）泥渣存放区、泥浆池的设置及泥浆配置

（1）泥浆池、泥渣存放区应合理规划，避免环境受到污染。一个钢箱式的泥浆储浆池容积不小于$6m^3$，两个箱式的沉淀池容积不小于$10m^3$。

（2）泥浆配置

泥浆用优质膨润土、粘土、水搅拌均匀制成。泥浆性能指标应符合规范要求。钻孔和清孔过程中要分别检测分别测量泥浆指标（≤1.15），粘度（18～24s），含砂量（4%～8%）。

5）钢筋笼的制作

现场监理检查钢筋笼的直径和长度尺寸、主筋根数和直径、环形箍筋的直径和间距、焊接质量、钢筋笼的刚度；主筋对接时，同一截面内的钢筋接头数不得多于主筋总数的50%，相邻两个接头间的距离不小于主筋直径的35倍，且不小于500mm；钢筋接长的焊接质量等。钢筋笼制作允许偏差应符合规范要求。

6）成孔质量和沉渣检查方法

（1）用声波孔壁测定仪法和圆环测孔法检测桩的成孔质量，并按一定比例用井径仪进行抽检。

（2）用垂球法检测沉渣的厚度。孔底沉渣厚度应满足以下要求：端承桩≤50mm；摩擦端承桩或端承摩擦桩≤100mm；纯摩擦桩≤30mm。

7）清孔

（1）要进行两次清孔，直至沉渣厚度满足规范要求。

（2）第二次清孔注入泥浆相对密度应为1.05左右，漏斗粘度18～22s，第二次清孔后，孔底50cm处泥浆的相对密度应不超过1.20。清孔结束后，要尽快灌注混凝土，其间隔时间不能大于30min。

8）钢筋笼吊放

（1）钢筋笼采用扁担法3点起吊，起吊点要稳固，吊点必须对称，慢慢放入孔中，保证钢筋笼在起吊中不变形；

（2）钢筋笼搭接时采用帮条焊连接，接头错开1000mm或35d（d为钢筋直径）；

（3）钢筋笼安装入孔时，必须保持垂直状态，应保证钢筋笼在孔内居中，避免碰撞孔壁；

（4）钢筋笼应按设计长度下入孔中，钢筋笼顶应压住，避免在浇筑混凝土时上浮。

9）浇筑水下混凝土

（1）钻孔桩采用导管法进行水下混凝土浇筑。

（2）开工前应检查导管的刚度和强度、导管的连接、导管的密封性以及储料斗、导管的隔离球等的工作性能。

（3）导管

①导管应具有足够的强度和刚度，又便于搬运、安装和拆卸。

② 导管的普通节长度为2m，最底下一节长度为4.5～6m，另外配置一些1m、0.5m、0.3m管节，以方便配置各种长度的要求。

③ 导管应具有良好的密封性。导管采用法兰盘配螺栓连接，用橡胶“O”型密封圈密封。

④ 最下端一节导管底部不设法兰盘，宜以钢板套圈在外围加固。

⑤ 为避免提升导管时法兰盘挂住钢筋笼，可在法兰盘上安装锥形护罩。

⑥ 每节导管应顺直，其定长偏差不得超过管长的0.5%。

⑦ 导管连接部位内径偏差不大于2mm，内壁应光滑平整。

⑧ 将单节导管连接为导管柱时，其轴线偏差不得超过 ±10mm。

⑨ 导管加工完后，应对其尺寸规格、接头构造和加工质量进行认真检查，并应进行连接、过阀（塞）和充水试验，以保证密闭性能可靠和在水下作业时导管不漏水。检验水压一般为0.6～1MPa，不漏水为合格。

（4）隔水塞

①隔水塞可以用混凝土或硬木制成，制成球形或圆柱形，直径比导管内径小20～25mm；采用3～5mm厚的橡胶垫圈密封，垫圈直径宜比导管内径大5～6mm；

②为使隔水塞既能隔水又能顺利地从导管内排出，隔水塞表面要光滑。

（5）水下混凝土灌注

① 根据桩径、桩长和灌注量合理选择导管、起吊运输等机具设备。

② 导管吊入孔时，导管在桩孔内的位置应保持居中。导管底部距孔底沉渣面的高度应以能放出隔水塞为准，一般为300～500mm。

③ 灌注首批混凝土

在灌注首批混凝土之前先配制0.1～0.3m^3水泥砂浆放入隔水塞以上的导管中，然后再放入混凝土，确认初灌量备足后，即可剪断铁丝，借助混凝土重量排出导管内的水，灌入首批混凝土。首批灌注混凝土数量应能满足导管埋入混凝土中1.2m以上。

④ 连续灌注混凝土

首批混凝土灌注正常后，应连续不断灌注混凝土，严禁途中停工。在灌注过程中，应经常用测锤探测混凝土面的上升高度，并适时提升、逐级拆卸导管，保持导管的合理埋深。探测次数一般不宜少于所适用的导管节数，并应在每次起升导管前，探测一次管内外混凝土面高度。遇特殊情况（局部严重超径、缩径、漏失层位和灌注量特别大时的桩孔等）应增加探测次数，同时观察返水情况，以正确分析和判定孔内的情况。

⑤导管埋深

在灌注水下灌混凝土时，应严格控制导管的最小埋深，以保证桩身混凝土的连续均匀。导管的最大埋深不超过最下端一节导管的长度。灌注接近桩顶部位时，为确保桩顶混凝土质量，漏斗及导管的高度应严格按照有关规定执行。

⑥混凝土灌注时间

混凝土灌注的上升速度不得小于2m/h。灌注时间必须控制在埋入导管中的混凝土不丧失流动性时间。必要时可掺入适量缓凝剂。

⑦桩顶的灌注标高

桩顶的灌注标高应高出设计标高的2m以上。

4.钢支撑施工控制

（1）钢支撑进场后监理工程师应对钢板厚度、钢管直径、钢板焊接接缝等项目严格按设计要求进行验收；

（2）要求施工单位编制钢支撑吊装专项方案，施工过程中对轴力施加工序进行旁站检查；

（3）钢支撑施工所用千斤顶及油表必须经过计量单位标定后方可进行施加轴力；

（4）钢支撑堆放严禁堆放在基坑附近，确保基坑不因周边超载引起变形；

（5）钢支撑施加轴力须分级施加，加载到设计值后须持压3～5min稳定后方可卸力；

（6）钢支撑受力面与钢支撑端头必须保证垂直密贴；

（7）钢支撑须采取防坠落措施，监测方案中应对钢支撑安装轴力观测计进行轴力观测，并每日进行轴力观测，分析轴力变化及趋势，对轴力突变及时采取相应措施。

5.土方开挖与回填控制

1）土方开挖

（1）基坑土方开挖遵循“纵向分段、竖向分层、由上至下、边支边挖”的施工原则，从上到下分层开挖，纵向形成台阶。

（2）土石方工程应合理选择施工方案，编制、审批、实施尽量采用新技术和机械化施工。

（3）做好开挖前原地面标高测量和开挖后基底标高测量，最终做好书面测量记录。实地测点标识，作为检查、交验的依据。

（4）平整场地后，表面逐点检查，检查点的间距不宜大于20m。

（5）在原有建筑物邻近挖土，如深度超过原建筑物基础底标高，其挖土坑边与原基础边缘的距离必须大于两坑底高差的1～2倍，并对边坡采取保护措施。

(6)挖方的弃土或放土，应保证挖方边坡的稳定与排水。

(7)土方工程一般不宜在雨天进行。

(8)机械挖土应在基底标高以上保留30cm左右用人工挖平清底。

(9)挖至基坑底时，应会同建设、监理、质安、设计、勘察单位验槽。

(10)质量通病的预防与消除：

①基坑超挖

防治：基坑开挖应有水平标准严格控制基底的标高，标桩间的距离宜≤3m，如超挖，用碎石或低标号混凝土填补。

②基坑泡水

预防：基坑周围应设排水沟，采用合理的排水方案，如发包人同意，尽可能采用保守方案，但必须得到签字认可。

消除：排水、晾晒后夯实。

③坑壁溜坍

预防：放坡开挖时，必须保持边坡有足够的坡度，坡顶严禁有过多的静、动荷载。

2)基坑土方开挖监理控制要点

(1)土方开挖要严格控制分层高度及台阶长度，分层高度一般在2～3m，台阶须进行放坡，放坡比例控制在1:1～1:1.5；

(2)开挖至基坑底30cm高时必须采用人工清底，禁止施工机械扰动原状土；

(3)土方开挖时应随挖随加支撑，严禁超挖，防止基坑变形；

(4)开挖过程中发现桩间渗漏水须及时进行堵漏处理，堵漏方式可采用水泥水玻璃双液浆也可采用速凝水泥进行封堵，或采用导流管进行有效引排；

(5)土方开挖和钢支撑施工必须紧密衔接，土方挖到钢支撑位置后就必须按设计要求施加钢支撑轴力，否则不得继续开挖；

(6)当土方开挖到不具备放坡施工条件，且分段分台阶无法进行时，应采用长臂挖机，确保土方开挖后能及时架设钢支撑；

(7)施工中如发现有文物或古墓等应妥善保护，并应立即报请当地有关部门处理后，方可继续施工；

(8)在敷设有地上或地下管道、光缆、电缆、电线的地段施工进行土方施工时，应事先取得管理部门的书面同意，施工时应采取措施，以防损坏。

3)土方回填

(1)工艺流程：基坑底地坪上清理→检验土质→分层铺上→分层夯打→碾压

密实→检验密实度→修整找平验收。

（2）填土前，应将基底表面上的树根、垃圾等杂物都处理完毕，并清除干净，填方应选用符合要求的土料，边坡施工应按填土压实标准进行水平分层回填压实。

（3）检验回填土的质量有无杂物，检验是否符合规定，以及回填土的含水量是否在控制的范围内；如含水量偏高，可采用翻松、晾晒或均匀掺入干土等措施；如遇回填土含水量偏低，可采用预先洒水润湿等措施。

（4）填土应分层铺摊。每层铺土的厚度应根据土质、密实度要求和机具性能确定。

（5）碾压时，轮（夯）迹应相互搭接，防止漏压或漏夯。每层铺摊后，机械压实填方速度不超过2km/h。

（6）深浅两基坑（槽）相连时，应先填夯深基础；填至浅基坑相同的标高时，再与浅基础一起填夯。如必须分段填夯时，交接处应填成阶梯形。高宽比一般为1:2。上下层错缝距离不小于1m。

（7）基坑回填应在相对两侧或四周同时进行。基础墙两侧标高不可相差太多，以免把墙挤歪。

（8）回填管沟时，为防止管道中心位移及损坏管道，应人工先在管子两侧同时填土夯实，直至管顶0.5m以上时，才可用蛙式打夯机。

（9）回填土方每层压实后，应按规范进行环刀取样，测出干土的质量密度，达到要求后，再进行上一层的铺土。

（10）填方全部完成后，表面应进行拉线找平，凡超过标准高度的地方应及时依线铲平；凡低于标准高度的地方应补土找平夯实。

（11）质量要求标准：

①基底处理必须符合设计要求或施工规范的规定。

②回填土的土料必须符合设计要求或施工规范的规定。

③回填土必须按规定分层夯压密实。取样确定压实后的干密度，必须满足设计要求。

④回填土工程允许偏差标高0～-50mm。

（12）回填土下沉预防

①严格控制回填土选用的土料和土的最佳含水率；

②填方必须分层铺土压实；

③不许在含水率过大的腐殖土、亚粘土、泥炭土、淤泥等原状土上填方。

（四）区间盾构工程重点、难点分析及监理对策

本标段区间盾构工程：上林路站——能源中心站、能源中心站——能源三路站、能源中心站——沙河滩车辆段，区间沿线盾构掘进需要下穿城市道路等。区间盾构始发、到达、停机换刀、停机破桩等均是盾构施工监理工作的重点、难点。

1.区间盾构开仓截桩控制要点及监理对策

在城市周边或市区进行盾构施工时，由于地面建筑物密集，偶有发生建筑物桩基侵入盾构机掘进范围的情况，需要提前对桩基进行处理（加固、托换后盾构机到达时直接通过，或盾构机掘进至桩位时开仓截桩后通过）。根据工程地质和水文地质设计资料或施工地质补勘资料，如发现土层裂隙水量较大，开仓隐患较大时，应提前采取降水措施（即在适当位置打降水井降水，提前降水以保证开仓截桩施工需要）。如发现土层裂隙水量不大时，可直接开仓截桩施工。盾构开仓截桩施工属于特别重大危险源，必须严加控制，在该区间盾构始发之前，监理单位应督促施工单位编制开仓截桩安全专项施工方案，经专家评审通过后方可实施，有关控制要点及监理措施如下：

1）盾构机掘进参数及姿态控制

（1）在盾构机距离第一排桩既定里程1m前，为减小盾构机对桩的推力影响，防止建筑物桩基地层产生纵向位移，从而影响建筑物桩基的沉降或变形，盾构掘进模式应采用敞开式掘进模式。敞开式掘进参数掌握如下：推力6000～7000kN；推进速度15～20mm/min；刀盘转速1～1.2rpm；刀盘贯入度10mm/r；铰接压力8MPa。在掘进过程中，根据各组油缸的推力分布，调整好盾构机姿态。保持VMT显示盾构姿态上下万方数据左右偏差小于±10mm，俯仰角偏差小于±2mm/m。发现盾构机偏差时应逐渐调整，严禁猛烈纠正；逐渐按偏差方位调整姿态和位置，满足盾构出洞尺寸要求。

（2）在盾构机通过桩时，为减小桩对刀具的磨损，掘进模式采用敞开式，此时打开土仓密封门，安排专人在土仓内观察桩基暴露情况，一旦发现桩身混凝土及钢筋漏出或发现掌子面有异常情况，立即通知控制室停机处理。遇桩时掘进参数掌握如下：推力5000～6000kN；推进速度5～10mm/min；刀盘转速0.7～0.9rpm；刀盘贯入度6mm/r；铰接压力9MPa。

2）同步注浆管理

（1）开仓截断桩基，必然影响桩的承载力，这对建筑物的沉降影响较大。为确保建筑物沉降变形处于安全值范围以内，截桩后必须加强洞内同步注浆管理，

要确保被截断桩截断面以上一定范围内桩体四周有足够的注浆量，使截断桩底部与地层、与截桩处的盾构管片均有较好的固结效果，确保截断后桩基承载力不会被减弱。其固结效果应以地面建筑沉降变形监测数据基本稳定，未发现变形异常为标准。

（2）截桩后同步注浆控制标准：除盾构机掘进保证每环正常的注浆量6m^3外，还需在脱出盾尾后的第4～5环管片上，通过在1：00、11：00位置的管片吊装孔（手孔）打设2m长注浆管，进行二次补充注浆来弥补同步注浆浆液流失的不足，浆液采用速凝双液浆。每环注浆量为1～1.3m^3。以保证管片背后上部的建筑空隙及同步注浆层上方被截断桩基底部地层填充密实，防止地面建筑物产生过大的沉降。

3）更换刀具

在每次停机开仓截桩时，应对所有刀具进行检查。及时更换磨损严重的刀具，确保后掘进之需要。

4）人工进仓破除桩基的程序

如果按照既定的里程尚未确定桩基时，盾构机掘进应缓慢匀速进行。此时应在土仓压力隔板后面安排专人监听仓内响声，一旦听到刀具与桩身之间发出轻微"吱吱"的金属摩擦声时，即停机开仓检查。开仓检查发现侵入隧道桩基与图纸资料基本吻合时，首先清洗土仓内部及刀盘，通风降温，准备好照明器具；然后由地质工程师进仓检查掌子面稳定情况，判定地层稳定后，截桩施工人员方可进仓作业。在截桩过程中，地质工程师应在现场跟踪监视地层情况。进仓后先确认桩基情况，再按照既定的方法，采用风镐破除原桩混凝土。由于土仓内空间狭窄，高温湿滑，作业人员必须时刻注意安全。对于露出的钢筋，采用氧气、乙炔气割的切割办法进行处理。确定处理干净后，方可进行下一步施工。

5）沉降监测控制

过桩之前，需按设计要求在被截桩的地面建筑物各关键点处布置沉降观测点。截桩期间及截桩完成盾构掘进过桩期间，加强地面沉降测量频率，每2小时观测一次，并根据测量结果结合贯通测量成果及时纠正盾构偏差。过桩后，观测频率为2次/天。在盾构机通过该楼期间，沉降观测点日沉降量控制在0.4～2mm之间。如盾构机过桩后地面建筑物沉降变形加大危及安全时，应及时跟踪注浆，尽快控制变形过大问题，以确保建筑物安全。

2.盾构下穿风险管线时安全监理控制措施

（1）认真查阅设计图纸，做好现场管线调查，摸清盾构下穿施工需要保护的风险管线的现状（包括管线类型、规格、与盾构隧道顶部的净距、管线流量、管线布置方位等)。

(2)根据管线现场调查掌握的实际情况，提出具体的保护、加固方案：如为混凝土承插管线，可提前考虑置换更改为钢管，管底铺设混凝土基座等；如为混凝土管或大型混凝土管廊，可考虑提前对其基础下方土体钻孔埋设袖阀管对其基础及下方土体进行加固处理。提前编制保护、加固方案，经地铁专家们审核后，报经风险管线产权单位审批后实施。

(3)在穿越风险管线段进行盾构掘进施工时，必须严格掌握风险管线区域内的盾构掘进工况，严格控制每环出土量、盾构总推力、刀盘扭矩和掘进速度，严格控制同步注浆量，加强土仓渣土改良，确保渣土排放顺畅，匀速平稳下穿通过；同时适当加大风险管线段的同步注浆量，确保管片背后空腔填充密实；管片脱出盾尾后，必须及时进行二次补注浆，确保管片顶部地层的密实性与稳定性。总之，在风险管线段穿越施工时，务必采取可靠措施，尽量减少风险管线的沉降变形。

(4)在盾构下穿风险管线段施工时，施工监测必须加大频率，24h不离现场，监测数据必须随时与洞内、地面值班人员沟通，有效地指导盾构安全下穿掘进施工。

(5)在下穿风险管线段掘进施工时，施工项目经理及主要管理人员、总监及主要监理人员、施工及监理安全管理人员等均应在现场值班盯控，发现问题必须立即处理，要确保风险管线安全运行。

(6)盾构下穿风险管线施工完成后，地铁监理、施工应积极配合地铁业主，会同产权单位对盾构下穿经过风险管线的质量和变形情况进行现场验收，形成书面验收报告，并发送各方留存备查。

3.盾构下穿城区道路时安全监理控制措施

本监理标段内区间盾构主要穿越在现状道路下方，盾构掘进过程中，需严防出渣过量、道路下方土体坍塌引起道路凹陷或塌坑等险情，从而诱发重大交通事故或重大车载人员人身伤亡事故。这是本监理标段盾构掘进施工必须高度注意防控的特别重大危险源。有关要求如下：

(1)在盾构下穿掘进施工之前，请业主牵头，地铁设计、监理、施工、市政道路及各中管线(主要是污水、雨水、电信等管线单位)产权管理部门参加，到达现场实地摸查有关情况：道路路面类别(包括辅道类别)、路面破损、凹陷、修补情况；人行道地砖材料、铺设质量、凹陷、破损、修补情况；路牙类别、规格、破损、缺损情况；各种管线类别、规格、管线缺损、堵塞、隆起、下沉等情况。实地摸查时，注意留存必要的影像资料，留存的影像资料能准确反映市

政道路路面、人行道、路牙、管线等现状情况。实地摸查完毕，编写现状调查书面报告（附摸查影像资料），书面调查报告经各方签认后留存备查。

（2）根据实地摸查掌握的情况，提出具体的加固、保护方案（如方案中涉及盾构掘进出渣过量，对道路交通留下严重安全隐患需要注浆处理时，应明确打孔注浆方法，以及打孔注浆时对邻近管线采取的具体防杜塞的措施）。其加固、保护方案，经监理审核后，报地铁专家评审，按评审意见修改完善后报经市政道路、各管线单位审批同意后实施。

（3）在盾构掘进下穿市政道路施时，必须严格掌握盾构掘进工况，严格控制每环出土量、盾构总推力、刀盘扭矩和掘进速度，严格控制同步注浆量，加强土仓渣土改良，确保渣土排放顺畅，匀速平稳下穿通过；管片脱出盾尾后，必须及时进行二次补注浆，确保管片顶部地层的密实性与稳定性。总之，在盾构掘进下穿道路施工时，务必采取可靠措施，尽量减少市政道路的沉降变形，并控制在可控范围之内。

（4）在盾构掘进施工过程中，现场应安排监理、施工人员组成巡查小组，对沿线道路地面进行巡查、盯控，发现问题必须立即报告。

（5）在盾构下穿市政道路施工期间，盾构施工单位应提前做好应急抢险的充分准备，提前储备好各种抢险物资（如紧急疏导交通标牌、抢险标志、抢险运输车、围挡、钻孔设备、注浆设备、起重设备、发电机、撬杠、铁锹、砂袋、河沙等），与商品混凝土供应站保持有效的联系，一旦出现险情（如道路塌坑时）能迅速输送混凝土到场实施回填。

（6）如发现道路塌坑出现交通险情时，施工单位应立即处理，项目经理、总监及各方负责人应立即赶赴现场马上组织抢险活动，以尽快消除交通隐患，避免重大交通事故及人身伤亡事故发生。

（7）在盾构下穿施工过程中，如需对道路路面以下地层打孔注浆，注浆堵塞市政管线的责任由地铁施工单位自行承担并处理。

（8）为有效、准确地掌握盾构掘进对道路沉降变形所产生的影响，在盾构掘进施工之前，盾构施工单位应提前完成盾构掘进沿线线路中线部位的地中位移监测点的布设，在盾构掘进过程中，按设计要求的频率加强地中位移监测，及早对地层实施注浆加固措施，以有效地消除市政道路塌坑等重大安全隐患，确保市政道路交通安全运行。

（9）盾构下穿道路施工过程中，如果局部道路路面发生凹陷时，地铁施工单位应及时实施回填，以方便各种车辆顺利通行。

（10）盾构下穿道路施工完毕时，请地铁业主牵头，地铁设计、监理、施工、

市政道路及各中管线（主要是污水、雨水、电信等管线单位）产权管理部门参加，对盾构下穿段道路路面质量、各种管线的完好情况进行验收，发现问题在限定的期限内由地铁盾构施工单位处理完毕并符合要求。现场验收需形成书面验收报告，并发送各方留存备查。

4.盾构掘进侧穿地面建筑时安全监理控制措施

（1）认真查阅设计图纸，对区间线路中线附近盾构掘进需要侧穿地面建筑物的使用现状进行详细调查，摸清盾构侧穿地面建筑物的质量现状，尤其对其基础类型、埋深等情况要调查清楚，必要时应拍摄影像资料，调查完毕提交详细的调查报告。现场调查时，宜邀请产权单位相关负责人或物业业主参加。调查报告一式5份，产权单位或物业业主、地铁业主、施工、监理、设计各留存1份备查。

（2）根据现场调查掌握的实际情况，提出具体的侧穿掘进保护、加固方案。该保护、加固方案一般是在侧穿地面建筑物与区间盾构隧道之间，布设一排或两排高压旋喷桩形成有效的防渗墙，以阻隔地下水的流失确保地面建筑物不发生较大的沉降变形。高压旋喷桩的深度应达到区间隧道底部以下一定位置，高压旋喷桩沿线路中线方向布设长度：应在地面建筑物的两端增加一定长度A（A应>20m以上）。如有必要，还可在侧穿地面建筑物四周打孔埋管注浆对其基础进行适当的加固。侧穿地面建筑物的加固、保护方案经地铁专家评审后，应报产权单位批准后实施，如为村民民房还应征得村委会、街道办事处的同意后实施。

（3）为确保盾构掘进顺利通过地面建筑物，在盾构掘进施工前应加强与产权单位或村委会、街道办事处的联系，加强施工协调，以便注浆加固和盾构掘进如期顺利进行。

（4）在盾构掘进通过前，施工单位应派前期工作小组，对盾构侧穿沿线地面建筑质量现状进行摸查，并留下必要的影像资料。必要时可对一些重要房屋质量进行鉴定，留下鉴定资料，以备为盾构通过后期对地面建筑物沉降变形进行合理分析提供必要依据。

（5）在盾构掘进施工前必须完成侧穿建筑物沉降变形监测点的设置，并取得初始监测数据。盾构掘进侧穿施工期间，应按设计要求对线路沿线地面建筑物进行沉降变形监测，用以指导盾构掘进施工。

（6）在盾构侧穿掘进施工时，必须严格控制盾构掘进工况，严格控制每环出土量、盾构总推力、刀盘扭矩和掘进速度，严格控制同步注浆量，加强土仓渣土改良，确保渣土排放顺畅，匀速平稳下穿通过，不得随意停机。同时适当加大房屋地段的同步注浆量，确保管片背后空腔填充密实。管片脱出盾尾后，必须及时进行二次补注浆，确保管片顶部地层的密实性与稳定性。总之，在盾构侧穿地面建筑物地段，务必采取可靠措施，确保临街建筑的安全。

（7）在盾构侧穿地面建筑物地段施工时，施工监测必须加大频率，24h不离现场，监测数据必须随时与洞内、地面值班人员沟通，有效地指导盾构安全下穿掘进施工。

（8）在下穿地面建筑地段盾构掘进施工时，应成立监理、施工人员巡查小组，24h轮流值班巡查，发现问题必须立即处理，要确保地面房屋、建筑物的安全。

（9）在盾构侧穿地面建筑物施工完成后的适当时间，地铁监理、施工应积极配合地铁业主，会同产权单位或村委会、街道办事处对盾构下穿经过的地面建筑物或地面房屋现状质量和沉降变形情况进行现场核对与验收，形成书面核对与验收报告，并发送各方留存备查。

（10）盾构侧穿施工完成以后，应按设计要求的监测期限、检测频率继续加强侧穿地面建筑物沉降变形的监测，直至沉降变形趋于稳定为止。工后监测情况及监测结果应提报产权单位或村委会、街道办事处。

5.盾构掘进下穿地面建筑时安全监理控制措施

（1）认真查阅设计图纸，对区间线路中线附近盾构掘进需要下穿的地面建筑进行现场调查，摸清盾构沿线附近需要下穿地面建筑的质量现状，尤其对其基础类型、埋深等情况要调查清楚。

（2）根据现场调查掌握的实际情况，提出具体的保护、加固方案：如为普通砖混结构条形浅基础民房，则应打孔埋管在其基础外侧（房屋四周）注浆加固。条件许可时，可争取在房屋内地面适当位置布孔注浆加固；如为高层滑板基础，可在房屋四周布孔注浆加固其基础。如为其他地面建筑时，也对其基础进行必要的加固（如埋设袖阀管对其基础注浆加固）。地面建筑加固、保护方案应征询产权单位或征询村委会、街道办事处的同意后实施。重要地面建筑应编制专项安全施工方案，经地铁专家评审通过后，报产权单位批准后实施。

（3）为确保盾构掘进顺利通过地面建筑，在盾构掘进施工前应加强与产权单位或村委会、街道办事处的联系与协调，以便注浆加固和盾构掘进如期顺利进行。

（4）在盾构掘进通过前，施工单位应派前期工作小组，对盾构下穿沿线房屋质量现状进行摸查，并留下必要的影像资料。必要时可对一些重要地面建筑质量进行鉴定，留下鉴定资料，以备盾构通过后期对地面建筑沉降变形进行合理分析之用。

（5）在盾构掘进施工前必须完成地面建筑沉降变形监测点的设置，并取得初始监测数据。盾构掘进下穿期间，应按设计要求对线路沿线地面建筑进行沉降变形监测，用以指导盾构掘进施工。

（6）在穿越地面建筑地段进行盾构掘进施工时，必须严格控制盾构掘进工况，严格控制每环出土量、盾构总推力、刀盘扭矩和掘进速度，严格控制同步注浆量，加强土仓渣土改良，确保渣土排放顺畅，匀速平稳下穿通过，不得随意停机。同时适当加大房屋地段的同步注浆量，确保管片背后空腔填充密实。管片脱出盾尾后，必须及时进行二次补注浆，确保管片顶部地层的密实性与稳定性。总之，在盾构下穿地面房屋地段，务必采取可靠措施，确保地面房屋的安全。

（7）在盾构下穿地面建筑地段施工时，施工监测必须加大频率，24h不离现场，监测数据必须随时与洞内、与地面值班人员沟通，有效地指导盾构安全下穿掘进施工。

（8）在下穿地面建筑地段盾构掘进施工时，应成立监理、施工人员巡查小组，24h轮流值班巡查，发现问题必须立即处理，要确保地面房屋、建筑物的安全。

（9）盾构下穿地面建筑施工完成后，地铁监理、施工应积极配合地铁业主，会同产权单位或村委会、街道办事处对盾构下穿经过的地面建筑质量和变形情况进行现场验收，形成书面验收报告，并发送各方留存备查。

6.盾构掘进下穿市政重要设施时安全监理控制措施

本标段区间盾构掘进下穿既有高速公路、市政道路隧道、市政道路桥梁等市政重要设施，有关控制要求如下：

（1）在盾构掘进施工之前，请业主牵头，地铁设计、监理、施工及电力隧道产权管理部门参加，各方到达现场实地摸查市政重要设施的现状，包括结构类型、净空尺寸、结构厚度、埋深、与盾构隧道顶部的净距、市政重要设施现状质量缺陷等。实地摸查时，注意留存必要的影像资料。实地摸查完毕，编写现状调查书面报告（附摸查影像资料）经各方签认后留存备查。

（2）根据实地摸查掌握的情况，提出具体的加固、保护方案，如有必要时，可考虑提前对有关设施基础进行加固处理（如钻孔、埋设袖阀管注浆等）。加固、保护方案，经监理审核后，报地铁专家评审，按评审意见修改完善后报经有关产权单位审批后实施。

（3）在盾构掘进施工之前，应完成相关市政重要设施沉降变形监测点的设置工作，并取得初始监测成果（一式5份），地铁业主、监理、施工、设计、相关产权单位各1份，以备后续发生沉降变形后分析原因，界定相关责任之用。

（4）在盾构掘进开工一个月前，分别完成其基础加固施工，加固施工需连续均匀进行，注浆量应适中。注浆以后不得使相关设施产生隆起变形现象，注浆加固必须确保其使用安全。

（5）在盾构掘进市政重要设施时，必须严格掌握盾构掘进工况，严格控制每环出土量、盾构总推力、刀盘扭矩和掘进速度，严格控制同步注浆量，加强土仓渣土改良，确保渣土排放顺畅，匀速平稳下穿通过；管片脱出盾尾后，必须及时进行二次补注浆，确保管片顶部地层的密实性与稳定性。总之，在盾构掘进下穿相关市政重要设施时，务必采取可靠措施，尽量减少其沉降变形。

（6）在盾构下穿相关市政重要设施时，施工监测必须加大频率，24h不离现场，监测数据必须随时与洞内、地面值班人员沟通，有效地指导盾构安全下穿掘进施工。

（7）在下穿相关市政重要设施施工时，现场应安排监理、施工人员组成巡查小组，对其地面及结构进行巡查、盯控，发现问题必须立即处理，要确保其安全运行。

（8）盾构下穿施工完成后，地铁监理、施工、设计应积极配合地铁业主，会同产权单位对相关结构变形情况进行现场验收，形成书面验收报告，并发送各方留存备查。

7. 桩基托换施工质量与安全监理控制措施

1）准备工作

（1）开工前，由监理部组织、总监代表、专监及施工技术人员参加，对管段内盾构掘进沿线市政桥梁（含铁路桥梁）进行全面摸查，将沿线桥梁情况逐一登记明确。然后与地铁设计单位联系协调，摸清沿线全部桥梁基础的类型、桩基直径、桩长、桥梁荷载标准以及地铁与市政桥梁、铁路桥梁桩基的平面、立面位置，准确梳理出需要进行桩基托换的桥梁名称、墩台编号、桩基编号，绘制出桩基托换清单，明确盾构掘进时间、桩基托换施工最早开始时间与结束时间。

（2）在此基础上，要求每一个施工标段编制桩基托换施工安全专项方案，工点监理审核后，报请地铁专家进行评审，并督促施工单位对方案完善报审，经总监或业主批准后实施托换施工。

（3）进行桩基托换施工前，监理部组织编制各工点桩基托换施工监理细则，明确安全、质量管控重点、难点及监理要求，有效地实施桩基托换施工监理工作。

（4）桩基托换施工时，托换桩（包括基坑围护桩）、托换承台、托换梁、托换梁顶升施工等均纳入旁站监理的范围，严加盯控，确保桩基托换施工质量。

2）围护结构施工及基坑开挖

（1）托换桩与围护结构桩基可同步实施。托换桩成孔、成孔深度检查、成孔垂直度（即孔斜率）、沉渣厚度、钢筋笼长度（需考虑锚入托换承台及与托换梁预留筋的焊接长度等）、直径、浇筑混凝土隔水装置设置、首盘混凝土封底、水下混凝土浇筑的连续性等是质量控制的重点，必须逐一检查、验收，确保托换桩的施工质量。

（2）待托换桩混凝土浇筑龄期达到设计强度70%以上（或桩身混凝土浇筑时间至少达15d）时，进行托换桩基无损检测，托换桩基无损检测应为Ⅰ类桩。

（3）待托换桩基混凝土强度达到设计强度时，进行基坑土方开挖。

3）托换承台及托换梁施工

（1）托换承台施工质量控制

①托换承台与托换桩之间应可靠连接，托换桩预留主筋长度必须符合贯穿托换承台后与托换梁预留钢筋焊接的需要，桩顶应凿毛处理。

②在绑扎托换承台钢筋时，应按设计要求在承台上方预埋顶升钢板，其预埋位置及标高必须符合设计要求。

③托换承台绑扎钢筋之前，应在承台底部施作素混凝土垫层，混凝土垫层必须平整，垫层标高需符合设计要求。

④绑扎托换承台钢筋之前，基坑内部应采取必要的降排水措施，确保承台范围处于干燥状态。

⑤托换承台钢筋加工的规格、型号、长度、间距、排距及构造筋规格、型号、间距必须符合设计要求，同一受拉区主筋焊接接头不得超过50%，钢筋保护层厚度应符合设计要求，并检查托换桩桩基主筋在托换承台顶部的外露长度是否符合设计要求。

⑥钢筋绑扎完毕，四周应安装模板，模板应支顶牢固，不得松动变形。

⑦承台混凝土需采用商品混凝土，商品混凝土进场时，应逐车测试坍落度、入模温度，检查和易性，批量制作抗压与同条件养护试件，检查验收完毕方可同意开盘施工。浇筑混凝土时应在无水状态下进行。

⑧浇筑承台混凝土时，应采取泵送混凝土。浇筑时应从一侧向另一侧顺序、连续进行，并注意加强混凝土的振捣，振捣应密实，混凝土浇筑完毕应及时收面。

⑨承台混凝土浇筑完毕，应按工艺要求洒水养护，养护时间不少于14d。

（2）托换梁施工质量控制

①托换梁采用钢筋混凝土结构，其施工应在托换承台混凝土强度达到设计强度后进行。

②进行托换梁施工之前，应对被托换桩四周表面凿毛处理，托换梁的主筋应通过植筋的方式与被托换桩牢固连接成整体。植筋应符合植筋工艺及受力要求（植筋深度不小于35倍直径），以确保桩基托换的可靠性与安全性。植筋应进行抗拉拔试验，拉拔试验需满足设计要求。

③植筋符合要求后，绑扎托换梁钢筋。绑扎钢筋时，应在梁底下方对应托换桩基主筋外露部位预埋连接钢筋。

④在钢筋绑扎的过程中，应按设计要求在梁端预定位置的底部预埋顶升钢板，尽量使其保持水平状态，并严格控制其与托换梁顶部预埋钢板的相对位置要一致。

⑤如果托换梁体积较大达到大体积混凝土施工的条件时，在绑扎钢筋的过程中应按设计要求预埋降温管道。

⑥钢筋制安工程质量经验收符合要求后立模。托换梁使用模板必须有足够的刚度和承载能力，能可靠地承受新浇混凝土的重量和侧压力，不得出现涨模、弯曲变形等情况，模板支顶必须牢固，不得松动变形。

⑦模板安装完毕，标高符合设计要求后方可浇筑混凝土。

4）顶升作业

当托换桩基、托换承台、托换梁混凝土强度均达到设计强度时，进行顶升加载施工。有关要求如下：

（1）安装顶升千斤顶及可调式自锁装置

①千斤顶安装在托换承台预埋钢板位置，安装数量须符合设计加载的要求。

②可调自锁千斤顶顶到位后，及时安装钢安全装置并用钢楔钢板打紧。钢安全装置与千斤顶间隔对称布置，布置数量须符合设计要求。

（2）顶升作业

①准备工作

A.可调自锁千斤顶需经国家法定计量部门标定合格；

B.钢管垫块安全装置经测试必须符合千斤顶卸载后安全支撑托换梁的需要；

C.与托换施工相关的沉降变形监测点设置完毕，并取得初始数据，能保证托换施工监测的需要；

D.托换梁顶升荷载、分级次数、施顶时间已确定。

②顶升作业

A.应采取“等变形、等荷载，分级加载”的原则进行；

B.每级加载分10个步骤进行，每一步骤按本级加载荷载的10%进行顶升，每步顶升后保持荷载不变并稳定10min，等结构稳定后再进行下一步顶升加载；

C.最后一级加载至设计明确的荷载后，稳定12h，观测新桩沉降速率＜0.1mm/h

后，顶紧钢管垫块松开千斤顶；

D.在顶升过程中，必须严格控制每级顶升力，顶力需缓慢、均匀，避免桩、梁荷载突变导致不良后果；

E.被托换桩的上抬量不能大于1mm，当>1mm时需立即停止加载；

F.在加载过程中，应严密监测托换梁裂缝的产生与发展，当最大裂缝>0.20mm时，必须立即停止加载；

G.在顶升过程中，应连续记载加载记录，连续记载与托换施工有关的监测记录，待被托换桩沉降变形稳定后，被托换桩受力完成转换，此时需将钢块垫块安全装置全部安装好并打紧钢楔垫块锁定托换梁，最后拆除千斤顶完成顶升作业。

5）封桩及基坑回填

当顶升达到设计加载荷载要求，被托换桩基沉降变形稳定后，在保持钢管垫块安全装置和钢安全装置全部完好的情况下，将托换梁与托换承台节点进行刚性固接，确保被托换桩基的受力体系可靠地进行转换。有关控制要求如下：

（1）按工艺要求将托换梁下预留钢筋与对应部位托换桩基预留主筋牢固焊接；

（2）浇筑桩芯部位C50微膨胀混凝土；

（3）洒水养护至桩芯混凝土强度达到90%；

（4）拆卸预顶千斤顶；

（5）将托换承台至托换梁之间其他部位满灌C50混凝土，封桩全部完成；

（6）待封桩混凝土达到设计强度后，按要求对托换桩基坑进行回填，回填时要保证回填材料和分层压实度。

6）施工监测

在桩基托换施工过程中，必须按设计要求对被托换桩、托换施工所影响到的桥梁、地面建筑实施监控量测，加强信息化施工管理，有效地指导桩基托换施工，确保施工及市政设施安全。

8.盾构掘进控制

1）盾构隧道洞门加固控制

盾构隧道洞门一般指盾构始发与到达端的明挖结构预留的区间盾构接口处，该洞门处无论是盾构始发还是盾构到达，均需人工破除明挖结构端墙和围护桩后（如该处围护结构钢筋采用的是玻璃纤维筋时，其围护桩不用人工破除，盾构机可直接切削进洞或出洞）始发或到达出洞。一般情况下，明挖围护桩施工或多或少都会对桩体附近的地层有不同程度的扰动，并且在明挖基坑开挖、降水期间，施工降水也必然会对洞门桩体附近地层带来一些不利于盾构始发、到达的因素（如降水造成地层局部塌空、土体密实度降低、孔隙率增大等），这些现象势必会给盾构施工留下较为严重的安全隐患。因此，盾构始发和到达出洞前，均需按设计要求对盾构隧道始发和到达处自洞门开始，沿线路方向一定范围（一般大于10～15m以上地段）的线路中线地段地层进行加固。加固方法有旋喷桩法、搅拌桩法、打孔注浆法或管棚法等。加固范围为深度需达到隧道底部，横向宽度大于隧道开挖直径，纵向长度大于10～15m范围（具体按设计要求办理）。

2）洞门加固施工前要审查审批施工单位的资料

（1）建筑物场地的工程地质资料和水文地质资料；

（2）地基加固工程施工图及图纸会审纪要；

（3）施工场地内和施工影响范围内的建（构）筑物、地下管线和公共设施的调查资料；

（4）主要施工机械及其配套设备的技术性能资料；

（5）审查并批准施工单位的进出洞加固方案；

（6）原材料及其制品的质检报告；

（7）有关荷载、施工工艺的试验参考资料。

3）端头井加固控制

（1）地层加固的目的：防止拆除临时墙时的振动影响；在盾构贯入开挖面前，能使土体自稳及防止地下水流失；防止开挖面坍塌；防止地表沉降。

（2）端头土体加固最常见的问题：一是加固效果不好，盾构掘进洞时土体容易坍塌；二是加固范围不当，造成始发时水土流失。

（3）始发与到达端地层加固范围一般为隧道衬砌轮廓线外左右两侧各3m，顶板以上为0m，底板以下为2.5m，加固长度根据土质而定，富水地层加固长度必须大于盾构本体长度（刀盘+盾壳）。

（4）加固后的地层应具有良好的均匀性和整体性；在凿除洞门后能够自稳，且具有低渗透性。

（5）端头加固完成后，应进行钻孔取芯试验以检查效果，取芯试件无侧限抗压强度应达到设计要求，内聚力应≥0.5MPa。

（6）在加固区钻水平孔和垂直孔检查渗水量，水平孔深8m，分布于盾构隧道上、下、左、右部和中心处各一个，其渗透系数不大于设计值。垂直孔在加固区前端布设2个孔和施工中钻孔误差较大的部位布设1个孔，其渗水量不大于2L/min。检查孔使用后，采用低强度水泥砂浆封孔。

4）搅拌桩

为防止控制性建（构）筑物或管线沉降，在盾构掘进前采取地层加固措施。

（1）施工前应督促施工单位进行水泥土的室内试验，并审批试验报告。

（2）施工前应督促施工单位对浆液、喷浆压力、搅拌头提升下降速度等进行标定。

（3）监理工程师必须进行旁站监理，并独立做好施工记录，如测量定位、浆液配比、喷浆压力、浆液流量、搅拌机下沉和提升速度、成桩深度、复喷及复搅等。

5）旋喷桩

在盾构掘进前采取地层加固措施，可采用旋喷桩施工。

（1）施工前应督促施工单位进行水泥土的室内试验，并审批试验报告。

（2）施工前应督促施工单位对浆液流量、喷浆压力、喷嘴提升速度等进行标定。

（3）监理工程师必须进行旁站监理，并独立做好施工记录，如测量定位、浆液配比、喷浆压力、浆液流量、喷嘴提升速度、成桩深度、复喷等。

（4）应督促施工单位对泥浆的沉淀和排放进行周密的设计和处理，确保施工过程中场地的清洁和不污染环境。

（5）在高压喷射注浆过程中出现异常情况时，监理工程师应及时会同并协助施工单位查明原因并采取措施进行补救。

6）注浆施工

（1）应督促并协助施工单位根据工程地址和水文地质条件、施工条件、周围环境条件、机具及材料供应条件等，合理地选用压密注浆或劈裂注浆等施工方法。

（2）在施工前督促施工单位根据现场（或室内）试验确定浆液的形式（单液或双液）和配比，并审批试验报告。

（3）施工前应督促施工单位对浆液配比、浆液流量、注浆压力、注浆管提升速度等进行标定。

（4）监理工程师必须进行旁站监理，并独立做好施工记录，如测量定位、注浆压力、浆液流量、注浆管提升速度、注浆深度等。

（5）注浆过程中如发生地面冒浆等异常现象，监理工程师应立即会同并要求施工单位采取可靠措施进行处理。

9.盾构始发控制

1）盾构始发是盾构施工的关键环节之一，其主要内容包括：始发前竖井端头的地层加固、安装盾构始发基座、盾构组装及试运转、安装反力架、凿除洞门临时墙和围护结构、安装洞门密封、盾构姿态复核、拼装负环管片、盾构贯入作业面建立土压和试掘进等。

（1）始发前监理要对施工单位上报的施工方案（盾构机推进方案，施工计划各项参数，中线、高程控制，回填注浆，出、弃土安排，监测及场地布置等），进行详细审查并批准。重点是检查盾构机定位、反力架安装、洞口橡胶密封条和端墙凿除、临时管片固定方式、盾构机操作方式、注浆方式等。

（2）盾构始发前，对洞口经改良后的土体做质量检查；制定洞口围护结构拆除方案，保证始发安全。

（3）盾构始发时必须做好盾构的防旋转和基座稳定措施，并对盾构姿态做复核、检查。

（4）负环管片定位时，管片横断面应与线路中线垂直。

（5）在始发阶段应控制盾构推进的初始推力，初始推进过程中，必须始终进行监测并对监测资料进行反馈分析，不断调整盾构掘进施工参数。

2）盾构始发基座安装

（1）始发基座的安装：

①盾构始发基座一般采用钢结构等预制成品。始发基座的水平位置按设计轴线准确进行放样。将基座与工作井底板预埋钢板焊接牢固，防止基座在盾构向前推进时产生位移。

②盾构基座安装时应使盾构就位后的高程比隧道设计轴线高程高约30mm，以利于调整盾构初始掘进的姿态。盾构在吊入始发井组装前，须对盾构始发基座安装进行准确测量，确保盾构始发时的正确姿态。

（2）始发基座轴线安装测量

始发基座的轴线在吊入始发井时必须进行标记，当基座吊入始发井后，先对照始发井底部测量准确的轴线及始发井两端端墙上的中心标记，采用投点仪辅以钢丝投点的方法对基座进行初步安放，然后在始发井圈梁上的轴线点同时架设经纬仪，将轴线点投入始发井底部，调节基座，使基座的轴线标记点与设计轴线点位于同一竖平面内。安装安成后，须用盘左及盘右进行检测，确保盾构始发基座轴线标志点的误差均在3mm以内，达到相应规范的要求。

（3）始发基座高程安装测量

根据始发基座的结构尺寸，需计算出基座上表面的设计高程值。在始发基座轴线位置安装完成后，进行基座的高程测量。用水准仪将所需要的高度放样于始发井两侧侧墙上，并做上明显的标志。所放样的高程点要有足够的密度，盾构工作井共需标设6个高程标志点，6个高程标志均匀地分布在始发井侧墙的两侧。高程标志完成后，对所在标志进行复核，任意两个标志间的高程互差不超过2mm，且与绝对高程的差值不超过1mm，为始发基座的精确安装提供保障。始发基座安装时，在相对应的高程标志间拉小线，进行基座的初步安装，完成后，用水准仪进行精测，对基座的高程进行微调，达到设计高程的精度要求（允许偏差为0～3mm）。考虑到在进行轴线及高程微调时两者之间互相影响，在完成整个基座的安装后，须进行全面细致的复核，以确保盾构始发基座的准确安装。

3）反力架安装

（1）反力架端面应与始发基座水平轴垂直，以便盾构轴线与隧道设计轴线保持平行。

（2）盾构始发掘进前应首先确定钢反力架的形式，并根据盾构推进时所需的最大推力进行校核，然后根据设计加工盾构钢反力架，待钢反力架安装完毕后，方可进行始发掘进。

（3）进行盾构反力架形式的设计时，应以盾构的最大推力及盾构工作井轴线与隧道设计轴线的关系为设计依据。

（4）钢反力架预制成形后，由吊车吊入竖井，由测量给出轴线位置及高程，进行加固。

（5）反力架要和端墙紧贴，形成一体，保证有足够的接触面积。如反力架和端墙出现缝隙，在反力架和端墙之间补填钢板，钢板要分别和反力架与洞口圆环焊牢。

（6）安装完毕后要对反力架的垂直度进行测量，保证钢反力架和盾构推进轴线垂直。盾构反力架安装质量的好坏直接影响初始掘进时管道的质量，其中钢反力架的竖向垂直及与设计轴线的垂直是主要因素。

4）负环管片拼装

（1）在盾尾壳体内安装管片支撑垫块，为管片在盾尾内的定位做好准备；

（2）从下至上一次安装第一环管片，要注意管片的转动角度一定要符合设计，换算位置误差不能超过10mm；

（3）安装拱部的管片时，由于管片支撑不足，一定要及时加固；

（4）第一环负环管片拼装完成后，用推进油缸把管片推出盾尾，并施加一定的推力把管片压紧在反力架上的负环钢管片上，用螺栓固定后即可开始下一环管片的安装；

（5）管片在被推出盾尾时，要及时支撑加固，防止管片下沉或失圆，同时也要考虑到盾构推进时可能产生的偏心力，因此支撑应尽可能的稳固；

（6）当刀盘抵达掌子面时，推进油缸已经可以产生足够的推力稳定管片，因此可以把管片定位块取掉。

5）洞门凿除控制

（1）洞门壁混凝土采取人工高压风镐凿除，凿除工作分两次进行，先凿除外层500mm厚混凝土并割除钢筋及预埋件，保留最内层钢筋；

（2）外层凿除工作先上部后下部，钢筋及预埋件割除须彻底，以保证预留洞门的直径；

（3）当盾构组装调试完成，并推进至距离洞门约1～1.5m时，凿除里层；

（4）里层凿除方法是根据断面大小的不同将其分割成9～20块。

6）洞门密封

（1）洞口密封的施工是在结构施工过程中，做好洞门预埋件工作，预埋件必须与结构的钢筋连接在一起；在盾构正式始发或到达前，应先清理完洞口的渣土，然后进行洞口密封装置的安装。

（2）在安装洞门密封之前，应对帘布橡胶的整体性、硬度、老化程度等进行检查，对圆环板的成圆螺栓孔位等进行检查，并提前把帘布橡胶的螺栓孔加工好。

（3）洞门预埋件的螺栓孔清理应干净，按照帘布橡胶板、圆环板、扇形压板、防翻板的顺序进行安装。

（4）盾构始发时，为防止盾构进入洞门时刀盘损坏帘布橡胶，可在帘布橡胶板外侧涂抹一定量的油脂。随着盾构向前推进需根据情况，应对密封压板进行调整，以保证密封效果。

10.盾构到达控制

1）盾构到达时的施工主要内容

（1）到达端头地层加固；

（2）在盾构贯通之前100m、50m处，分两次对盾构姿态进行人工复核测量；

（3）到达洞门位置及轮廓复核测量；

（4）根据前两项复测结果确定盾构姿态控制方案并进行盾构姿态调整；

（5）到达洞门凿除；

（6）盾构接收架准备；

（7）靠近洞门最后10～15环管片拉紧；

（8）贯通后刀盘前部渣土清理；

（9）盾构接收架就位、加固；

（10）洞门防水装置安装及盾构推出隧道。

2）盾构到达的准备工作

（1）制订盾构接收方案，包括到达掘进、管片拼装、壁后注浆、洞门土体加固、洞门围护拆除、洞门钢圈密封等工作的安排；

（2）对盾构接收井进行验收并做好接收盾构的准备工作；

（3）盾构到达前100m和50m时，必须对盾构轴线进行测量、调整；

（4）盾构切口离到达接收井距离约10m时，必须控制盾构推进速度、开挖面压力、排土量，以减小洞门地表变形；

（5）盾构接收时应按预定的拆除方法与步骤，拆除洞门；

（6）当盾构全部进入接收井内基座上后，应及时做好管片与洞门间隙的密封，做好洞门堵水工作。

3）到达位置复核测量

盾构到达施工位置范围时，应对盾构位置和盾构隧道的测量控制点进行测量，对盾构接收井的洞门进行复核测量，确定盾构贯通姿态及掘进纠偏计划。

在考虑盾构的贯通姿态时须注意两点：

（1）盾构贯通时的中心轴线与隧道设计轴线的偏差；

（2）接收洞门位置的偏差。

综合这些因素，在隧道设计中心轴线的基础上进行适当调整，纠偏要逐步完成。

4）接收基座安装及盾构推上接收基座

（1）接收基座的构造与始发基座相同，接收基座在准确测量定位后安装。其中心轴线应与盾构进接收井的轴线一致，同时还要兼顾隧道设计轴线。

（2）接收基座的轨面标高应适应盾构姿态，为保证盾构刀盘贯通后拼装管片有足够的反力，可考虑将接收基座的轨面坡度适当加大。接收基座定位放置后，采用125的工字钢对接收基座前方和两侧进行加固，防止盾构推上接收基座的过程中，接收基座移位。

（3）在接收基座安装固定后，盾构可慢速推上接收基座。在通过临时密封装置时，为防止盾构刀盘和刀具损坏帘布橡胶板，在刀盘外圈和刀具上涂抹黄油。

（4）盾构在接收基座上推进时，每向前推进2环拉紧一次洞门临时密封装置，通过同步注浆系统注入速凝浆液填充管片外环形间隙，保证管片姿态正确。

5）盾构到达段掘进

（1）根据到达段的地质情况确定掘进参数：低速度、小推力、合理的土压力和及时饱满的回填注浆。

（2）在最后10～15环管片拼装中要及时用纵向拉杆将管片连接成整体，以免在推力很小或者没有推力时出现管片之间的松动。

6）洞门圈封堵

在最后一环管片拼装完成后，拉紧洞门临时密封装置，使帘布橡胶板与管片外弧面密贴，通过管片注浆孔对洞门圈进行注浆填充。在注浆的过程中要密切关注洞门的情况，一旦发现有漏浆的现象应立即停止注浆并进行封堵处理，确保洞口注浆密实，洞门圈封堵严密。

11.盾构掘进控制要点

在盾构掘进中，保持土仓压力与作业面压力（土压、水压之和）平衡以防止地表沉降，是保证建筑物安全的一个很重要的因素。

1）土仓压力值的设定

土仓压力值P值应能与地层土压力P_0和静水压力相抗衡，在地层掘进过程中根据地质和埋深情况以及地表沉降监测信息进行反馈和调整优化。地表沉降与工作面稳定关系以及相应措施与对策见表4-3。

地表沉降与工作面稳定关系以及相应措施与对策一览表　　表4-3

地表沉降信息	工作面状态	P与P_0关系	措施与对策	备　注
下沉超过基准值	工作面坍陷与失水	$P_{max}<P_0$	增大P值	使用P_{max}、P_{min}分别表示
隆起超过基准值	支撑土压力过大，土仓内水进入地层	$P_{min}>P_0$	减小P值	P的最大峰值和最小峰值

2）土仓压力的控制

土仓压力主要通过维持开挖土量与排土量的平衡来实现。可通过设定掘进速度、调整排土量或设定排土量、调整掘进速度两条途径来达到。

3）排土量的控制

渣土的排出量必须与掘进的挖掘量相匹配，以获得稳定而合适的支撑压力值，使掘进机的工作处于最佳状态。

当通过调节螺旋输送机的转速仍不能达到理想的出土状态时，可以通过改良渣土的流塑状态来调整。

4）确保土压平衡而采取的技术措施

（1）拼装管片时，严防盾构后退，确保正面土体稳定；

（2）同步注浆充填环形间隙，使管片衬砌尽早支承地层，控制地表沉陷；

（3）切实做好土压平衡控制，保证掌子面土体稳定；

（4）利用信息化施工技术指导掘进管理，保证地面建筑物的安全；

（5）在砂质土层中掘进时向开挖面注入黏土材料、泥浆或泡沫，使搅拌后的切削土体具有止水性和流动性，既可使渣土顺利排出地面，又能提供稳定开挖面的压力。

5）渣土改良

通过渣土改良可以提高渣土的流塑性以获得较小的摩阻力，减少泥饼的形成；不同厂家为防止泥饼产生，在结构设计上有一些改进，这也是有益的措施。

（1）泡沫：盾构通过向开挖面注入泡沫，使得开挖土获得良好的流动性和止水性，并保持开挖面稳定，扭矩明显下降。而在黏性土层中，由于其内摩擦角小，易流动，泡沫只起到活性剂作用，防止土粘在刀具和土仓内壁上，减少对刀具的磨损，提高了出土速度和掘进速度。

（2）膨润土：膨润土系统主要包括膨润土箱、膨润土泵、气动膨润土管路控制阀及连接管路。有的设备将膨润土系统与泡沫系统共用一套注入管路。

6）土压平衡模式控制

（1）盾构在掘进开挖面土体的同时，使掘进下来的渣土充满土仓内，并且使土仓内的渣土密度尽可能与隧道开挖面上的土壤密度接近。在进油缸的推力作用下，土仓内充满的渣土形成一定的压力，土仓内的渣土压力与隧道开挖面上的水、土压力实现动态平衡，这样开挖面上的土壤就不会轻易坍落，达到既完成掘进又不会造成开挖面土体的失稳。

（2）土仓内的压力可通过改变盾构的掘进速度或螺旋机的转速（排渣量土）来调节，按与盾构掘削土量（包括加泥材料量）对应的排渣量连续出土，保证使掘削土量与排渣量相对应，使土仓中的流塑性渣土的土压力始终与开挖面上的水土压力保持平衡，保持开挖面的稳定性，压力大小根据安装在土仓壁上的压力传感器来获得，螺旋机转速（排土量）根据压力传感器获得的土压自动调节。

（3）采用土压平衡模式时，以齿刀、切刀为主切削土层，以低转速、大扭矩推进。

（4）土仓内土压力值应略大于静水压力和地层土压力之和，在不同地质地段掘进时，根据需要添加泡沫剂、聚合物、膨润土等以改善渣土性能，也可在螺旋输送机上安装止水保压装置，以使土仓内的压力稳定平衡。

12.管片监造及拼装控制

1）管片生产场地要求

（1）原材料堆场应采用硬地坪，砂、石原材料根据不同规格进行分仓堆放，并挂显著标识以表明管片生产专用，水泥、掺和料、外加剂等用专用筒仓储存。

（2）设置独立的钢筋断料、弯折（弧）工段，混凝土由专用搅拌机提供。

（3）管片生产一般应分区域：①钢筋骨架成型区：钢筋骨架成型区采用专用成型架并配备相应数量的CO_2气体弧焊机，占地面积满足生产的要求；②管片浇捣成型和蒸养区：配置适量的蒸养设备，管片在制作区内浇捣成型，蒸养温度应配置温控仪表控制；③管片翻转整修区：应设有液压翻转架、管片初检及整修区域；④管片水养护区：设钢筋混凝土管片水养护池，面积应满足最大生产进度时的管片水养护周期的需要，并在池底设有软垫层以放置管片；⑤管片成品堆放区：占地面积应分合格成品区、待检区和不合格区并分别挂标识牌予以区分堆放。其中钢筋骨架成型区、管片浇捣成型和蒸养区、管片翻转整修区均在厂房内操作。

（4）配置钢筋混凝土管片拼装检验平台，其表面平整度达到0.25mm，并能承受三环管片的重量而不变形。

（5）配置相应数量的管片抗渗检漏架。

2）管片制作控制

本隧道工程钢筋混凝土管片采用通用型衬砌管片，错缝拼装，管片混凝土以抗裂、耐久为重点的高性能混凝土，管片内径为5.4m，管片厚度为0.3m，管片外径为6m，管片宽度为1.2m或1.5m，为了保证装配式结构良好的受力性能，避免衬砌开裂，保证结构的耐久性，衬砌制作和拼装必须满足《管片制作允许误差表》和相关规范要求。

（1）管片制作控制

①衬砌制作应符合《混凝土结构工程施工质量验收规范》GB 50204—2015及《地下铁道工程施工质量验收标准》GB/T 50299—2018的有关规定；

②管片生成前，应对钢模误差进行检测，若不合格需进行校正，在管片生产过程中，也应按相关规定对模具进行中检和维修保养；

③管片脱模后，应对钢模误差进行检测，若不合格需进行校正，在管片生产过程中，也应按相关规定对模具进行中检和维修，在管片易见位置印制生产日期、制造编号及管片分块号等不易被抹掉的标记；

④衬砌表面应密实、光洁、平整、边棱完整无破损；在贮存和运送过程中应对管片采取有效的保护措施；管片拼装前应严格检查，确保密封垫沟槽及平面转角处没有剥落缺损，如不符合要求应进行修补；

⑤为保证装配式结构良好的受力性能，提供符合计算假定的条件，工厂每生产40～55环管片应抽检3环作水平拼装检验；

⑥承担此工程管片生产的厂家应向监理工程师提交证明其资格的文件供审查备案并批准。

（2）管片混凝土质量

①在开工之前向监理工程师提交一份混凝土工程的实施方案；

②对管片混凝土用料（水泥、骨料、水、添加剂）等材料的来源及使用方法必须报经监理工程师批准后才能使用，具体要求可参考合同文件技术规范之相关条款；

③监理工程师有权在任何时候对混凝土用料及混凝土本身进行抽查，抽检

不合格的材料应立即运出现场，且不得使用；

④施工单位在混凝土拌和之前提交拟采用的混凝土配合比交监理工程师批准，有关要求详见合同文件技术规范。

（3）管片成品检查

①监理工程师检查管片尺寸和形状，检查采取不定期抽查，并至少提前24h通知施工单位，以做好相应准备。

②对于管片的质量缺陷，施工单位应提交修补方案并交监理工程师审批，未经监理工程师批准不允许修补管片缺陷。

③对检查中出现的不合格问题，施工单位应提交相应的不合格表并报监理工程师批准和签字。

④管片生产过程中，每套钢模每生产200环须做一组（3环）水平拼装试验，以检验管片的生产精度，经监理工程师审核批准后才能继续下一批的生产。

⑤对管片应进行定期的抗渗试验。每生产50环管片应抽查1块管片做检漏测试，连续三次达到检测标准，则改为每生产100环抽检1块管片，再连续三次达到检测标准，最终检测频率为每生产200环抽查1块管片做检漏测试。如果出现一次检测不达标，则恢复每生产50环抽查1块管片做检漏测试的最初检测频率，再按上述要求进行抽检。施工单位应根据有关规范提交试验方案供监理工程师批准。

3）管片运输和堆放

（1）管片在内弧面醒目处应浇注有管片型号和钢模编号，端面盖有生产日期章。

（2）在水池中管片堆放排列整齐，应搁置在柔性材料的垫条上；垫条厚度一致，搁置部位正确。

（3）管片堆场地坚实平整。管片侧立堆入整齐，堆放高度以2块为宜，并堆成上小下大状，以防倾倒。

（4）管片运输时应平稳地以内弧面向上放于车辆的车斗内，并有可靠的托架或垫条；当同一车装运两块以上管片时，管片之间衬有柔性材料的垫料。

4）管片拼装控制

（1）在拼装管片前，检查确认所安装的管片及连接件等是否为合格产品，并对前一环管片环面进行质量检查和确认。

（2）掌握所安装的管片排列位置、拼装顺序、盾构姿态、盾尾间隙（管片安装后，盾尾间隙要满足下一掘进循环限值，确保有足够的盾尾间隙，以防盾尾直接接触管片）等。

（3）管片的拼装从隧道底部开始，先安装标准块，依次安装相邻块，最后安装封顶块。管片安装到位后，顶紧管片，然后移开管片安装机。

（4）每安装一片管片，先人工初步紧固连接螺栓；安装完一环后，用风动扳手对所有管片螺栓进行紧固；管片脱出盾尾后，重新用风动扳手进行紧固。

5）盾尾同步注浆控制

（1）盾构机刀盘开挖直径较管片直径大，当管片脱出盾尾后，在土体和管片之间将形成空隙，应立即注浆充填。

（2）盾尾注浆目的：一是减少土体损失，控制地表沉降；二是限制管片位移和变形，提高隧道结构的稳定性；三是形成隧道结构的第一道防水层。

（3）监理在监控时要特别注意控制浆液的配合比、注浆量、注浆压力指标。

①浆液配合比必须经审批才能使用，上料时必须有计量设备。

②同步注浆液应为可硬性浆液，注浆后24h的强度不低于盾构所处地层土体的无侧限抗压强度。

③为防止浆液在注浆系统内硬化，施工单位必须定时对注浆系统及拌浆系统进行清洗。

④严禁在同步注浆系统堵塞情况下进行盾构机掘进。

⑤每环管片注浆量应先进行理论计算，注浆时必须进行控制，原则上实际注浆量不小于计算量，否则会引起地面沉降。

⑥注浆压力应略大于注浆点位置静止水土压力，并避免浆液进入盾构机的土仓中。注浆压力应在实际掘进中不断调整，压力过大时，会导致地面隆起和管片变形，且易漏浆；压力过小则浆液填充速度赶不上空隙形成速度，又会形成地面沉陷。

⑦为保证盾尾的密封性能，在盾构机推进时应及时向盾尾注入密封油脂。

13.盾构掘进方向控制

1）盾构掘进施工中，盾构驾驶员需要连续不断地得到盾构轴线位置相对于隧道设计轴线位置及方向的关系，以便使被开挖隧道保持正确的位置。

2）盾构在掘进中，以一定的掘进速度向前开挖，也需要盾构的开挖轨迹与隧道设计轴线一致，此时必须及时得到信息反馈。如果掘进与隧道设计轴线位置偏差超过一定界限时，就会使隧道衬砌侵限、盾尾间隙变小，使管片局部受力恶化，也会造成地层损失增大而使地表沉降加大。

3）盾构施工中，采用激光导向来保证掘进方向的准确性和盾构姿态的控制。导向系统用来测量盾构的坐标（X、Y、Z）和位置（水平、上下和旋转）。

4）推进油缸的分区控制

5）推进过程中的蛇行和滚动

在盾构推进过程中，蛇行和滚动是难以避免的。出现蛇行和滚动主要与地质条件、推进操作控制有关。针对不同的地质条件，进行周密的工况分析，并在施工过程中严格控制盾构的操作，减少蛇行值和盾构的滚动。当出现滚动时采取正反转刀盘方法来纠正盾构姿态。

6）盾构姿态和纠偏量的控制对策

（1）盾构姿态包括推进坡度、平面方向和自身的转角三个参数。影响盾构姿态的因素有：出土量的多少、覆土厚度、推进时盾壳周围的注浆情况、开挖面土层的分布情况、推进油缸作用力的分布情况等。

（2）盾构在砂性土层或覆土层比较薄的地层推进容易上浮。解决办法主要是依靠调整推进油缸的合力位置。

（3）盾构前进的轨迹一般为蛇形，要保持盾构按设计轴线掘进，必须在推进过程中及时通过测量，并进行纠偏。纠偏量不能太大，过大的纠偏量会造成过多的超挖，影响周围土体的稳定，要做到“勤测勤纠”。

14.盾构掘进测量控制

1）隧道结构监控测量控制内容

①盾构始发井、接收井结构和隧道衬砌环变形测量，管片应力测量；

②隧道管片环的变形测量包括水平收敛、拱顶下沉和底板隆起；

③隧道管片应力测量应采用应力计测量；

④初始观测值应在管片浆液凝固后12h内采集。

2）盾构掘进测量控制

（1）盾构始发位置测量及盾构掘进测量也称施工放样测量。

（2）盾构始发井建成后，应及时将坐标、方位及高程传递到井下相应的标志点上；以井下测量起始点为基准，实测竖井预留出洞口中心的三维位置。

（3）盾构始发基座安装后，测定其相对于设计位置的实际偏差值。盾构拼装竣工后，进行盾构纵向轴线和径向轴线测量，主要有刀盘、机头与盾尾连接点中心、盾尾之间的长度测量；盾构外壳长度测量；盾构刀口、盾尾和支承环的直径测量。

3）盾构姿态测量控制

（1）平面偏离测量

测定轴线上的前后坐标并归算到盾构轴线切口坐标和盾尾坐标，与相应设计的切口坐标和盾尾坐标进行比较，得出切口平面偏离和盾尾偏离，最后将切口平面偏离和盾尾偏离加上盾构转角改正后，就是盾构实际的平面姿态。

（2）高程偏离测量

①测定后标高程加上盾构转角改正后的标高，归算到后标盾构中心高程，按盾构实际坡度归算切口中心标高及盾构中心标高，再与设计的切口里程标高及盾尾里程标高进行比较，得出切口中心高程偏离及盾尾中心高程偏离，就是盾构实际的高程姿态。

②盾构测量的技术手段应根据施工要求和盾构的实际情况合理选用，及时准确地提供盾构在施工过程中的掘进轨迹和瞬时姿态；采用2’全站仪施测；盾构纵向坡度应测至0.1%、横向转角精度测至1’、盾构平面高程偏离值和切口里程精确至1mm。

③盾构姿态测定的频率视工程的进度及现场情况而定，每10环测一次。

4）管片成环状测量控制

管片测量包括测量衬砌管片的环中心偏差、环的椭圆度和环的姿态。管片3～5环测量一次，测量时每个管片都应当测量，并测定待测管片的前端面。测量精度应小于3mm。

5）贯通测量控制

隧道贯通测量包括地面控制测量、定向测量、地下导线测量、接收井洞心位置复测等。隧道贯通误差应控制在：横向 ±50mm，竖向 ±25mn。

15.防水工程施工质量控制

防水质量控制是地下工程共同的难点和重点，因此对施工质量要求很高。盾构工程防水重点是管片自身防水、管片环与环之间和块与块之间接缝、盾构隧道与横通道的接头部位、盾构隧道与车站的接头部位（洞门）等处。为此，监理在隧道盾构施工前重点审查以下几个方面：

（1）必须要求施工单位选择科学的隧道管片防水设计方案；

（2）选用高质量、高精度的管片钢模；

（3）须选用合适的止水带并在盾构掘进过程中保证管片拼装质量；

（4）合理选用环形空隙注浆的方式（建议采用同步注浆方式）；

（5）严格审查施工单位的管片生产施工组织设计、横通道和洞门施工技术方案，并提出合理化建议（必要时，可提出设计方面的建议）。

16.盾构工程防迷流控制

1）地铁工程防迷流

城市地铁一般采用直流牵引供电方式，变电所把交流电变为直流电，由馈电线送到牵引网，电力机车从牵引网上取得电流牵引列车运行，牵引电流经由钢轨、回流线返回牵引变电所，由于钢轨、结构钢筋以及金属构件之间均有过渡电阻的存在，必然导致对大地的泄漏电流，即杂散电流，直流牵引系统产生的杂散电流根据过渡电阻的离散分布而具有分散无序性，因此称之为地铁迷流。

2）减少杂散电流的措施

（1）地铁主体结构的防水层必须具有良好的防水性能和电气绝缘性能；

（2）在区间隧道内应设置畅通的排水措施，不允许有积水现象；

（3）为保护地下区间隧道结构钢筋不受杂散电流腐蚀及减少杂散电流向地铁外部扩散，采用隔离法对盾构区间隧道盾构管片结构钢筋进行保护，管片之间应互相绝缘，不得有电气连接；

（4）增大走行轨对地的过渡电阻，减小走行轨的电阻。

3）盾构区间管片防迷流控制对策

（1）根据杂散电流防护设计技术要求，盾构区间采用隔离法对衬砌管片结构钢筋进行保护。即“每个盾构管片内部的钢筋应可靠焊接，但管片间应采取绝缘措施，使盾构管片间相互绝缘，不得有电气连接”。

（2）隧道施工每200m测分段隧道的防迷流值，隧道贯通后进行整个区间隧道的防迷流值测试。对以上测试不合格，及时报发包人，在未征得发包人同意情况下，不得进行盾构掘进施工。

（3）管片拼装过程中，应确保连接件和管片防迷流垫圈的清洁，保证管片之间的电器连通。

（五）暗挖工程重点、难点分析及监理对策

暗挖施工属于特别重大危险源，必须加以严格管控，以确保施工安全。

开挖施工之前，应按设计要求对通道两端洞门前已拼装好的区间盾构管片隧道进行支撑、加固，确保开挖联络通道时洞门外管片不受损坏。支撑好盾构管片以后，搭设作业平台使用钻孔设备沿开挖轮廓线在已拼装好的管片上钻孔，开孔破除洞门（钻孔需考虑适当的外放量）；洞门外管片破除以后，对开挖掌子面做必要的注浆加固处理，然后开挖上台阶、初支并喷射混凝土，开挖5m以后再行下台阶开挖；开挖上下台阶时每循环进尺一般按1m掌握；开挖、初支完成后统一施作外包防水卷材，进行二衬混凝土施工。

暗挖施工属于高风险施工作业，是本工程的重难点之一，暗挖法施工应严格遵循“管超前、严注浆、短开挖、强支护、快封闭、勤量测”十八字方针，严格控制开挖掌子面的稳定、初期支护质量、防水及二衬施工质量。对此，监理应采取下列措施：

1.洞身开挖监理措施

（1）施工中将超前地质预报和出土监控量测纳入工序管理，在施作超前探孔时，根据钻进速度变化、钻孔出水异常现象等对前方地质情况作出判断，采取正确的施工方法和合理的支护参数，地质不良地段按照“早预报、深钻探、先治水、短进尺、强支护、早封闭、勤量测”的原则施工。

（2）隧道出渣时间在工序循环中所占比例较重，是影响进度的另一个重要指标，出渣时间的长短主要取决于装渣运输能力。必须根据隧道运距科学调整运输组织，保证装渣运输的速度。

2.超欠挖控制监理措施

1）超挖控制及处理原则

（1）要求施工单位对连续较大超挖情况查明原因，并采取有效措施加以控制。

（2）监督施工单位对已经超挖地段按实际开挖断面进行支护，超挖回填处理应在支护施工完毕后进行。

（3）边墙超挖应在防水板挂设前处理完毕。

（4）边墙脚至其上1m范围内用与衬砌同级混凝土回填，边墙脚其上1m至起拱线之间的超挖部分可用M10水泥砂浆砌片石或片石混凝土回填。

（5）拱部超挖应采用与衬砌同级混凝土回填。拱部发生塌方时，应组织变更设计并按批复的变更设计方案处理。

（6）底板、仰拱超挖部分应采用同级混凝土回填，对处理过程旁站。

2）欠挖控制与处理原则

（1）检查施工单位断面轮廓测量及记录，要求施工单位在初期支护前对欠挖部位处理完毕，施作支护前施工单位应测量断面轮廓。

（2）隧道不应欠挖，如有，应符合规范允许范围，否则应在支护前处理完毕。

（3）抽查隧底高程，隧底范围岩面局面突出每$1m^2$不大于$0.1m^2$，侵入断面不大于5cm。

3.初期支护监理措施

1）审批支护施工方案，以及辅助坑道与正洞相连及其附近地段的支护加强措施与安全措施。

2）复核施工放样测量资料。

3）检查注浆材料、管棚、钢架、钢筋网、锚杆、锚固剂、喷射混凝土等原材料出厂合格证、试验报告、实物观察检查。

4）锚杆质量控制要点

（1）钻孔前检查施工单位设置的系统锚杆孔位标记位置和数量；

(2) 检查锚杆孔深、孔径、垂直度；

(3) 清点锚杆安装数量，检查锚杆垫板与基面密贴情况及锚杆安装偏差；

(4) 按锚杆类型的不同，确定质量检查的内容。

5) 管棚质量控制要点：孔位、外插角、孔径；管棚搭接长度；检查注浆记录。

6) 超前小导管注浆质量控制要点

(1) 检查超前小导管的长度、纵向搭接长度、与支撑结构的连接；

(2) 抽查超前小导管施工偏差；

(3) 检查注浆浆液强度和配合比，以及注浆施工记录。

7) 钢架（格栅钢架、型钢钢架）质量控制要点

(1) 检查首榀钢架试拼效果；

(2) 检查钢架安装的位置、接头连接、纵向拉杆及立柱埋入底板深度，钢架安装不得侵入二次衬砌断面，立柱埋入底板深度应符合设计要求，钢架底部不得有虚渣。

8) 喷射混凝土质量控制要点

(1) 检查、控制喷层厚度标志埋设数量、标定长度及安装质量；

(2) 抽查钢架保护层厚度；

(3) 监理工程师检查、控制喷层厚度标志或按凿孔抽查测量厚度；

(4) 监理工程师按现行钢筋混凝土与砌体工程相关规范内容检查喷射混凝土质量。

9) 钢筋网：宜在喷射一层混凝土后铺挂，检查钢筋网片铺设质量及搭接长度。

10) 在软弱土体地层中，应要求施工单位爆破后及时喷锚支护。

4.防水排水工程监理措施

防水层在全断面初期支护施作完毕后施作，施工前要采用激光隧道断面扫描仪对二衬厚度进行检查，检查时现场监理进行旁站，检查后监理工程师对检测衬砌厚度进行签认，不符合要求时及时进行处理，衬砌厚度满足要求后方可进行防水层施作。

1) 结构防水

(1) 隧道衬砌拱墙及仰拱混凝土抗渗等级不低于设计要求；防水材料规格、型号满足设计要求，并达到检验试验合格。初期支护与二次衬砌之间拱部及边墙部位铺设1.5mm厚EVA防水板、400g/m^{2}土工布复合防水层，采用无钉铺设，防水层焊接、搭接、预留长度、松弛度满足设计及验标要求。

(2) 隧道拱墙环向施工缝设中埋式橡胶止水带和外贴式橡胶止水带，仰拱环向施工缝设中埋式橡胶止水带；纵向施工缝设界面剂和中埋式橡胶止水带。

（3）变形缝宽度2cm，变形缝填充沥青木丝并加设钢边橡胶止水带，拱墙部分变形缝内缘采用双组分聚硫密封膏嵌缝。明暗分界处设置变形缝。

2）结构排水

隧道排水材料规格、型号满足设计要求，并检验试验合格。洞内设置双侧沟及中心沟排水；衬砌背后的积水通过 ϕ50mm环向和 ϕ80mm纵向盲沟汇集后，通过边墙泄水孔将水引入侧沟，再经侧沟通过横向引水管将侧沟中的水引入中心沟排出洞外。施工时盲管沟铺设顺直，富水地段加密铺设，要严格控制侧沟、中心沟的中线、标高及机构尺寸。

3）防水排水方案审核

（1）审批防水排水施工方案；

（2）检查止水带、止水条，查看防水板及土工复合材料、注浆材料、盲管（沟）材料等原材料产品合格证、试验报告，对实物检查并见证取样检测；

（3）洞外防水排水：检查高压水池位置及防渗处理；检查洞顶地表处理。

4）洞口防水排水

（1）检查洞口边坡排水沟、仰坡坡顶截水沟结构型式和位置，以及洞内外排水系统的连接，应结合永久排水系统及早修建；

（2）抽查洞口边坡、仰坡的排水沟和截水沟断面尺寸；

（3）检查不铺砌水沟基底处理及缝隙填实情况。

5）洞内防水排水

（1）检查底板和仰拱填充表面坡度、洞内水沟结构型式、沟底高程、纵向坡度，水沟外墙距线路中心线的距离，以及进水孔、泄水孔、泄水槽的位置和间距。

（2）检查盲管、暗沟、泄水槽及其中配置的集水钻孔、排水孔（槽）和水沟组成的系统排水效果。

（3）检查水沟断面尺寸及盖板规格、尺寸、强度、外观质量。

（4）隧道设置双侧水沟+中心水沟排水，洞口500～1000m设置保温水沟，于洞外设置保温出水口。

（5）洞身地下水发育、隧道排水影响地表生态环境地段采用超前预注浆或通过后径向注浆的措施加固地层或堵水。

（6）衬砌拱墙背后设1.5mm厚的EVA防水板防水，背衬≥400g/m^{2}的无纺布。

（7）隧道防水应充分利用衬砌混凝土自防水能力，隧道衬砌采用防水混凝土，由于隧道跨度大，二衬混凝土宜掺加高效抗裂防水剂。要求二次衬砌混凝土抗渗等级一般条件下不小于P10，地下水发育段及特殊作用环境下混凝土抗渗等级不小于P12。

（8）拱墙环向、墙脚纵向设ϕ50～ϕ100mmHDPE打孔波纹管，环向盲沟间距按6～12m考虑，与边墙进水孔、洞内排水沟一起组成完整的排水系统。环向盲管与纵向盲管连接，纵向盲管与边墙进水孔连接，边墙进水孔与洞内排水沟连接。

（9）环向施工缝采用“外贴式止水带+中埋式止水带”；纵向施工缝采用“外贴式止水带+钢边橡胶止水带”；变形缝采用“外贴式止水+中埋式止水带+嵌缝材料”。

6）洞外防水排水

（1）重视防止地表水的下渗。当隧道地表的沟谷、坑洼积水对隧道有影响时，宜采取疏导、填平或铺砌的措施，必要时可考虑在地表或洞内采取注浆堵水措施，防止地表水下渗。

（2）洞顶截水沟设在刷坡线以外5～10m，以拦截地表水。

（3）洞外水不得通过隧道引排，隧道纵坡为单面坡时，高端洞口洞外侧沟做成不小于2‰的反坡排水，必要时洞外2m设一道横向盲沟，以拦截路面水，尺寸为30cm×40cm（宽×深）。

（4）明洞衬砌外缘应敷设外贴式防水层。明洞与隧道接头处、明洞衬砌施工缝、变形缝按规范要求做好防水处理。

7）施工缝及变形缝

（1）检查边墙水平、垂直施工缝留置位置及处理。

（2）检查止水条安装质量。止水条安装前应检查是否受潮膨胀。采用塑料、橡胶、金属止水条时，应采取有效措施确保位置准确、固定牢靠。

（3）检查变形缝处止水带接头连接质量。

（4）采用界面剂处理施工缝、变形缝时，应检查其产品合格证，抽查施工配合比、涂刷质量及养护。

8）防水板

（1）检查防水板基面处理、铺设范围及铺挂方式；

（2）抽检搭接宽度和焊接质量。

9）注浆工程监理控制要点

（1）检查施工单位注浆材料性能试验报告，并见证检验。

（2）检查施工单位浆液配合比试验报告，并见证试验。

（3）抽查注浆施工记录，检查注浆范围、注浆孔数量、间距、孔深及注浆参数、注浆压力、注浆量、注浆时间。监理旁站检查。

（4）检查注浆效果，采用钻孔取芯、压水（或空气）等方法检查。

10）盲管（沟）

（1）检查盲管（沟）布置位置、间距、连接质量；

（2）检查盲管（沟）的综合排水沟效果；

（3）检查盲管（沟）的构造、成型尺寸和坡度。

11）防水排水控制要点

（1）施工防水排水检查要点

①开工前根据施工设计文件和调查资料，预测地下水分布情况，出水点位置和涌水量，并选择相应的施工防水排水方案；

②施工中应对洞内的出水部位、水量大小、涌水情况、补给来源进行调查，并做好观测、试验和记录；

③根据隧道施工方法、机械设备等情况，选择不妨碍施工的防水排水方案；

④根据本隧道反坡排水长度、设置多级泵站接力排水，且左、右线隧道各自形成抽水系统。

（2）隧道永久性防水排水工程质量控制

①防水层施工监理要点：

A. 防水层应在初期支护变形基本稳定，二衬施工前进行铺设；

B. 防水层铺设前，混凝土表面不得有锚杆头或钢筋头外露，对凹凸不平部位应进行修凿、补喷，使混凝土表面平顺；

C. 防水层可在拱部和边墙按环状从上向下，从外向洞内铺设，且搭接采用焊接，搭接宽度为10cm，并采用无钉铺设施工工艺；

D. 铺设防水层时，点与点间不得绷紧，要留一定的富余量，以保证浇筑混凝土时板面与混凝土面的密贴，尤其隧道拱部更为重要；

E. 当防水层采用无纺布滤水层时，防水板与无纺布应密切叠合，整体铺挂；

F. 二衬混凝土施工或二衬钢筋绑扎不得损伤防水层，一旦发现层面有损坏时应及时修补；

G. 防水层属隐蔽工程，二衬混凝土浇筑前应检查防水层质量，做好接头标记，并填写质量检查记录。

②二衬混凝土浇筑前应对防水层的施工质量进行下列检查：

A. 直观检查：检查防水板有无破损、断裂的地方，锚固点是否牢固，搭接部位有无假焊、漏焊、烤焦等现象。

B. 焊缝充气检查：对每条焊缝现场监理都要进行充气检查。

C.做好防水层隐蔽工程检查记录。

③排水系统施工监理要点：

A.外观检查：排水、透水管的材质及规格，以及设置是否与设计相符。

B.安装检查：环向排水盲管的间距、连接部位符合设计要求。纵向排水盲沟的安装坡度要与线路坡度相一致，且与环向盲管连接，形成完整的排水系统。

5.二次衬砌监理措施

1）衬砌混凝土原材料要严格进行验收、检验、试验，合格后方可使用；混凝土配合比要精心设计并不断优化，施工时根据设计文件要求检验地下水对混凝土腐蚀性，确定耐腐蚀剂的掺量。

2）混凝土拌和站设置要满足工厂化管理要求，严格进行拌和站计量控制，保证混凝土的生产质量符合设计要求，在生产前和生产中检查调试计量部分和自动控制部分，使其处于正常范围。

3）仰拱及填充

（1）初支仰供必须严格执行每循环进尺不得大于3m的规定，非爆破开挖初支仰供应分别于8h和12h内完成开挖、架设拱架、喷射混凝土作业，确保初支仰供快挖、快支、快速封闭；及时抽排水，杜绝浸泡隧底现象；初支仰供施工全过程要设立专人监控指挥。

（2）仰拱及填充紧随开挖进行，待全断面初期支护施作完成后进行仰拱混凝土施工，及时开挖并灌注仰拱混凝土，使支护尽早闭合成环。为减少其与出碴运输的干扰，采用仰拱栈桥。

（3）仰拱一次施工长度根据土体情况和相关规范、标准执行，仰拱端头采用大模板。自检合格后，报监理工程师检查签证，仰拱混凝土由自动计量拌和站生产，混凝土搅拌输送车运输混凝土，泵送混凝土入模，插入式振捣器捣固，施工时混凝土由中心向两侧对称浇筑。

（4）待仰拱混凝土达到设计强度的70%时，方可灌注填充混凝土。混凝土由自动计量拌和站生产，混凝土搅拌输送车运输混凝土，泵送混凝土入模，插入式振捣器捣固，填充混凝土表面高程和横向坡度要满足设计要求。

4）二次衬砌施工

（1）隧道洞身二次衬砌在初期支护收敛变形趋于稳定后施作。隧道衬砌采用全断面液压模板台车衬砌。由正洞洞口进入工作面的模板台车需在洞口处完成拼装；由横洞或斜井进入工作面的模板台车，需在正洞内拼装。

（2）模板台车就位前清除边墙基底积水、杂物，检查断面、中线、高程，同时检查防水板安装质量及渗漏水情况；钢筋混凝土衬砌地段，主筋数量、间距及焊接满足要求，箍筋数量满足要求并与主筋绑扎牢固，混凝土垫块合理设置，保护层厚度满足设计及规范要求。

（3）衬砌台车采用全站仪测量定位，模板台车一端与上循环衬砌密贴并有效搭接，保持衔接和衬砌轮廓圆顺；台车就位后，再次复核中线、高程并进行微调，进行支撑加固。台车就位调整后安装挡头模，挡头模采用木模自下而上环向安装，安装时须注意接缝的密实性并加固牢固，以防漏浆、跑模。

（4）混凝土由洞外混凝土自动计量拌和站拌制，混凝土搅拌输送车运至混凝土输送泵，输送泵泵送入模，附着式辅以插入式振捣器振捣。

（5）混凝土自模板窗口灌入，严格控制混凝土从拌和出料到入模的时间，当气温20～30℃时，不超过1h，10～19℃时不超过1.5h；混凝土浇筑时从已浇筑段接头处向未浇筑段自下而上、对称分层、先墙后拱浇筑，倾落自由高度不超过2m；在混凝土浇筑过程中，观察模板、支架、钢筋、预埋件和预留孔洞的情况，当发现有变形、移位时，及时采取措施进行处理，因意外导致浇筑作业受阻不得超过2h，否则按接缝处理；封顶混凝土按规范严格操作，尽量从内向端模方向灌注，排除空气，保证拱顶灌注厚度和密实。

（6）施工时要落实三级检查签认制度，并配备相应的无损检测仪器（超声波、地质雷达）进行检测。

5）衬砌施工

（1）审批衬砌施工方案：

①洞门施作应避开雨季及洪水季节，尽早施作洞门及洞口段衬砌；

②洞口衬砌拱墙应与洞内相连的拱墙同时施工，连成整体；

③合理确定灌注速度和拆模时机，防止二次衬砌混凝土开裂。

（2）钢筋、混凝土检查：

参见钢筋混凝土和砌体工程相关规范内容。

（3）衬砌模板、钢筋安装：

①检查衬砌模板台车、移动台架及其设计资料、产品合格证；

②检查模板台车、移动台架就位时的测量记录，立模前复核衬砌内轮廓线、中线和高程以及拱架顶、边墙底和起拱线高程，立模后再次检查；

③检查附属洞室和隧道下锚段与模板台车或移动台架的连接固定；

④抽查预埋件和预留孔洞的留置位置和模板安装偏差；

⑤正洞及附属洞室模板、钢筋检查验收。

（4）衬砌混凝土浇筑：

①要求施工单位采取有效措施确保拱部衬砌混凝土灌注密实，设计采用回

填注浆措施的，应要求施工单位预留注浆孔；

②对边墙基底进行隐蔽工程检查验收，混凝土灌注过程中旁站监理；

③抽查预留泄水孔位置、数量和结构外形尺寸偏差；

④见证拆模用同条件养护试件的试验；

⑤检查试验报告。

(5) 底板混凝土浇筑：

①灌注前对基底进行隐蔽工程检查；

②检查超挖部位、施工缝、变形缝处理质量，混凝土灌注过程旁站。

(6) 仰拱底板混凝土浇筑：

①灌注前对基底进行隐蔽工程检查；

②检查仰拱厚度及各部尺寸、拱座与边墙及水沟连接面结合，以及施工缝、变形缝处理质量；

③抽查预留泄水孔位置、数量及结构外形尺寸偏差；

④超挖应同级混凝土回填，混凝土灌注过程旁站；

⑤抽查仰拱高程及表面平整度。

(7) 仰拱填充：

①仰拱与仰拱填充混凝土不能同时灌注；

②灌注前对仰拱表面进行隐蔽工程检查验收；

③抽查预留泄水孔槽位置、数量；

④抽查仰拱填充表面高程，抽查表面坡度。

(8) 回填注浆：

①检查注浆原材料质量及浆液配合比试验报告，资料审查和见证检查；

②检查核实注浆范围、压力、注浆数量及注浆孔数量、间距、位置和孔深；

③见证检测注浆回填密实情况。

(9) 见证检查衬砌厚度：

优先采用无损检测方法。

(10) 复核竣工测量资料。

6) 二次衬砌质量控制：

(1) 二衬实做时间必须满足设计及规范要求。二衬结构中线、高程、内轮廓尺寸必须符合设计要求。混凝土强度、抗渗要求及厚度必须符合设计要求。另外，二衬外观质量控制应无蜂窝麻面，无明显错台，衬砌背后回填应符合规范要求。隧道最后验收时做到不渗、不漏、不裂。

(2) 由于二衬施工是一次性施工，要求一次性达到设计要求，因此从混凝土拌制，一直到混凝土浇筑，作为现场监理实行24h旁站监理，发现问题现场应及时解决。同时要加强二衬结构的自防水检查，混凝土的配合比及密实性必须符合抗渗要求。

（3）二衬混凝土浇筑前准备工作检查要点：

①检查原材料及配合比的质量，在现场做好标示牌工作。

②布置场地，检查拱（墙）架模板或整体衬砌模板台车的安装质量，净空、中线、水平是否符合要求，模板台车前端和后端截面是否能吻合。避免造成每个衬砌循环相接处表面不顺、不平。

③检查初期支护表面是否还有锚杆头或尖锐物。

④检查初期支护背后注浆是否完成，初期支护背后渗漏水是否满足设计要求。

（4）二衬混凝土施工监理要点：

①灌注前应清理防水层或喷层表面粉尘，并清除墙底虚渣、污物和积水。

②做好地下水引排工作，防止水流影响二次衬砌质量。

③采用整体模板台车时，宜先灌注边墙基础，待基础混凝土达到一定强度后，再灌注拱墙混凝土，以防止台车在灌注过程中左右偏移。

④灌注混凝土时应左右对称分层进行，每层厚度不宜超过1m，分层灌注间隙时间不得超过混凝土初凝时间，并捣固密实，每次灌注长度一般为6～12m。

⑤选定合理的混凝土拌制时间。

⑥防水混凝土的材料质量要求：

A.砂石集料应符合级配要求，细骨料宜用中砂，其砂率应高于普通混凝土的5%～8%，粒径在0.16mm以下的砂应占骨料总重的5%左右；

B.水泥标号不低落于425号，本隧道处于寒冷地区，水灰比不应大于0.50，水泥用量不应少于280kg/m^3；

C.调制混凝土拌和物时，水泥重量偏差不超过±2%，集料重量偏差不超过±5%，水及外加剂重量偏差不超过±2%；

D.冬季施工时，防水混凝土应掺用加气剂，降低原有水灰比，并按冬季施工要求施工。

⑦泵送混凝土的质量要求：

A.振捣时坍落度为8～12cm，不振捣时为15～21cm；

B.水泥标号不应低于425号；

C.水泥用量宜为360kg/m^3；

D.水灰比宜采用5:1，灰砂比不应小于1:2.8；

E.砂率应高于普通混凝土的5%左右；

F.每立方米混凝土中，粒径0.315mm以下的砂不得少于400kg；

G.外加剂宜选用减水缓凝型，其掺量应冬夏有别。

⑧二衬混凝土抗压强度要求：

A.二衬混凝土28d抗压强度必须符合设计要求；

B.试块取样确定，每工作班不少于1组，每拌制100m^{3}混凝土不少于1组，每组不少3块。

⑨二衬混凝土的养护要求：

A.混凝土灌注后，湿度较大的地段可不必采用人工洒水进行养护，干燥地段或洞口段应对混凝土进行洒水养护，防止混凝土收缩开裂；

B.二衬混凝土拆模后应立即养护，养护时间一般为7～14d，洞口段如果在冬季施工时还应对混凝土进行防寒保温。

⑩施工缝监理要点：

环向施工缝一般采用遇水膨胀橡胶条止水，在第一段混凝土施工时，在施工缝中间部位预埋硬木条，在下段混凝土施工前取出木条，放入止水条，并对凹槽两侧进行凿毛处理。

（六）地铁机电设备安装工程重点、难点分析及监理对策

1.给水排水工程控制

1）给水系统

本标段工程采用生产、生活与消防各自独立的给水系统。给水水源为城市自来水，为满足生活用水，由室外给水引入管分别接出的生活给水管，经室外水表井后接入，形成枝状的给水管网。消火栓给水系统为一个独立的给水系统。该系统由市政给水管网引入一根给水引入管，进入本工程红线，布置室外消火栓，市政引入管进入车站的消防泵房，经消防稳压装置加压稳压后，成环状管网布置。为满足消防水量的要求，站内设有消防水池，在水池上设置消防车取水口。

2）排水系统

本标段工程的生活污水、消防泵房及锅炉房的排水均受重力流排出室外，生活污水经化粪池、地埋式污水处理站处理后，根据环保、市政部门要求排放。

3）给水排水监理要点

（1）所有给水排水管道在室内吊顶内应做防结露处理；

（2）布置在站台板下的消防管及给水管应做加强防冻保温处理；

（3）消防管道的最高点设置排水阀；

（4）管道穿结构墙处应与土建密切配合，预留孔洞套管；

（5）穿伸缩缝处管道应做金属波纹管；

（6）所有在吊顶及站台板下给水排水管道应适当按规范设置支墩、管卡、支吊架等进行固定以保证运营安全；

（7）管道施工完毕应做好水压试验；

（8）水泵消防稳压装置及水处理设备等应做好运转和系统调试。

2.采暖空调工程控制

1）施工准备阶段

（1）对施工单位所做的施工准备工作的质量进行全面的检查控制，组织好图纸会审、技术交底以及设计变更等工作；

（2）参与委托人主持的施工技术交底和工程会议，了解工程的基本情况，复查设计文件和施工图纸，对发现的问题提出工程意见和建议；

（3）审定施工组织设计、施工设计方案、技术安全措施和进度计划，经批准后交承包单位执行；

（4）监督检查施工单位施工测量放线结果，保证施工单位基础的准确性；

（5）检查工程进场材料和成品、半成品、构件的合格证试验报告，必要时进行抽样检查和检验，杜绝不合格材料进入施工现场；

（6）在工程开工前将检查工程开工条件，达到要求时，报委托人同意后发布工程开工令。

2）施工阶段

（1）对工程施工合同所约定的工期目标进行分析论证，在确保工程质量和安全的原则下，控制施工进度，确保工期目标的实现。

（2）审批施工单位、材料及设备供应商提出的进度及计划，并检查、监督其设施，在必要时调整进度计划。

（3）对施工工艺进行技术论证，在项目设施过程中，进行进度值与实际值的比较，并按月、季、年提交各种进度计划报表；选定并统一工程项目的施工规范、质量和验收标准。

（4）对工程施工实施全过程质量控制点，对工程的重点部位和重点工序及隐蔽工程按程序进行验收和签证。

（5）检查各项分部工程质量，进行质量评定；参加工程质量事故的调查，协助委托人、施工单位处理工程质量、安全事故。

（6）在施工中对施工过程的关键工序、特殊工序、重点部位和关键控制点进行旁站监理。

（7）对多任务种、多单位施工的工程进行协调，减少施工干扰对工程工期的影响。

（8）协调配合与委托人签订施工合同关系的、参与本工程建设的各单位的配合关系；处理好工程施工的有关索赔事宜。

（9）控制工程变更，按程序办理工程索赔手续，严格控制不合理的工程变更。

（10）具体监理要点：

①预留、预埋：在施工前确定管道和设备的规格、型号、数量、安装位置和安装标准，并与土建图纸进行核对，设备基础预埋件的规格、型号、数量、位置应经设备生产厂家确认。

②审查施工单位的预留、预埋施工方案，其中主要为预埋件的形状规格、预埋位置（坐标、标高及埋深）、方向及防腐要求等。

（11）管道安装：

①管理安装的监理重点：管路的位置、走向；预留口位置和方向；管道的坡向；阀门位置、朝向；管道伸缩器的安装位置；管道冲洗与试压符合设计和规范的规定。

②做好管道丝扣接口处渗漏、管道法兰接口处渗漏、管道坡度不均和倒坡、立管不垂直、管道堵塞等管道安装的质量通病的防治。

③管道支架应避免由于支架标高定位不准，造成管道安装后坡度缺陷和支架与管道接触不良，各吊卡松紧不一、受力不均问题。

④散热器，对进场材料进行质量的点检和检查，特别是材质厚薄及其均匀程度，不合格的应退场。

⑤阀门的监理重点：阀门的出厂合格证齐全；安装前进行强度试验和严密性试验；安装位置进出口方向正确；注意阀门漏水、关闭不严等施工中的质量问题。

（12）采暖管道的防腐与保温：

①对管道防腐的技术方案进行检查；

②重点为检查是否有管道表面脱皮、返锈、油漆不均匀、银粉漆脱落等问题；

③管道保温材料性能是否达到设计要求，保温厚度要求以及保温材料的受潮、进水，保温节点处理不到位，保温层空鼓、密封不严。

3）竣工验收阶段

（1）验收中要保证本系统功能实现，还应注意与相关系统设备的协调关系；组织工程竣工的初步验收，发现问题要求承包单位进行整改。

（2）审核工程预算、增减预算和结算，严格控制工程投资。

（3）监督、检查施工单位及时整理竣工文件和竣工资料；督促施工、材料及设备供应单位及时整理工程技术、经济资料。

（4）负责本工程项目各类信息的收集、整理和保存，并在监理业务完成后，向委托人提交施工监理总结及工程有关的全套监理资料。

3.室内消防设备安装控制

1）室内消火栓系统与自动喷水灭火系统按设计图纸进行，不得随意改动。

2）消火栓设备按设计图纸说明选用安装。

3）自动喷水灭火系统安装必须严格按照自动喷水灭火系统设计规范执行。

4）消防系统的冲洗：

（1）室内消火栓系统、自动喷水灭火系统在与室外地下给水管连接前，必须将室外地下给水管道冲洗干净，其冲水量应达到消防时的最大设计流量。

（2）室内消火栓系统在交付使用前和自动喷水灭火系统安装喷头前，应将室内管道冲洗干净，其冲洗水量应达到消防时的最大设计流量。

（3）冲洗时应将冲洗水排入雨水或排水管道，防止对建筑物等造成水害。

（4）消防系统试压：施工安装完毕后，整个消防灭火系统应进行静水试验，试验的压力为工作压力加0.4MPa，但最低不得小于1.4MPa，其压力保持2h无明显渗漏为合格。

4.电气安装工程控制

1）配电室、调压站

（1）变压器容量、规格、型号符合设计规定。铭牌及接线图标志齐全、清晰。附件、备件齐全，并有出厂合格证及技术文件。变压器进场应及时作外观检查，有无锈蚀及机械损伤情况。

（2）变压器就位时，其方位与建筑物距离应满足图纸要求。

（3）变压器试运行时，监理人员参与检查的主要内容是运行前核对相位及冲击合闸试验。

（4）盘、柜上的电器安装、二次回路接线应符合设计要求。盘、柜的安装应符合规范要求。

（5）监理检查签证内容：

①主要电器设备安装的交接试验报告；

②各分项工程的安装质量检查证；

③变压器的试运行检查；

④配电盘、成套柜的产品合格证及鉴定证书的检查签证；

⑤配电盘、成套柜（屏）的通电检测和模拟试验检查签证；

⑥主要原材料验收试验报告。

⑦电力监控系统的开关量、模拟量采集正确，电气控制界面清晰。各显示功能、音响报警功能正确。

2）室内外配线工程

（1）导线、附件、安全距离应符合规范和设计要求。

（2）配管及接线盒的敷设与安装应符合规范和设计要求

（3）钢管的敷设：

明配于潮湿场所和埋入地下的钢管，均应使用厚壁钢管；明配或暗配于干燥场所的钢管，宜使用薄壁钢管；钢管的防腐处理应按设计规定进行，钢管的连接应符合规范要求。钢管的固定应符合规范要求，明配钢管应排列整齐，固定的距离应均匀，钢管进入各种电气盒及配电箱时，黑色钢管可用焊接固定，镀锌钢管应用锁紧母或护圈帽固定。钢管引入设备时，应将钢管敷设到设备内，未直接进入的，应符合规范要求。金属软管引入设备时，应用管卡固定，其固定点间距不大于1m；金属软管应可靠接地，且不得作为电气设备的接地导体。

（4）硬塑料管的敷设：

硬塑料管沿建筑物表面敷设时，在直线段下每隔30m装设补偿装置。明配硬塑料管排列应整齐，固定点的距离应均匀，管卡与终端、转弯中点、电气器具或接线盒边缘的距离为50～500mm；硬塑料管的连接处应用胶合剂粘接，接口必须牢固、密封。半硬塑料管的弯曲半径不应小于管外径的6倍。

（5）配线：

穿入管内绝缘导线不准有接头和局部绝缘破损及死弯。导线外径总截面不应超过管内面积的40%。导线的连接在剖开导线的绝缘层时，不应损伤线芯，铜（铝）芯导线的中间连接和分支连接应使用焊接、压线帽压接、套管压接或接线端子压接。导线焊接后，接头处的残余焊药和焊渣应清除干净；使用锡焊法连接铜芯线时，焊锡应灌得饱满，不应使用酸性焊剂；绝缘导线的中间和分支接头处，应用绝缘带包缠均匀严密，绝缘应不低于原有绝缘强度。

（6）线槽安装：

线槽直线段连接应采用连接板，用垫圈、弹簧垫圈、螺母紧固，接槎处应缝隙严密平齐。线槽有交叉、转弯、丁字连接时，应采用单通、二通、三通、四通或平面二通、三通等进行变通连接，导线接头处应设置连接盒或将导线接头放在电气器具内。线槽与盒、箱、柜等接槎时，进线和出线口等处应采用抱脚连接，并用螺丝紧固，末端应加装封堵。线槽之间可采用内连接头或外连接头，配上平垫弹簧，用螺母紧固，且螺母必须在线槽壁外侧。转弯部位应采用立上弯头和立下弯头，安装角度要适宜。线槽的保护地线要求敷设在线槽内侧。接地处螺丝直径不应小于6mm，并须加装平垫圈和弹簧垫圈，用螺母压接牢固。

3）监理检查签证内容

（1）各种管材、线材的产品合格证、生产许可证及鉴定证书。

（2）配电线路、管路隐蔽施工前的检查验收。

（3）线路的绝缘摇测记录。

（4）配电箱、灯具和插销：

①配电箱的安装应符合下列要求：

A. 配电箱的型号、规格和功能应符合设计的要求；

B. 照明配电箱要安装牢固，暗装时，照明配电箱四周应无空隙，其面板四周边缘紧贴墙面，箱底边距地面高度为1.5m，在同一建筑物内同类配电箱的高度应一致，配电箱内应分别设置零线和保护地线（PE线）、汇流排、零线和PE线应在汇流排上连接，不得铰接，并应有编号，配电箱内应标明用电回路名称。

②灯具、插销、开关及吊扇的安装应符合规范要求。

③监理检查签证内容：

A. 主要材料、灯具设备的合格证及验收试验报告。

B. 各种灯具插销安装质量检查证。

4）接地与防雷

（1）所有电气装置中，其工作时不带电的金属部分均应接地或接零。其接地电阻均应符合设计规定。接地装置的导体截面应符合设计规定，必须采用热镀锌的钢接地体材料及附件。

（2）接地体的埋深及间距应符合设计规定，接地装置的敷设及接地体的连接应该符合《电气装置安装工程　接地装置施工及验收规范》GB 50169—2016的有关规定。

（3）监理检查签证内容：

①接地装置的安装质量检查；

②接地电阻测试记录。

5）电气工程的竣工验收

（1）工程项目竣工验收，必须严格按照批准的设计文件和其他有关规定办理。

（2）现场初验，施工单位在全面自检（作自检记录）合格后，以书面形式通告监理人员参加工程的初验。对初验发现的问题，监理以书面通知施工单位，要求施工单位在限期内完成返修工作并书面正式通知竣工验收。

(3) 审查施工单位提交的下列文件资料：竣工文件、竣工图、设计变更证明文件、安装技术记录（包括隐蔽工程记录）、各种试验记录、主要器材和设备合格证。

(4) 参加验收交接工作前的工程检查。

(5) 检查施工期间在现场修建的临时建筑及设施是否全部拆除。

(6) 参加委托人组织的工程竣工验收签证及交接。

6) 动力配电工程监理要点

(1) 对于采用新技术、新设备，如车站设置直流电源屏作为事故电源。要对质量、价格等进行比选，确定生产与供货单位，对进场材料、设备进行严格质量检验，加强监理力度。

(2) 结合车站及区间顶部多个专业管线同安装在一个作业面的具体问题，一是设计院应提供“车站及区间综合管线平面图”以便施工；二是协调好各专业的施工，避免交叉，引起误工；三是做好隐蔽工程质量的检验，以方便前后工序正常施工。

(3) 动力照明图上，只反映少量预留孔洞，一些预留很可能在结构或建筑等施工图上。为此，要全面了解预留孔洞或预埋件的位置及施工安排等方面情况，做出质量检验及质量跟踪。并要关注由土建监理签署意见的施工单位质量检验记录。

(4) 车站及区间动力照明工程，多数为上下或前后两道工序施工。严格实施上道工序质量不签认，下道工序不允许施工的监理管理程序。为不影响下道工序，要注意进度安排的合理，要及时做出已完工序质量认可，并安排下道工序施工。

(5) 机电设备数量大，品种多，厂家多，配电箱、照明灯具、插座、开关以及数量庞大的导线，都极易出现质量问题。监理部将要求施工单位实行预报检制度，即材料设备进场前，先由监理工程师对该批材料和设备的保证资料进行审核，待其进场后，再对实物进行检查，杜绝不合格产品进入工地。

(6) 确定成套配电箱（柜）及动力配电箱（柜）工程的监理重点：

①确认技术文件、规格和型号等是否符合设计要求；

②土建工作是否能满足设备安装的条件；

③基础型钢和柜（箱）体安装时的平直度、平整度等是否符合要求，其接地保护是否牢固、可靠；

④电气试验调整是否符合设计及规范要求。

(7) 电缆线路敷设工程：

①确认型号、规格、电压等级及技术文件等是否符合设计要求，并测量绝缘电阻；

②查看电缆支、托架，其尺寸、焊接质量、接地保护等是否符合要求；

③全面检查电缆弯曲半径、挂牌号是否符合要求，电缆经道路、建筑等是否按规定设置保护跨管，封堵是否符合要求；

④直埋电缆路径深度、回填质量、保护措施与地下管网距离等是否符合设计与规范要求，电缆沟敷设、高低排列顺序、电缆头设置位置等是否符合设计与规范要求。

（8）加大监理力度，并按规定认真实施对工程质量签认的监理业务工作：

①对具备条件的分项、分部工程质量要及时核查资料，现场抽验质量时，做出工程质量等级核定，并认可；

②督促施工单位对需要进行功能试验的项目，及时进行试验，并亲临现场监督。

5.弱电工程控制

1）火灾探测器的安装

（1）各种型号的探测器必须严格按图纸要求配置及安装，盒口周边无破损，接线正确，外观无损伤污染，牢固可靠。点型火灾探测器的安装位置应符合规范规定，线型火灾探测器和可燃气体探测器等有特殊安装要求的探测器，应符合现行有关国家标准的规定。

（2）探测器的底座应固定牢靠，其导线连接必须可靠压接或焊接。当采用焊接时，不得使用带腐蚀性的助焊剂。

（3）同一工程中相同用途的导线颜色应一致，探测器底座入端处应有明显标志。探测器底座的穿线孔宜封堵，安装完毕后的探测器底座应采取保护措施。探测器的确认灯应面向便于人员观察的主要入口方向。

（4）探测器在即将调试时方可安装，在安装前应妥善保管，并应采取防尘、防潮、防腐蚀措施。

2）手动火灾报警按钮的安装

手动火灾报警按钮应安装在墙上距地（楼）面高度1.5m处，应安装牢固，不得倾斜。报警按钮的外接导线应留有余量，且在其端部应有明显的标志。

3）火灾报警控制器的安装

火灾报警控制器在墙上安装时，应安装牢固，不得倾斜。安装在轻质墙上时，应采取加固措施。引入控制器的电缆或导线，配线应整齐，避免交叉，并应固定牢靠，电缆芯线和所配导线的端部，均应标明编号，并与图纸一致，字迹

清晰不易褪色，导线应绑扎成束。控制器的主电源引入线应直接与消防电源连接，严禁使用电源插头，主电源应有明显标志。控制器的接地要牢固，并有明显标志。

4）消防控制设备的安装

（1）安装前，应进行功能检查，不合格者，不得安装。

（2）消防控制设备的外接导线，当采用金属软管作套管时，其长度不宜大于2.0m，且应采用管卡固定，金属软管与消防控制设备的接线盒（箱）应采用锁母固定，并应根据配管规定接地。控制设备外接导线的端部应有明显的标志。控制设备盘（柜）内不同电压等级、不同电流类别的端子应分开，并有明显标志。消防控制设备的布置应符合规范要求。

5）系统接地装置的安装

工作接地线应采用铜芯绝缘导线或电缆，不得利用镀锌扁铁或金属软管。消防控制室内拒（盘）接地电阻值应符合规范要求，各路导线接头正确牢固，编号清晰，绑扎成束。

6）配管及布线

火灾自动报警系统的配管及布线应符合国家标准规范的规定，系统布线时，应根据现行国家标准的规定，对导线的种类、电压等级进行检查，导线敷设后，应对每个回路导线用兆欧表测量绝缘电阻。

7）有线电视系统及可视保安对讲系统的监理依据及措施

（1）有线电视系统监理依据：

①《有线电视网络工程设计标准》GB/T 50200—2018；

②《建筑电气工程施工质量验收规范》GB 50303—2015；

③《建筑电气与智能化通用规范》GB 55024—2022。

（2）有线电视系统监理措施：

①审查施工组织设计或施工方案，应符合现场情况和设计要求；

②严格材料及设备报验手续，不符合质量标准和设计要求的，不得进场；

③施工中配管穿线严格按电气装置安装工程规范要求；

④混合器、线路放大器、分配器、分支器、同轴电缆的型号及配置必须符合设计要求；

⑤调整线路放大器保证用户终端输出电平在4±68dB范围以内。

6.智能化网络（电话系统及宽带网）综合布线系统控制

本系统施工应符合《综合布线系统工程验收规范》GB/T 50312—2016的规定。

1）关键工序：缆线布放。

2）重点控制部位：交接间、设备间的安装工艺。

3）质量控制点

（1）缆线敷设和保护；

（2）缆线终接。

4）智能化网络及综合布线系统工程的验收

（1）当工程达到交验条件时，监理分站组织委托人、施工方、设计方对工程质量情况、使用功能等进行全面检查验收；

（2）验收结果需要对局部进行修改的，应在修改符合要求后再验；直至符合合同要求；

（3）验收结果符合合同要求后，由各方在《单位工程验收记录》上签字。

（七）地铁站装饰装修工程重点、难点分析及监理对策

1.地面与楼面工程控制

1）一般规定

（1）地面与楼面各层所用材料拌和料和制品的种类、规格、配合比、标号等，应根据设计要求选用，并应符合国家颁布的有关现行标准以及施工规范的规定。如对其质量发生怀疑时，应进行抽验。各层所用的拌合物的配合比应由试验确定。

（2）位于沟槽、暗管等的地面与楼面工程，应在该项工程完工经检查合格并交接验收后方可施工。

（3）各层地面及楼面工程，应在有可能损坏其下一层的其他工程完工后进行。

（4）地面与楼面工程施工时，各层表面的温度以及铺设材料的温度应符合下列规定：一般不应低于5℃；采用胶粉剂施工不低于10℃；当铺设砂石、碎石时可放宽至0℃。

（5）混凝土和水泥砂浆试块的做法及强度检验，应按国家标准《混凝土结构工程施工质量验收规范》GB 50204—2015、《砌体结构工程施工质量验收规范》GB 50203—2011、《砌体结构通用规范》GB 55007—2021的有关规定执行。

2）垫层

填层有灰土垫层、砂垫层、砂石垫层、碎石和碎砖垫层、三全土垫层、炉渣垫层及水泥混凝土垫层等不同做法。以上各种做法应按《建筑地面工程施工质量验收规范》GB 50209—2010规定进行。

3）面层

（1）水泥砂浆面层所用的砂，一般应采用中砂或粗砂，水泥宜采用硅酸盐水

泥、普通硅酸盐水泥。

（2）水泥砂浆应随铺随拍实，抹平工作应在初凝前完成，压光工作应在终凝前完成。

（3）水泥砂浆地面施工完成后应注意养护，一般不少于7个昼夜。

（4）板块应按照颜色和花级分类，有裂缝、掉角和表面上缺陷的板块，应予剔除，标号和品种不同的板块不得混杂使用。

（5）板块在铺设前应用水浸湿，其表面无明水方可铺设。另外板块与结合层之间不得有空隙，亦不得在靠墙处用砂浆填补代替板块。

（6）板块的铺砌工作应在砂浆凝结前完成。

（7）踢脚板的施工除特殊要求外，应按本章同类面层有关规定执行。

4）工程验收

（1）地面与楼面工程验收，应检查所用的材料和完成的地面与楼面构造是否符合设计要求及施工规范的规定。

（2）已完工程的验收，应检查地面与楼面各层的坡度、厚度、标高和平整度等是否符合规定；地面与楼面各层的强度和密实度以及上下层结合是否牢固；块材间缝隙的大小以及填缝的质量等是否符合要求；不同类型面层的结合、面层与墙和其他构筑物（地沟、管道等）的结合及图案是否正确。供排除液体用的带有坡度的面层应作泼水检验，以能排除液体为合格。

（3）水泥砂浆整体面层和地砖板块面层与下一层的结合是否良好，应用敲击方法检查，不得空鼓。地面与楼面面层不应有裂纹、脱皮、麻面和起砂等现象，踢脚板与墙面应紧密贴合。

（4）地面与楼面各层的平整度用2m长靠尺及楔形塞尺检查，各层表面对平面的偏差，应符合有关规范规定。

5）楼地面监理控制要点

（1）底层处理要清洁，施作垫层前要洒水湿润；

（2）干硬性砂浆拌制要符合砂浆拌制有关规定，保证砂浆湿度；

（3）面层材料要进行进场检验，材料要符合相关的规范要求；

（4）对于天然石材的色差问题，要对矿产现场及厂家进行考查，产品要有生产厂家编号，现场施作时要注意按编号施工，减少色差影响；

（5）注意成品养护；

（6）吊顶天棚吊标位置应符合设计及规范规定，施工要求固定牢固；

（7）龙骨布置符合设计规定；

（8）罩面板材料进场要重点检查，罩面板表面不应有气泡、起皮、裂纹、缺角、污垢和图案不完整等缺陷；

（9）罩面板安装必须牢固，无脱层、翘曲、折裂、缺楞、掉角现象，暗装的吸音材料应有防散落措施。

2.吊顶施工控制

1）吊顶的平整性

控制吊顶大面平整应该从标高线水平度、吊点分布固定、龙骨与龙骨架刚度，这几个要点着手。

2）标高线的水平控制要点为：第一，基准点和标高尺寸要准确。用水柱线找其他标高点时，要等管内水柱面静止后再画线。第二，吊顶面的水平控制线应尽量拉出通直线，线要拉直，最好采用尼龙线。第三，对跨度较大的吊顶，应在中间位置加速标高控制点。

3）注意吊点分布与固定。吊点分布要均匀，在一些龙骨架的接口部位和重载部位，应当增加吊点。吊点不牢将引起吊顶局部下沉，产生这种情况的原因是因为吊点与建筑本体固定不牢，例如膨胀螺栓埋入深度不够，而产生松动或脱落；射钉的松动，虚焊脱落；吊杆连接不牢而产生松脱；吊杆的强度不够，产生拉伸变形现象。

4）注意龙骨与龙骨架的强度与刚度。龙骨的接头处、吊挂处都是受力的集中点，施工中应注意加固。如在龙骨上直接悬吊设备，而龙骨的刚度不够就会产生局部弯曲变形。所以应尽量避免在龙骨上悬吊设备，必须悬吊时，则要在龙骨上增加吊点。

5）吊顶的线条走向规整控制

吊顶线条是指条板和条板之间的条形装饰。吊顶线条的不规格使人有杂乱感，会破坏吊顶的装饰效果。控制方法应从材料拣选及校正、设置平整控制线、安装固定这几个要点着手。

6）材料拣选及校正

不仅饰面材料需要拣选，而且龙骨材料也要拣选。对不合格的材料要坚决剔除。校正工作应在一些简易夹具上进行，夹具可以用木板自制。

7）设备平面平整控制线

吊顶平面平整控制线有两个方面：一种是龙骨平直的控制线，可按龙骨分格位置拉出。另一种是饰面条板与板缝的平直控制线，平直控制线应从墙边开始，因为墙体往往不平整，安装条板应从基准线的位置进行。

8）安装与固定

安装固定饰面条板要注意对缝的均匀，安装时不可生扳硬装，应根据条板的结构特点进行。如装不上时，要查看一下安装位置处有否阻挡物体或设备结构，并进行调整。

9）吊顶面与吊顶设备的关系处理

龙骨吊顶上设备主要有灯盘和灯槽、空调出风口、消防烟雾报警器和喷淋头等。这些设备与顶面的关系要处理得当，总的要求是不破坏吊顶结构，不破坏顶面的完整性，与吊顶面衔接平整。

（1）灯盘、灯槽与吊顶的关系

灯盘和灯槽除了具有本身的照明功能之外，也是吊顶装饰中的组成部分。所以，灯盘和灯槽安装时一定要从吊顶平面的整体性着手。如果吊顶很平整，而灯槽和灯盘高低不平，整个吊顶的效果也就很粗糙，难以通过验收。

（2）空调风口篦子与吊顶的关系

空调风口篦子与吊顶的安置方式有水平、竖直两种。由于篦子一般是成品件，与吊顶面颜色往往不同，如装得不平会很显眼。所以风口篦子除安装牢固外，还应注意与吊顶面的衔接吻合。

（3）自动喷淋头、烟感器与吊顶的关系

自动喷淋头和烟感器属于消防设备，但必须安装在吊顶平面上。自动喷淋头须通过吊顶平面与自动喷淋系统的水管相接。在安装中常出现的问题有三种：一是水管伸出吊顶面；二是水管预留不足，自动喷淋头不能在吊顶面与水管连接；三是喷淋头边上有遮挡物，原因是在拉吊顶标高线时未检查消防设备安装尺寸而造成的。

10）安装质量检查

次龙骨与横撑龙骨安装完毕后，进行安装质量检查，检查工作内容如下：

（1）上人龙骨的荷载检查

主要是对吊顶上设备检修孔周围及检修人员在吊顶上部活动机会多的部位，进行加载检查，重点是吊顶的刚度和强度。通常以加载后无明显翘曲、颤动为准。

（2）连接质量的检查

主要检查有无漏装吊点，有无虚连接、漏连接的部位。

（3）龙骨形状的检查

检查龙骨有无翘曲现象和扭曲现象。对检查出的问题要及时进行补装或修整加固处理。

3.门窗工程控制

1）木门制作工程

（1）木门框扇选用的木材含水率应控制在设计要求范围内，其防腐、防虫、防火处理必须符合设计要求和施工规范的要求。死节和直径大于5mm的虫眼用同一树种木塞加胶填补。清油制品的木塞色泽、木纹应与制品一致。

（2）门框、扇的榫槽必须嵌合严密，以胶料胶结并用胶楔加紧。胶料品种要符合施工规范的要求。门扇表面平整光滑，无戗槎、刨痕、毛刺、锤印、缺棱和掉角。门框裁口、起线顺直，割角准确，交圈整齐，拼缝严密，无胶迹。压纱条平直、光滑、规格一致，与裁口齐平，割角连接密实，钉压牢固紧密，钉帽不突出。门窗纱绷紧，不露纱头，纱络横平竖直。

（3）门制成后应及时涂刷干性底油，并涂刷均匀。

（4）木门制作的允许偏差和检验方法应符合规范要求。

（5）油漆应尽量使用环保漆，以防有害物质对人的伤害。

2）木门安装工程

（1）门框必须安装牢固，固定点符合设计要求和施工规范要求。门框与墙体之间需填塞保温材料时应填塞饱满、均匀。

（2）木门安装应裁口顺直，刨面平整光滑，开关灵活、稳定、无回弹和倒翘。门小五金安装应位置适宜，槽深一致，边缘整齐，尺寸准确。小五金安装齐全，规格符合要求，木螺丝拧紧卧平，插销关启灵活。门披水、盖口条、压缝条、密封条的安装尺寸一致，平直光滑，与门结合牢固严密，无缝隙。

（3）木门安装的允许偏差、留缝宽度和检查方法应符合规范要求。

（4）钢塑门窗的安装：

①钢塑门窗安装前应按下列要求进行检查：

A.根据门窗图纸检查门窗的品种、规格，开启方向及组合杆、附件，并对其外形及平整度检查校正，合格后方可安装；

B.按设计要求检查洞口尺寸，如与设计不符合应予以纠正。

②安装门窗必须采用预留洞口的方法，严禁采用边安装边砌口或先安装后砌口。门窗固定可采用膨胀螺栓或射钉等方法来固定。

③安装过程中应及时清理门窗表面的水泥砂及密封膏等杂物，以保护表面质量。

④在钢塑门窗上安装五金零件时，必须先钻孔再用自攻螺钉拧入，严禁直接锤击钉入，以防损坏门窗。

⑤与墙体连接的固定件要用自攻螺钉等紧固于门窗框上，将门窗框装入洞口并用木楔子临时固定，调整至横平竖直。固定件与墙宜用尼龙胀管螺栓连接牢固。

3）铝合金门窗安装工程

（1）铝合金门窗的安装位置和开启方向必须符合设计要求。

（2）铝合金门窗安装必须牢固；预埋件的数量、位置、埋设连接方法及防腐处理必须符合设计要求。

（3）铝合金门窗安装应符合以下规定：

①平开门窗扇：关闭严密，间隙均匀，开关灵活。

②推拉门窗扇：关闭严密，间隙均匀，扇与框搭接量符合设计要求。

③弹簧门扇：自动定位准确，开启角度、关闭时间必须符合设计要求。

（4）铝合金门窗附件安装应附件齐全，安装位置正确、牢固、灵活适用，达到各自的功能，端正美观。

（5）铝合金门窗与墙体间缝隙填嵌质量必须饱满密实，表面平整、光滑、无裂缝，填塞材料及方法符合设计要求。

（6）铝合金门窗外观质量应表面洁净，无划痕、碰伤，无锈蚀；涂胶表面光滑、平整、厚度均匀，无气孔。

（7）铝合金门窗的允许偏差、限值和检验方法应符合规范规定。

4）门窗工程验收

（1）检查数量：按不同品种、类型的樘数各抽查5%，但不得少于3樘。

（2）门窗安装必须牢固，横平竖直，高低一致，框与墙体缝隙应填嵌饱满密实，表面平整光滑，无裂缝，填塞材料与方法应符合设计要求。

（3）所用门窗的品种、规格、开启方向及安装位置应符合设计要求。

5）门窗监理控制要点

（1）门窗为厂家制作产品，在订货前应对生产厂家进行考查，审查生产厂家资质，并对其产品质量进行检查；

（2）结构施工中预埋件埋设质量要准确、牢固；

（3）门、窗进场检验要按有关规范及验评标准抽查门窗制作质量，杜绝不合格产品进入现场；

（4）安装质量要保证门窗牢固，固定点符合设计要求，小五金位置适宜，尺寸准确，木螺丝拧紧卧平，插销关启灵活；

（5）门窗框与墙体缝隙填嵌饱满密实，表面平整、光滑，填充材料符合设计要求；

（6）门窗玻璃安装要符合玻璃安装的有关规定；

（7）门窗安装时，注意季节与环境温度变化；

（8）门窗工程施工完成后要注意成品保护，不污染。

4.装饰工程控制

装饰工程所选用材料必须按设计要求选择质量上乘的产品，应尽量选用环保型材料。其样品的质地颜色，需经过建筑师、委托人和监理认可之后方可大批量定货。材料进场后，应验收，对质量发生怀疑时，应抽样检验，合格后方可使用。

装饰工程在大面积施工前，均应先做样板，待样板被建筑师、委托人和监理认可后方可大面积施工。所有装饰工程的固定和安装以及用料大小，均应考虑8度地震设防烈度，按照国家规定的强度施工制作。

1）一般抹灰工程

（1）本内容适用于石灰砂浆、水泥混合砂浆、水泥浆、聚合物水泥砂浆、膨胀珍珠岩水泥浆和麻刀石灰、纸石灰、石膏灰等一般抹灰工程。抹灰的等级应符合设计要求。

（2）作为保证项目，各抹灰层之间及抹灰层与基体之间必须粘结牢固，无脱层、空鼓，面层无爆灰和裂缝（风裂除外）等缺陷。

（3）一般抹灰表面应符合下列规定：

①普通抹灰：表面光滑、洁净，接搓平整。

②中级抹灰：表面光滑、洁净，接搓平整，线角顺直，清晰。

③高级抹灰：表面光滑、洁净，颜色均匀，无抹纹，灰线平直方正，清晰美观。

④孔洞、槽、盒和管道后面的抹灰表面应尺寸正确、边缘整齐、光滑，管道后面平整。

⑤护角材料、高度符合施工规范规定，表面光滑平顺，门窗框与墙体间缝隙填塞密实，表面平整。无论设计有无要求，室内墙面、柱面和门洞的阳角宜用水泥砂浆做护角。抹灰前应检查门窗框位置是否正确，框与墙体连接是否牢固。

⑥分格条（缝）宽度、深度要均匀，平整光滑，棱角整齐，横平竖直，线条通顺。

⑦滴水线和滴水槽流水坡向正确，滴水线顺直，滴水槽深度、宽度均不小于10mm，且整齐一致。

⑧一般抹灰的允许偏差和检查方法应符合规范要求。

2）涂料工程

（1）混色油漆工程严禁脱皮、漏刷和反锈。涂料工程的材料品种应符合设计要求和国家标准规定。涂料工程所用的涂料和半成品（包括施涂现场配制的），均应有品名、种类、颜色、制作时间、贮存有效期、使用说明和产品合格证。涂料工程所用的腻子应按基层、底涂料和面涂料的性能配套使用。

（2）清漆工程严禁漏刷、脱皮和斑迹。清漆工程和溶剂型混色涂料一样，严禁漏刷和脱皮。

（3）混色油漆工程、清漆表面质量应符合规范要求。

3）混凝土表面和抹灰表面施涂

施涂前应将基体或基层的缺棱掉角处用1:3水泥砂浆（或聚合物水泥砂浆）修补，表面麻面及缝隙应用腻子填补齐平。基层上的灰尘、污垢、溅沫和砂浆、流痕应清除干净。

4）工程验收

（1）涂料工程应待涂层完全干燥后方可进行验收；

（2）验收时应检查所用材料品种及颜色应符合设计选定的样品要求；

（3）施涂涂料表面的质量不允许掉粉、起皮、漏刷、透底，允许少量反碱、咬色、流坠、疙瘩，颜色、刷纹要保持颜色一致，允许有轻微少量砂眼，刷纹通顺，装饰线、分饰线平直。

5）装饰监理控制要点

（1）幕墙包装箱上的标志应符合《运输包装收发货标志》GB 6388—1986的规定，幕墙部件应使用无腐蚀作用的材料包装；

（2）对于进厂的幕墙材料及零配件，按验收规范进行抽查，严禁不合格产品进场；

（3）要提交结构胶和耐久性的兼容性和粘接性试验报告；

（4）所用结构硅酮胶要符合相关规范要求，进口产品要由国家进出口商品检验局管理并委托实验检验；

（5）隐框幕墙组件要每百个组件随机抽取一件进行剥离试验，其方法要符合相关规范要求；

（6）抽查竖向与横向构件允许偏差，结构胶的宽度和厚度必须检验合格；

（7）幕墙表面应平整，无锈蚀，装修表面不应超过一个级差，胶缝应横平竖直，缝宽均匀。内墙饰面以抹灰和涂料工程为主；

（8）抹灰质量要求表面光滑、洁净、颜色均匀、无抹改，线角和灰线平直方正，清晰美观；

（9）须结合牢固；

（10）涂料工程所用的涂料和半成品（包括施涂现场配制的）均应有品名、种类、颜色、制作时间、贮存有效期、使用说明和产品合格证。

（八）轨行区施工作业管控重点、难点分析及监理对策

本监理标段所辖工程范围较长，一旦轨道施工单位进场并进行轨道工程施工以后，土建施工、机电设备安装、装修施工需要进入轨行区作业时，必须执行轨行区的统一管理要求，以确保施工安全。有关管控措施如下：

1.轨行区施工作业总体管控措施

（1）土建工程轨行区具备铺轨条件后，监理单位应督促土建施工单位按业主要求与铺轨单位进行场地移交，并办理正式移交手续。正式移交手续需经业主代表（或项目工程师）、投资承建单位现场代表、监理单位、施工单位共同确认会签。土建工程一旦正式移交铺轨单位后，其他专业到轨行区施工作业必须按照地铁轨行区管理办法执行。

（2）地铁轨行区管理办法是为了加强轨行区管理，落实各单位安全管理责任，杜绝轨行区安全事故的发生，保证全线施工作业安全、有序、高效地进行，监理单位应督促土建施工单位严格遵守执行，确保轨行区施工作业安全。

（3）长轨通前由铺轨施工单位主要负责轨行区的统一管理，长轨通后由系统设备安装施工单位负责轨行区的统一管理，监理单位应督促本监理标段内的土建施工或机电装修施工单位，按照业主要求服从轨行区统一管理的要求，并注意与联合调度室、轨行区调度室保持联系，自觉按要求办理轨行区施工作业申请及相关事宜。

（4）监理单位除每周准时参加轨行区施工作业周协调会议外，还应督促本监理标段内的土建施工或机电装修施工单位指派有经验的人员参加轨行区周协调会议，会后认真落实协调会议商定的各种事项与要求。

（5）进入轨行区施工作业前，监理单位应督促土建施工或机电装修施工单位与轨行区管理单位签订《施工安全协议》（并报轨道公司及投资承建单位备案），并一次性缴纳安全及文明施工押金，提前为轨行区施工作业做好充分准备。

（6）轨行区施工作业前，监理单位应督促土建施工或机电装修施工单位编制轨行区作业安全防护方案，监理审批后需报送轨行区管理单位备案，监理审批的轨行区施工作业安全防护方案必须满足轨行区安全作业要求。

（7）监理单位应督促土建施工、装饰装修、机电设备安装单位按批准的轨行区施工作业计划，在规定的时间和空间范围内到达轨行区作业，未经批准不得擅自闯入轨行区作业。作业前须到联合调度室登记，作业结束时须到联合调度室注销。

（8）进入轨行区作业前，监理单位应督促土建施工、装饰装修、机电设备安

装单位认真做好轨行区施工作业的施工安全教育，确保施工人员到达轨行区施工作业之前，明确轨行区施工作业的安全隐患、安全要求及轨行区行车运营的基本要求，确保其施工作业安全。到达轨行区的施工作业人员，必须接受轨道公司、投资承建单位、监理单位、轨行区管理单位巡查人员的监督检查，自觉做好相关安全防护工作。

2.提交轨行区施工作业申请的管控措施

（1）土建施工、装饰装修、机电设备安装单位需进入轨行区施工作业时，监理单位应要求其提前一周于周三16:00前向联合调度室提报下周施工计划申请，填报《轨行区施工申请单》，报联合调度室审查经轨行区调度室审批后取得由轨行区施工单位签发的轨行区《施工作业令》后，方可到达轨行区施工作业。

（2）轨行区作业计划申请应包括施工时间、区段、人员、作业内容、防护办法、安全措施、携带工具及数量等内容，每日工作计划应具有连续性和集中性，不得占用轨行区采取跳跃式和分散式的方式组织轨行区的施工。监理单位应认真审核轨行区作业计划申请的完备性，审核符合要求后，方可同意施工单位送审。

（3）凡需封锁线路、中断正常行车（包括中断邻线行车）的其他专业需到轨行区施工作业时，应提前将作业内容、作业时间、作业人员、安全措施报联合调度室审核，经审核同意后方可按照规定的程序提交报审申请计划。对此监理工程必须分阶段分重点进行管控，严把封锁线路、中断正常行车作业的监理审核关，提出恰当的监理审核意见。

（4）轨行区施工作业计划一经批准、发布，监理单位应督促施工单位按批准时间、区段组织实施，若有紧急情况需要调整轨行区作业施工时，应提前一天（24h）申报《轨行区施工计划临时调整申请表》，经联合调度室负责人批准后方可按调整后的时间、区段组织作业。

3.各方进入轨行区施工作业的管控措施

监理工程师应注意加强轨行区施工作业过程的安全管控，在轨行区施工作业过程中，如发现施工人员存在违章现象或有不安全施工行为时，必须要求施工单位立即整改，必须确保轨行区施工作业安全。有关安全检查项目如下：

（1）施工人员必须按标准配齐劳保用品，统一着装、佩戴胸卡，并穿反光背心施工作业。

（2）施工人员在完成本单位下发的生产任务时，要认真保护好其他施工单位的成品，如出现损坏，按照“谁损坏谁赔付”的原则进行处理；各施工单位不得在未凝固和未达到强度要求的道床上进行施工，不得破坏、污染道床。

(3) 装卸货物和材料时要轻拿轻放，不得野蛮装卸及搬运，做到安全、文明施工。

(4) 施工现场严禁吸烟、严禁乱涂乱画，施工垃圾应及时清理，现场不得有渣土或油污，现场无施工遗弃和安全协议规定范围之外的工机具，做到人走场地清，营造一个干净整洁的施工作业环境。

(5) 在轨道已形成的区间施工作业时，不得在行车限界内摆放物品，禁止施工人员在轨道上停留。

(6) 凡影响轨道工程施工和行车的轨行区施工组织，必须在填报施工计划申请时重点说明，取得轨行区管理单位同意后方可施工。

(7) 正线轨行区严禁使用手推小平车等动车，但如因为施工需要必须使用时，施工单位必须制定相关的保证安全措施，并报联合调度室审批，且遵守以下规定：

① 手推小平车和单轨车必须遵照审批的轨行区区段、时间使用，施工负责人必须跟随车辆认真指挥。

② 手推平车在轨行区作业时，必须派专人在两端防护，防护距离不小于100m。

③ 手推平车在轨行区使用完毕时，不得停留在线路上；平车在轨行区作业需要停留时，必须做好防溜工作，严防因溜车而造成安全事故发生。

④ 手推平车在使用过程中必须配备足够的随车人员，以保证小平车随时能够撤出线路。

⑤ 手推小平车必须有离人后自动制动装置，防止溜车发生安全事故。

(8) 在未封闭行车区间进行交叉作业时，应设专职安全防护员，挂防护灯。轨道车临近时，必须提前组织作业人员移开一切影响行车的超限材料及工具，所有人员应及时躲避。

(9) 在未封闭行车区间进行影响行车的交叉作业施工或在封闭行车区间进行施工时，应在线路中心插设移动停车信号牌（昼间红色方牌；夜间红色灯光，洞内全部红色灯光）或防护人员手持信号（昼间红旗；夜间红色红光，洞内全部红色灯光）的方式进行，以确保行车与作业安全。

(10) 凡进入轨行区的施工作业（包括线路下部分和线路上空的作业），如果影响正常行车，必须严格遵守施工计划申报表中所要求的内容，防护措施必须全部到位，堆放物品不得入侵机车车辆限界，设置专人负责防护工作，防护人员穿反光背心。

(11) 防护灯、移动停车信号牌设置距离根据本线实际情况设置，防护地点

应设在施工区段两端各100m处，如遇曲线，要适当延长距离到能满足防护要求为止。

（12）施工作业如影响邻线行车时，对邻线也应进行防护。

（13）轨行区施工作业应加强测量点桩、基标保护，在施工过程中负责对施工区段测量点桩、基标的防护工作。

（14）轨行区施工作业布设临时电源及用电时，必须符合规范及轨行区管理单位的相关要求，不能私拉乱接、不能在钢轨上搭接、不能超越轨行区的行车范围布线。

（15）施工作业如需动火必须持本单位批准的动火证方可进行动火作业，并接受轨行区管理单位检查，作业时必须配备足够的人员及消防设备。动火作业必须遵守以下规定：

①严禁吸烟及携带火种和易燃、易爆、有毒、易腐蚀物品进入轨行区内；

②严禁未取得动火证进行动火作业、严禁生活用火；

③严禁在轨行区内用汽油、易挥发性溶剂油擦洗设备、衣物、工具及地面等；

④严禁就地堆放易燃、易爆物料及化学危险品；

⑤严禁堵塞消防通道及随意挪用或损坏消防设施。

（16）其他专业每一次到达轨行区施工作业结束后，必须及时撤出轨行区（车站轨行区或区间轨行区）的施工人员和施工机具，确认线路满足行车条件的要求。撤出轨行区的施工人员和施工机具必须与进入轨行区的人员、机具数量相符，如有存留物品，必须注明存留物品的原因、数量及位置，且确定存留物品不得侵限。每次轨行区施工作业完毕时，监理工程师应对作业区域进行详细检查，不得有误。

4.紧急情况处置管控措施

轨行区施工作业时，如发生了人员伤亡和财产损失时，现场监理工程师应加强对紧急情况处置的管控，避免事故或财产损失继续扩大。管控事项及要求如下：

（1）对人员伤亡和财产损失等紧急事故的处理应遵守下列规定：

处理的优先顺序为：

①保护生命；

②减少财产损失；

③保护事故现场以便调查；

④恢复正常运作。

（2）一旦发生紧急情况时，应责令工程车司机立即停车，并坚守岗位，不得随意将车辆移动，等待处理。

（3）应立即会同现场施工负责人将伤者运送至就近医院急救，并报告联合调度室。在采取抢救行动前，应先保证自身及其他人员安全不受威胁，并不失时机地进行调查取证工作，并保护好现场。

（4）要求需要进行轨行区作业的施工单位在施工现场配备必要的急救药箱及急救药品，一旦发生紧急险情时现场能够进行应急治疗处理。

（5）如紧急事故现场发生物体碰撞时，事故处理调查取证工作尚未进行时，不允许工程车移动。

（6）积极配合事故调查，进行原因分析等。

（九）车站及附属施工周边环境保护工作重点、难点分析及监理对策

1.重点、难点分析

由于本工程地处市内，并且线路与主要交通干道并行，沿线建（构）筑物较多。加之工程量较大、周期长，所以施工对周围环境可能产生一定的影响。因此，环境保护是本工程施工的重点也是难点。

2.监理对策

（1）要求施工单位贯彻落实地方政府环保法规及有关规定，严格执行《中华人民共和国水污染防治法》，明确本标段的环保要求，增加投入，制定相应措施，处理好施工与环保的关系，不违章或超标排污。

（2）督促施工单位落实“门前三包”的保洁责任制，保持施工区和生活区的环境卫生，及时清理垃圾。所有施工垃圾按照批准的方法运往批准的地点进行处理。生活区应设置化粪设备，生活污水和大小便经化粪池处理后，并按照城市规定每天集中，并纳入城市垃圾处理系统。

（3）施工中产生的废泥浆，应先沉淀过滤，废泥浆和淤泥使用专门车辆运输，防止遗撒，污染路面，废浆必须在业主指定的地点倾倒。

（4）要求施工单位遵守《建筑施工场界环境噪声排放标准》GB 12523—2011，做好施工噪声控制。施工振动对环境的影响应满足《城市区域环境振动标准》GB 10070—1988要求。选用低噪声设备，采用消音措施降低施工过程中的施工噪声，夜间尽量避免使用噪声设备。

（5）在夜间施工时，要求施工单位按照市有关规定办理夜间施工许可证，并在中考、高考、节假日及市有关部门重大活动等期间限制夜间施工。

（6）督促施工单位设立专职的“环境保洁岗”，负责检查、清除出场车辆上的污泥。汽车出入口应设置冲洗槽，对外出的汽车用水枪将其冲洗干净，确认不会对外部环境产生污染后方可出门。

（7）装运建筑材料、土石方、建筑垃圾及工程渣土的车辆，必须装载适量，保证行驶中不污染道路环境。

（8）场地道路硬化并采用晴天洒水的方式，防止尘土飞扬，污染周围环境。

（9）合理布置施工场地，生产、生活设施布置在规定范围以内，施工场地全部用围墙围护，施工尽量不破坏原有的植被，保护自然环境。

（10）要求施工单位严格遵守我国现行劳动保护法和相关法律、条例、规则的规定，严禁超过施工现场粉尘等控制指标。

（十）车站防水质量控制工作重点、难点分析及监理对策

1.重点、难点分析

（1）地下水的防治是地下工程一个长期的重点、难点。尤其是在本标段地下水较为丰富，由于渗漏水多伴随错台、管片裂缝而发生，相应的对车站主体和隧道的轴线控制和管片拼装质量控制也提出了很高的要求。

（2）车站和盾构洞口的连接处、管片的接缝、隧道区间接口（明挖和盾构）、盾构隧道和联络通道二者的接口，这些都是防水的重要部位。

（3）地下工程应贯彻“以防为主，防、排、截、堵相结合，因地制宜，综合治理”的原则，充分考虑本标段地表潜水丰富、潮湿、多雨的气候条件对施工操作的影响。

2.监理对策

（1）对施工单位施工准备工作的审查包括：

①审查施工单位编写的施工组织设计；

②组织设计单位向施工单位进行技术交底；

③审查分包商的资质并报业主审批；

④对施工单位进场施工机械、设备、工具等报验要查其是否齐全、配套、完好，是否有设备维护保养计划，检查机械操作人员有无上岗证；

⑤检查防水人员是否经过专业培训，有无上岗证；

⑥检查施工单位采购的防水材料是否是业主确认的厂家，是否有出厂合格证，有关资料是否符合本项目工程防水材料技术要求，并进行送检，合格后方能使用。

（2）防水混凝土结构施工过程控制：防水混凝土材料必须符合规范要求；配合比应通过试验选定；保护层厚度符合要求；浇筑过程应连续；养护到位；按要求留置试块。

（3）防水层工程施工质量控制包括：基面是否平顺，无蜂窝面，干净不起

灰、不起砂，坚固、干燥；阴阳角处是否倒角；防水材料是否送检，且符合要求；细部构造及加强层处理是否符合要求。

（4）加强现场防水施工完成后的成品保护措施的落实。

（十一）管线改迁与保护工作重点、难点分析及监理对策

本标段位于主干道，地下管线迁改及保护为本标段监理控制的难点，控制对策如下：

施工过程中应督促施工单位根据不同管线的要求对其进行监测，当发现危及管线安全情况时，应采取有效措施对管线进行保护，确保管线安全。为了促进管线迁改工作的顺利进行，我们特制定如下监理对策：

（1）凡是影响施工的管线事先迁改，完工后再恢复，对于横跨或斜交车站区间的管线或不宜迁移的管线，采用支托和悬吊的围护方案。

（2）督促施工单位事先探明所有管线情况，避免围护结构施工破坏管线的事故发生。

（3）改移和悬吊重要管线方案需经监理检算审查，报地铁及管线业主批准后实施。

（4）施工单位对施工影响范围内的重要管线包括新改移和支托、悬吊的管线必须设监测点，严格控制其不均匀下沉。

（5）不均匀下沉值超过允许值或发生裂损等情况时，首先必须加密监测频率，及时提供监测结果，进行信息反馈，采取必要技术措施，如改变施工工艺、跟踪注浆、加强支撑等，要控制住土体及管线的变形。

（6）管线迁改还应了解迁改工程的施工进度，必要时报告业主督促其加快工程进度，以保证如期提供施工场地。本工程位于市东西主干道处，地面车流量大，地下管线密集，周边建筑物年代久远，穿越护城河、城墙。工程施工将受周边环境、气候、拆迁、分期围挡、管线迁设及保护、交通疏解、文物保护等诸多因素的影响及干扰，且结构类型多、施工方法多、施工投入大、组织协调要求高，工期受到各类因素制约，如不能科学合理地组织参建各方协助努力，工程将难以按期完成。

（十二）施工安全监理重点、难点分析及监理对策

1.重点、难点分析

（1）深基坑开挖与支护；

（2）暗挖隧道施工；

（3）盾构机掘进施工；

（4）施工机械和设备；

（5）管线施工安全；

（6）施工用电；

（7）施工用火和工地消防；

（8）高处作业。

2.监理对策

1）深基坑开挖与支护安全监理

在本工程中深基坑开挖、支护的监理工作重点有审查深基坑支护设计方案；对基坑开挖和支护施工旁站检查；控制地下水位和检查基坑排水；督促对基坑稳定性的监测；检查坑顶周边的堆载情况和安全防护措施。具体监理措施如下：

（1）审查深基坑支护设计方案

①在基坑开工前，监理工程师应组织专家对深基坑支护设计方案进行审查和安全评估：审查设计的边界条件是否清晰，是否全面地考虑到场地地质情况、地下水状况、周边的地下管线及附近的建筑物和构筑物情况，审查设计安全等级是否合理，支护措施是否可行，计算模型和计算过程是否正确，安全储备是否充足。

②审查基坑支护设计是否明确给出基坑顶部位移和沉降的安全警戒值及附近建（构）筑物位移、沉降、倾斜安全警戒值。

③审查设计图纸是否全面详细，是否符合规范要求。

（2）对基坑开挖和支护施工旁站检查

①要求基坑开挖遵循“竖向分层、纵向分区分段，先支后挖”的施工原则，每层开挖深度不得超过1.5m，每段纵向开挖长度不得超过60m。

②每层开挖后，要及时安装钢管内支撑，并按设计要求预加轴向力；或及时安装预应力锚索，锚索的钻孔位置、钻孔深度、注浆压力及锚索的张拉锁定等都应符合设计要求。只有当上层支护稳定后，才能进行下层开挖。

③在基坑开挖过程中，要求施工单位进一步核实场地地质情况和地下水情况，发现与设计条件不符时，应及时与设计单位联系，确定是否需要调整基坑支护措施，以保基坑稳定安全。

④当开挖至坑底标高时应及时用混凝土封底，以防坑底受水浸泡，降低坑底土层粘聚力，从而容易引起坑底隆起。

⑤基坑开挖支护施工完毕后，应督促施工单位尽快开始下道工序的工程施工，以避免基坑暴露时间过长，保证基坑支护结构在使用期内的安全和稳定。

（3）控制地下水位和检查基坑排水

①在基坑开挖和使用期间，应避免大幅度降低地下水位，以防附近建筑物、构筑物、地下管线和道路发生过多沉降，而影响其安全和使用功能，必要时应采取止水措施，以控制地下水位。

②要求施工单位做好基坑周边排水，坑顶周围应设置截水沟，防止外部雨水流入基坑。坑顶周边3m宽范围内必须用水泥砂浆封闭，防止雨水渗入土层，降低土层的粘聚力。

③要求在基坑底四角设置积水井，及时抽排基坑内的集水，防止基坑受水浸泡。

④对于基坑边墙渗漏水，要求施工单位进行局部钻孔注浆，以阻止地下水的渗漏。

（4）督促对基坑稳定性的监测

①应选择独立有资质的监测单位对基坑的稳定性进行监测，监测单位应编制详细的监测方案，监测内容应至少包括：坑顶水平位移、地表沉降、周边建（构）筑物变形、附近地下管线变形、地下水位等项目。

②监测单位应按规定的频率对各项内容进行监测，遇有暴雨、变形突然增大等情况，应增加监测次数，每次监测结果应准确，并及时将监测结果反馈给施工单位，以便指导施工。

③对于监测结果接近或超过警戒值时，要求施工单位停止施工，并分析原因，采取必要的加固措施。

（5）检查坑顶周边的堆载情况和安全防护措施

①要求在坑顶周边不得堆土，不得堆放建筑材料和设备，严禁搭设临时工棚；

②坑顶周边禁止运土车辆和大型施工机械行驶；

③要求在坑顶周边设置全封闭安全围栏，围栏安装应稳固，高度不得小于1.2m，并挂密目安全网。

2）暗挖隧道施工安全监理

（1）坚持以地质预报为先导的原则，时刻掌握隧道的地质情况，异常地质要有特殊的超前支护和初期支护措施。

（2）坚持先预支护后开挖的原则施工：采用超前小导管预注浆加固措施，在特殊地段采用大管棚施工。通过试验确定注浆的压力、配合比、浓度、固结范围，保证注浆能够达到预期的目的。

（3）采用合理的开挖方式：施工时严格按照“管超前、严注浆、短进尺、强支护、早封闭、勤量测”的原则进行。

（4）严格控制每循环进尺，开挖成形后及时进行初期支护，确保工序衔接，尽早施作仰拱封闭成环，以改善受力条件，对特殊地段缩小钢架的间距，加强初期支护。

（5）随时注意观察掌子面的情况，发现地质情况变化，及时采取相应处理措施，保证施工安全有序进行。

（6）加强监测，开挖初期支护后，量测拱顶下沉及边墙收敛、地面下沉与隆起、钢架内力，及时对数据进行分析，发现异常情况立即上报，并采取相应处理措施。

3）盾构机掘进施工安全监理

（1）盾构机掘进施工总体安全控制措施

①工程施工前，对盾构机等机电设备和施工设施进行全面的安全检查，未经有关安全部门验收的设备和设施不准使用，不符合安全规定的地方要立即整改完善，并在施工现场设置必要的护栏、安全标志和警告牌；

②每一工序前，作出详细的施工方案和实施措施，及时做好技术及安全工作的交底，并在施工过程中督促检查，严格执行，坚持特殊工种持证上岗；

③加强现场洞内外用电管理，照明、高压电力线路的架设应顺直、标准，保证绝缘良好。

④各种吊运机具设备正式使用前必须组织试吊、试运行，合格后方可进行吊装作业。

⑤重视个人自我保护，所有进洞人员必须戴安全帽。施工人员尤其是充电工、高空作业人员、喷射手和注浆作业人员，必须按规定带好防护用品；

⑥加强施工监控量测，特别是对隧道施工影响范围内的地表建筑物、地中埋设管线等涉及居民生活和安全的建筑物，制定监控量测方案，实行专人负责，及时反馈监测信息，调整施工方法，确保地表建筑物的安全。

（2）盾构机进、出洞安全监理控制措施

①盾构机进、出洞是盾构掘进的特殊环节，最易发生意外情况。盾构机进、出洞时，需先将进、出洞井预留孔位置外侧一定范围的土体进行改良（端头墙加固），使土体的抗剪、抗压强度提高，透水性减弱，使土体具有自身保持短期稳定的能力，改良方法多采用深层搅拌法、旋喷法、钻孔灌注桩法等。改良完毕要对加固质量进行检查（测），确保其无侧限抗压强度、渗透系数等自立性技术指标达到要求。

②盾构机进、出洞过程中，监理应密切注意，发现不安全因素应及时督促

施工单位整改，确保安全施工。同时应要求施工单位备足应急抢险设备和材料，制订应急情况处理预案。

③审核并批准施工单位的进、出洞加固方案。

④督促并协助施工单位调查盾构进、出洞区域内的地下管线和建筑物情况，明确保护标准，审查并批准施工单位的管线和建筑物的保护方案。

⑤对施工单位的土体加固施工进行跟踪检查和监控。

⑥督促施工单位按时检测地基加固的效果，并对检测结果是否满足设计要求进行确认。

⑦在盾构出洞前，督促施工单位对洞门外的土体进行探测，以确认洞门外土体是否有渗水和流砂现象，保证盾构的顺利安全出洞。

⑧检查并督促施工单位在盾构进、出洞前，落实应急方案及措施，全部应急设备和物资应到位。

（3）盾构隧道下穿建筑物安全监理控制措施

①审核并批准施工单位下穿建筑物专项施工方案，该专项方案务必组织专家进行方案评审，确保方案的安全可靠；

②督促施工单位调查下穿建筑物施工区域内的地下管线情况，明确保护标准，审查并批准施工单位的管线的保护方案；

③对施工单位的建筑物及其土体加固施工过程进行全过程跟踪检查；

④督促施工单位按时检测地基加固的效果，并对检测结果是否满足设计要求进行确认；

⑤督促施工单位加强对盾构下穿建筑物的监控量测工作，若发现异常现象，务必暂停施工，待查明原因并消除安全隐患后方可恢复施工；

⑥检查施工单位落实应急方案及措施，全部应急设备和物资应到位。

4）施工机械和设备等安全监理

（1）检查施工现场实施机械安全管理及安装验收制度。使用的施工机械、机具和电气设备，在投入使用前，应按规定的安全技术标准进行检测、验收，确认机械状况良好，能安全运行的才准投入使用。

（2）检查机械施工操作制度。使用期间，操作人员必须按照说明书规定，严格执行工作前的检查制度和工作中注意观察及工作后的检查保养制度，保证机械设备的完好率和使用率。

（3）检查操作人员的操作资格。各种机械操作人员和车辆驾驶员都必须经过培训合格后才能持证上岗。不准操作与操作证不相符的机械，不准将机械设备交给无本机械操作证的人员操作，对机械操作人员要建立档案，专人管理。

（4）检查各种管理制度。所有机械均应分别制定安全操作规程，并挂牌上墙。驾驶室或操作室应保持整洁，严禁存放易燃、易爆物品，严禁酒后操作机械，严禁机械带病运转或超负荷运转。用手柄启动的机械应注意防止手柄倒转伤人。向机械加油时要严禁烟火。严禁对运转中的机械设备进行维修、保养、调整等作业。指挥施工机械作业人员必须站在可让人眺望的安全地点并应明确规定指挥联络信号。

（5）实施定期监理检查制度。使用钢丝绳的机械，在运行中严禁用手套或其他物件接触钢丝绳，并经常上油和检查钢丝绳的完好程度，以确定其安全性。

（6）定期组织机电设备、车辆安全大检查，对检查中查出的安全问题，按照"三不放过"的原则进行调查处理，制定防范措施，防止机械事故的发生。

5）管线保护安全监理

（1）管线调查

督促施工单位在现有设计提供管线资料及保护方案基础上对车站施工范围内管线进行补充调查和物探，结合地质情况和周围环境综合分析，同时提出管线保护方案。

（2）确定管线允许变形量

在管线调查的基础上，根据管线适应变形的能力重点分析长管（如采用焊接接头的煤气、上水管等）的适应性与接头管（即管线采用管节构造接头）的适应性，确定各类管线的允许变形量，提出本标段管线不超过50mm的变形警戒值。

（3）受地层变形影响的管线保护

①加强施工管线监控，根据不同的管线建立各类管线的管理基准值，通过监控量测及时掌握管线变形状况，及时调整施工工艺，确保管线保护管理在可控状态有效进行；

②加强地面沉降监测，尤其对沉降敏感的管线要布点监测，并及时分析评估施工对管线的影响，根据施工和变位情况调节观测的频率，反馈指导施工；

③当施工前预测和施工中监测分析确认某些重要管线可能受到损害时，将根据地面条件、管线埋深条件等制定临时加固保护方案，并上报有关部门批准后实施。

6）施工用电安全监理

（1）检查施工现场临时用电安全，严格按《施工现场临时用电安全技术规范（附条文说明）》JGJ 46—2005的有关规定执行。

（2）检查操作人员持证上岗。临时用电线路的安装、维修、拆除均由经过培训并取得上岗证的专业电工完成，非电工不准进行电工作业。

（3）电缆线路应采用“三相五线”接线方式，电气设备和电气线路必须绝缘良好，场内架设的电力线路其悬挂高度和线间距必须符合安全规定，并架在专用电杆上。

（4）检查设备的安全保护措施的落实。变压器必须设接地保护装置，变压器设围栏，设门加锁，专人管理，并悬挂“高压危险，切勿靠近”的安全警示牌。室内配电柜、配电箱前要有绝缘垫，并安装漏电保护装置。各类电器开关和设备的金属外壳均应设接地或接零保护。防火、防雨配电箱，箱内不得存入杂物，并且要设门加锁，专人管理。

（5）移动的电气设备的供电线路使用橡胶电缆，穿过场内行车道时，穿管埋地敷设，破损电缆不得使用。

（6）检修电气设备时必须停电作业，电源箱或开关握柄上挂“有人操作，严禁合闸”的警示牌并设专人看管。必须带电作业时要经有关部门批准。

（7）现场架设的电力线路，不得使用裸导线。临时敷设的电线路，必须安设绝缘支撑物，不准悬挂于钢筋模板和脚手架上。

（8）主要作业场所和临时安全疏散通道保持24h安全照明和警示标志，施工现场使用的手持照明灯使用36V的安全电压，在潮湿的洞室开挖使用的照明灯则采用12V电压。

（9）严禁用其他金属丝代替熔断丝。

7）施工用火和工地消防等安全监理

（1）检查工地防火责任制。

（2）检查施工场地消防安全通道，现场消防器材。

（3）检查消防安全教育培训计划和管理办法的落实。

（4）对重点部位（危险仓库、油漆间、油库、木工间等）的消防安全监理。检查专人管理，落实责任。按要求设置警告标志，配置相应的消防器材。

（5）检查动用明火审批制，按规定分级别，明确审批手续，并有监护措施。焊割作业应严格执行“十不烧”规章制度，动火必须具有“二证一器一监护”才能进行。

（6）检查非重点仓库及宿舍，明确明火手续，并有监护措施。

（7）检查消防设施的维修保养制度。酸碱泡沫灭火器由专人维修、保养，定期调换药剂，标明换药时间，确保灭火器效能正常。

（8）检查消防人员持证上岗。如危险品押运人员、仓库管理人员和特点工程必须经培训和审证，做到持有效证书方可上岗。

（9）核查施工现场四周道路旁侧城市专用消防龙头，加强防火巡查，消灭事

故隐患。

8）高处作业安全监理

（1）高处作业必须系安全带，安全带应挂在牢固的物体上，严禁在一个物体上拴挂几根安全带或一根安全绳上拴几个人，临边作业应设置防护围栏和安全网，悬空作业应有可靠的安全防护措施。

（2）高处作业遇有架空输电线路时，安全距离必须符合相关规定，当保持安全距离有困难时，应停电或采取可靠的安全防护措施，并经有关部门批准后方可作业。

（3）高空交叉作业时必须做好交叉施工联络信息，高空作业时，应与地面作业人员进行联络，地面作业人员应进行停止作业，防止高空坠物。

（十三）组织协调工作重点、难点分析及监理对策

1.重点、难点分析

本标段工程属于复杂的系统工程，工程规模大，包含专业多，工程内部及外部协调是其重点和难点所在。协调内容包括土建与机电设备安装、装修单位、轨道施工单位的工程交接等，还包括土建、机电设备安装、装修进入轨行区施工作业与轨道施工的协调等，需要进行大量协调工作。勘探单位和设计单位需要与工程建设密切配合，需要协调处理工程施工与设计的相关问题。建设单位和施工单位是合约的双方，在双方履行各自职责的过程中也需要进行协调。另外，工程建设还需要接受质监部门、安监部门监督。工程拆迁、绿化砍伐和地下管线迁移需要同多个政府部门联系；交通疏解需要同交管部门协商；工程建设将受到环保部门监督；工程造价要受审计部门审核。本工程建设对内对外协调面广，协调工作量大。

2.工程内部协调监理措施

（1）标段内不同土建施工单位之间协调：协调场地和临时道路使用，协调临时用水用电，协调测量控制点的使用，协调施工顺序和施工进度安排，协调施工分界面，协调不同标段之间的预留预埋。

（2）设计单位与施工单位之间协调：要求设计单位及时提供设计图纸和专业详图，并对设计内容进行技术交底，施工单位应将设计图纸中不明确或错误之处及时向设计单位反映，设计单位应及时派人参加现场变更处理和对工程的验收。

（3）勘探单位与施工单位之间协调：勘探单位要提供详细全面的地勘报告，施工单位应将现场异常地质情况反映给勘探单位，勘探单位需要对现场基坑、明挖段开挖施工的地层地质进行确认。

（4）第三方监测与施工单位之间协调：第三方监测单位需要编制详细的基坑开挖监测方案，说明监测方法、监测内容、监测目的和监测时间，监测单位应当将监测结果及时反馈给施工单位，以便调整施工方案、施工顺序或采取其他的必要措施。

（5）建设单位与施工单位之间协调：建设单位应及时提供施工场地、临时用水用电和测量控制点资料，应及时支付工程进度款；施工单位应完成合同规定的全部义务。

（6）质监站、安监站与现场工程建设之间协调：协助质监站、安监站对工程质量和施工安全进行监督和检查，对于提出的整改意见，督促施工单位尽快落实。

3.工程外部及周边协调监理措施

（1）与政府国土管理部门之间诸多征地协调：确定车站及区间明挖段周围征地拆迁的范围，协助对征地拆迁的宣传和动员，组织召开拆迁会议，参与征地拆迁谈判，草拟补偿赔偿协议，督促拆迁施工进度，以保证地铁工程按期开工。

（2）与沿线相关单位和居民的协调：包括工程土方运输所产生的粉尘及大型机械施工所产生的噪声等影响与周边居民工作和生活的协调，还包括地铁打围施工与周边居民小区和单位进出道路或交通组织、疏导协调等。

（3）与绿化部门协调：标段范围内的绿化迁移协调等。

（4）与自来水公司协调：施工临时用水、基坑开挖迁移和保护地下给水管线、临时停水，新建工程给水管道与市政给水管网接驳协调等。

（5）与供电局协调：施工临时用电提供，车站开挖范围内地面变压器、架空线的改造，地下电缆迁移和保护等。地铁供电系统与市政电网驳接。

（6）与电信公司协调：监理本标段工程开挖范围内的地面架空线落地，地下电信管线迁移和保护。地铁通信网络与市通信网络驳接。

（7）与交管部门协调：监理本标段工程段内的交通改道和交通疏解，在各主要施工路口需要交警配合指挥交通，各种施工运输车辆需要按交通规则行驶。

（8）与城管部门协调：监理本标段工程开挖和回填的土石方运输不得污染市政道路，土石方运输车辆应在规定时间和按指导路线行驶。

（9）与环保部门协调：监理本标段工程施工不得污染周边环境和附近河流，需要接受环保部门的监督和指导，对于环保部门提出的意见，要求施工单位加以落实。

（10）与审计部门协调：在施工招标阶段，工程标底要由审计部门审核，现场重大工程变更应邀请审计部门参与讨论，工程竣工结算需要配合审计部门审查。

九、某化工项目

某50万t/年合成氨、80万t/年尿素项目施工阶段监理招标项目，建设规模（总投资）约28.8亿人民币。

甲醛贮罐焊接施工，安全系数较大，在进行甲醛贮罐焊接施工过程中，必须考虑潜在的安全隐患，确保甲醛贮罐焊接施工质量。因此，确保甲醛贮罐焊接施工安全是甲醛贮罐焊接施工中监理工作的重点和难点。

（一）甲醛贮罐焊接的监理重点、难点

在整个甲醛贮罐的施工过程中，甲醛贮罐的焊接是最为重要的。焊接的效果不好，会造成甲醛贮罐的泄漏。在焊接时，必须严格遵守国家的各项标准，严格按照操作要求进行焊接。在对甲醛贮罐进行焊接监理时，将采取以下对策：

（二）甲醛贮罐焊接施工质量控制监理措施

1.焊接之前的监理措施

（1）监理人员必须严格审查进场焊接工人的证件，看其所考取的证件是否和本施工项目相同。

（2）在焊接施工之前，监理人员必须依据力学性能对焊接的各项工艺进行评定，焊接工艺的评定标准可以参照《球形储罐施工规范》GB 50094—2010、《钢质管道焊接及验收》GB/T 31032—2014执行。与此同时，在施工之前，监理人员必须依据焊接工艺评定的相关要求制定施工作业指导书，以便能够对甲醛贮罐焊接进行指导。

（3）焊工上岗之前，监理单位要求施工单位组织一次考试，考试的内容应和本次工程的施工相关。考试的主要目的是检测焊工的技术是否符合本次管道施工的要求。考试之后，如果合格，监理单位方可同意参与本次工程的焊工进行焊接作业。

（4）施工单位必须具备比较完善的焊接质量管理体系，同时还必须拥有一批技术过硬、素质优良的专业焊接工以及质量检测人员。

2.对焊过程以及焊接后的监理措施

（1）甲醛贮罐由于有非常大的危险性，如果操作不注意，就会引发非常严重的安全事故。因此，通常情况下，监理单位要对甲醛贮罐的整个工艺进行全方位的监督。在焊接工作中，对于焊接环境以及坡口加工和组对等，必须进行严格的管控。另外，对于在焊接作业指导书上所制定的各项焊接要求，必须严格遵守，

确保甲醛贮罐焊接无恙。

（2）在焊接完成之后，监理人员要对焊接的接口进行全数检查，查看焊接是否已经达到标准。如果都符合标准，要对全部的焊接缝进行100%X射线探伤检测，同时，被焊接的甲醛贮罐质量要达到规定的二级要求。

3.施工质量控制措施

（1）现场制作甲醛贮罐的重点及难点主要是内外罐的焊接，在下料、组对、坡口和焊接时都应严格按照焊接工艺评定执行。

其中内罐材质为S30408，外罐材质为16MnDR，这两类钢材均有着良好的焊接性能，虽然工作条件为-162℃低温，但通过精密措施控制好焊接热输入，采用尽可能小的焊接线能量保证焊缝及热影响区的抗低温韧性，就能够保证焊接质量。

（2）施工时，应首先进行底板和环形板的焊接，其次进行中幅板、边缘板焊接，随后再是壁板与加强圈的焊接，再是吊顶和拱顶的焊接，最后是相关附件的焊接。

（3）外罐拱顶板、加强筋制作均用二氧化碳保护焊。以上所有焊缝均采用氩弧焊打底，手工电弧焊盖面。

（4）底板环形板的焊接

内、外罐底板环形板焊缝均为对接形式，由于板材较厚，一般采用双面焊。为便于清根，反面开Y型坡口，正面清根。施焊时，为减小热影响力及保证焊接质量，一般由数名焊工分别隔缝、对称，由边缘向中心方向施焊，使用分段退焊或跳焊法，先用电焊固定，再焊短焊缝，最后焊长焊缝。

（5）底板中幅板、边缘板焊接

中幅板和边缘板焊接前应先进行组对点焊，组对点焊应使相邻板贴合紧密。电焊固定后，再焊接A类焊缝，将中幅板拼为若干长板条；最后焊接B类焊缝，将各个长板条焊为整体。

对于B类长焊缝，为确保焊接质量，应至少有两名焊工对称由中心向两边采用分段退焊方法施焊。

A、B类焊缝至少焊两道，焊接完成后需进行热处理，以防止热应力不均匀从而影响焊接质量。

（6）环形板与边缘板的焊接

环形板与边缘板的焊接分两步进行，第一步是边缘板和壁板之间角焊缝的焊接，其次是环形板与边缘板间的角焊缝。角焊缝焊接完成后，一般要利用渗透和超声波方法检测焊接质量。

（7）焊缝组对及焊接

甲醛贮罐施工质量的关键就是焊接质量，而保证焊接质量的基础就是板材组对时焊缝间隙的控制，工程中一般采用间隙片控制焊缝间隙，焊缝间隙还可用焊缝检验尺来检测，间隙的大小按照设计或焊接工艺评定的规定执行。

对于环焊缝、壁板与底板环形板的焊接：为保证环焊缝、贮罐壁板与底板环形板的角焊缝能够自由收缩，最大幅度减小底板的变形，降低焊缝所承受的应力，焊接时，应由数名焊工均匀分布，向同一方向施焊，采用分段退焊的方法逐步施焊。

对于丁字焊缝和需手工补焊的位置及厚板打底焊，应采用焊接工艺与纵缝施焊工艺相同的钨极气体保护焊。

（8）罐壁抗风圈、加强圈的施工焊接

抗风圈、加强圈安装前，应复测罐壁椭圆度，调整合格后方可安装。抗风圈、加强圈应分段预制，划线点焊限位板（利用加强筋板），然后先焊接加强圈的纵向或径向焊缝，再焊壁板与加强圈之间的环焊缝，由数名焊工沿圆周均匀分布、对称、隔缝同时施焊。

抗风圈、加强圈在安装前，按设计文件划出其安装位置线，抗风圈、加强圈离环缝的距离不应小于150mm，抗风圈、加强圈遇罐壁纵缝处，应开半圆形豁口，豁口两侧50mm范围内不进行焊接。

为了减少高空作业和加快施工速度，在壁板安装前，在单张壁板上安装加强筋，在立缝处预留1.5m长的小段不安装，待该圈壁板安装完、立焊缝完成后，再安装预留的小段加强筋。

甲醛贮罐的焊接是整个施工质量控制监理中的重中之重，施工期间，监理人员一定要严格要求施工单位按照《设计说明书》及《施工组织设计》的要求认真实施，焊接完成后需要根据设计要求对焊缝质量进行无损检测，随时掌握焊接质量，实行可追溯性管理，只有严格遵守相关程序，才能使整台甲醛贮罐的安装质量得到全面控制。

（三）甲醛贮罐防腐监理重点、难点

甲醛贮罐的防腐工作具有非常重要的作用。特别是在人口比较稠密的地区，如果防腐措施不当，一旦甲醛贮罐出现锈蚀，甲醛贮罐就会存在穿孔风险，使得甲醛贮罐的安全受到严重的威胁。当前，甲醛贮罐一般采用的是钢制结构，防腐层通常使用的是3PE加强级防腐结构。因此，在进行甲醛贮罐防腐时，监理人员要对防腐层的处置进行严格的监督。

（四）甲醛贮罐防腐监理对策

1. 防腐前的监理对策

（1）要强化对防腐人员的管理。在施工上岗之前，防腐人员需要接受相应的培训，对于防腐材料的性能以及具体的操作流程务必有一个了解，因此，在获得上岗证之后才能进行施工作业。

（2）焊接口的防腐施工。在把防腐材料运到施工现场之前，必须向监理进行报验。监理要对这批防腐材料的性能是否达标进行检测，同时还要检查防腐材料的合格证以及质量证明书等。在对焊接口进行修补之前，监理人员应要求焊接施工人员先把焊接口清洗干净。清洗工作主要是除锈，为了尽量减少人为因素的影响，通常情况下要使用喷砂进行除锈。对于除锈的等级按照相关的规定，要达到《涂覆涂料前钢材表面处理　表面清洁度的目视评定》GB/T 8923里所规定的2.5级。补口搭接部位的聚乙烯层必须要打磨到表面粗糙为止，之后再运用火焰加热器预热补口部位，其温度通常要达到60℃。

2. 防腐施工中的监理对策

（1）对甲醛贮罐进行修补。通常情况下，防腐层经常会出现损坏，因此，需要对防腐层进行补伤。在进行修补时，如果防腐层损害程度小于30mm，那么修补的方式主要采用辐射交联聚乙烯，如果出现损伤的部位大于30mm，首先要使用补伤片修复，之后再在修补部位的外面裹上一层热收缩带，收缩袋的宽度必须比补伤片大，大约多出补伤片50mm。

（2）在修补完成之后，要对修补的部位进行认真检查。修补部位的表面不应该出现褶皱以及气泡等。

十、某高速路桥项目

1. 工程特点、难点分析及监理对策

1）工程特点、难点分析

（1）本标段共有24座桥梁，其中有两座特大桥，全长4780m。两座桥梁位于泄洪地段，桥梁桩基施工时需首先设置桥梁的施工便道，需临时处理多处养殖塘，需要涉水施工作业，给桥梁施工和施工便道的设置增加了很大难度。桥梁桩基施工进场难度大，施工阻碍多，施工组织难度大，根据实际施工进度，需要在8个月内完成全部桩基1510根，每个月要完成将近200根才能保证工期，无论是钻机配备，钢筋、混凝土等材料供应，还是电力设施配置，各个环节必须相互协

调，确保两座特大桥桥梁下部施工进度和质量。

（2）梁板预制达到3148片，方量98000m^3，由于梁板预制的正常有效施工工期只有420d左右，确保按计划完成每天预制梁板数量，对梁板的预制生产能力和安装推进提出了很高的要求，桥梁上部结构型式多样，尺寸较多，给梁板预制的规范化施工提出了很高的要求。主桥4780m的梁板安装推进难度很大，如下部结构受到影响，梁板推进受到阻碍，将极大地影响梁板的预制和安装进度。

（3）本工程径山枢纽，跨越杭长高速公路，包括主线T梁、匝道钢箱梁施工，大禹谷通道桥跨越省道207，其他桥跨越地方道路较多，边通车边施工，安全隐患大，需设置合理的交通组织方案。因此跨线施工是施工监理重点、难点。

2）监理对策

为圆满完成本项目建设目标，应组织专家对项目建设特点、难点进行深入分析，应用科学先进的管理手段，为业主、为社会提供全过程、全方位的优良服务。

2.本工程特点、难点分析及监理对策

如表4-4所示。

本工程特点、难点分析及监理对策一览表 **表4-4**

序号	要点	工程特点描述	监理对策
1	工程规模大、影响深远	本标段路线穿越地形复杂，工程规模大，交叉路线多，设置一个枢纽、两个互通，工点相对分散。本标段合同工期只有27个月，而桥梁有效施工期为20个月，包括施工准备、路基开挖、填筑、桥梁、涵洞施工等全部工程，工期紧、任务重、风险大	为确保项目建设目标的顺利实现，公司成立项目领导小组，抽调丰富的监理人员组建优质高效的项目管理团队，根据业主的管理要求，督促施工单位建立健全管理体系和制度，全面策划，统一管理，集中优质资源，做到科学建设、和谐建设
2	外部环境复杂	本工程穿越某省、市、区、镇及街道，涉及7个村，项目红线范围内及红线外便道占用场地有大量水塘、农田保护区、耕地、村庄房屋等，政策处理难度大	成立以建设、监理、施工三方联合“征迁协调小组”，专门攻关土地协调难题
3	施工组织难度较大	（1）本标段路基填挖方不平衡，路基填方：302万m^3、路基挖方：230万m^3，缺方50万m^3左右（主要缺石方）。本标段路基施工需合理安排好挖方和填方，确保挖方得到合理利用，减少资源的浪费。 （2）ZK60+651.2～ZK66+339.25段两座特大桥梁连在一起，长度达5688m，位于泄洪区域，跨越高速公路和多条溪流及堤坝、多处养殖塘，对桥梁施工组织要求提出了很高要求。桥梁施工便道需尽快安排贯通，保证施工进场和运输通畅，桥梁下部结构施工需要涉水作业，多条	督促施工单位优化施工组织设计，合理设计施工便道和大型临建工程，在大桥起点和终点处设置主、副拌和站和主、副钢筋加工场，减少运距，确保施工进场。合理划分施工段落及配置相关作业队伍，保证施工资源配置，制定施工进度计划及保证措施，确保流水均衡施工

续表

序号	要点	工程特点描述	监理对策
3	施工组织难度较大	溪流需在5月前完成（洪水期前），涉及高速公路基础及下部结构也需在5月完成，时间非常紧张。 （3）ZK60+651.2～ZK66+339.2桩基共1208根，梁板2752片。两座特大桥为本项目部的重要控制性工程。桩基和下部结构需有序推进才能确保梁板的正常安装。如果中间因征迁问题或施工问题中断，梁板不能有序推进，将会给梁板的正常预制造成严重的阻碍，这给施工组织的安排提出了很高的难题。其他以小桥为主，比较分散，管理难度大	督促施工单位优化施工组织设计，合理设计施工便道和大型临建工程，在大桥起点和终点处设置主、副拌和站和主、副钢筋加工场，减少运距，确保施工进场。合理划分施工段落及配置相关作业队伍，保证施工资源配置，制定施工进度计划及保证措施，确保流水均衡施工
4	施工技术难度较大	（1）交通枢纽主线跨越高速大桥，采用T梁，匝道桥采用钢箱梁。施工技术难度大，此高速涉及道路加宽、拼宽桥施工等，涉路施工范围广、周期长、道路交通组织难度大、方案审批周期长。 （2）上部结构型式多样，有预制T梁、预制空心板梁、钢混组合梁等，异型结构多，跨径变化频繁，施工技术难度较大。 （3）高边坡施工技术难度大。 （4）岩溶地段桩基施工难度大	督促施工单位对重大分部分项施工方案进行专家论证，并要求选派施工经验丰富的施工作业队伍，精细管理，精细施工，确保质量目标得以实现
5	交通安全组织难度较大	本项目有三处交通枢纽，其中有交通枢纽跨越高速公路，包括主线T梁、匝道钢箱梁施工，通道桥梁跨越省道，其他桥跨越地方道路较多，其交通安全组织施工难度较大	要求施工单位制定合理有效的交通组织方案，建立交通应急方案，加强与地方路政、交警等联动，确保交通安全有序，实现施工零接缝
6	施工环境复杂，安全、环保要求高	路线横跨某高速公路，且施工区域及附近涉及高压电线，安全施工要求高；本项目位于丘陵地区，附近众多生态林、水库、溪流、苗木基地，环境保护要求高。对施工安全管理、环境保护提出了极大地挑战	要求施工单位合理科学制定安全及环保体系和措施，积极联系相关业主单位、安监部门、环保部门，研究制定专项施工方案、环保措施和各项应急处理措施，打造“安全、生态、环保”高速

十一、某公路项目

（一）监理质量控制重点、难点分析及监理对策

某公路监理招标项目，标段路线穿越地形复杂，工程规模大，交叉路线多，设置一个枢纽、两个互通，工点相对分散。本标段合同工期只有27个月，而桥梁有效施工期为20个月，包括施工准备、路基开挖、填筑、桥梁、涵洞施工等全部工程，工期紧、任务重、风险大。

结合工程特点，应充分考虑不利因素，确定质量控制重点及难点，采取行之有效的预控手段及质量控制措施，杜绝质量事故发生，减少质量通病，确保实现既定质量目标。

1.加强低填方和挖方路基基地处理质量控制，确保基底压实度和路床弯沉符合要求是本工程路基控制的重点。

一般公路工程路基大部分处于低填方、挖方，必须采用可靠的措施保证这些路段工程质量。

监理对策：

(1)组织监理人员和施工单位对低填方路段和挖方路段进行现场踏勘，根据工程实际情况约请设计人员和项目管理人员进行现场制定方案。

(2)严格按照城市快速路的标准进行填前处理，所有填方低于80cm路段要求施工单位下挖到路床80cm以下，保证路基填筑厚度不小80cm，并且每层压实度按照96%进行控制。

(3)要求施工单位对重大分部分项工程专项施工方案进行专家论证评审。监理工程师在审批方案中要特别注意施工单位对基底的处理措施、填筑材料的选用、厚度和压实度控制标准。

(4)对基底实行二级验收，即现场监理验收完成后，必须报总监办进行验收，确保基底处理质量。

2.本工程路基存在诸如排水渠、垃圾填埋坑、农用地等不良地质地基时，监理应在填方前督促施工单位严格按照设计图纸要求进行基底处理，并达到设计要求，是此项监理工作的重点之一。

监理对策：

(1)对排水渠、旧边沟、农用地等处理前，要求施工单位钎探，并将钎探结果上报项目管理处设计部门审定，以便慎重决定图纸给定处理方案是否可行。

(2)如有问题，及早与业主、设计沟通并召开专题会议，必要时聘请有关专家商讨处理方案，按照所制定的方案严格实施。

(3)抓好施工现场清理工作。清理工作完成后，必须经业主、设计师、监理三方验收合格后，才可进行下步处理工作。

(4)加强现场监理力度。在制定方案的图纸上，对要求的回填材料严格把关，不合格材料坚决不得用于回填处理。

(5)加强监理旁站力度。严格控制回填厚度，确保回填厚度不小于设计要求。

3.确保本工程桥梁工程质量，减少质量通病，有效控制桥头回填质量，处理好刚柔结合部位，防止桥头跳车是质量监理难点。

监理对策：

（1）选用级配良好的天然砂砾作为桥头回填材料，严格控制填料质量，剔除超粒径填料。

（2）进行全过程旁站，加大现场检测力度，严格控制分层厚度，确保饱水碾压，边角处要采用小型夯实机具补夯密实。

（3）确保桥头搭板二灰垫层施工质量，严格分层铺筑，碾压密实，确保压实度、强度等符合设计要求。搭板二灰垫层与桥头引道二灰底基层应合理过渡，设置大于5m的过渡段，尤其应严格控制二灰过渡段施工质量，搭板二灰垫层与引道底基层不能同期施工，应合理选择接缝位置。

（4）严格控制刚柔结合部位路面结构层施工质量，特别是底基层、基层、底面层与桥头搭板结合部位的施工质量，在施工过程中要防止材料离析，确保碾压密实。

4.路面基层厚度不均匀和未形成板体是导致路面各种病害的一个重要原因。加强新建路面石灰粉煤灰碎石原材、成品料质量控制，采用摊铺机进行水稳的摊铺，严重控制各项技术指标符合要求，确保水泥稳定碎石的施工质量，是本工程的重点之一。

监理对策：

加强监理中心试验室对承包施工单位试验系统的管理与监控，着重监控施工单位石灰粉煤灰碎石的级配和配合比兑现率，加强对监理的检验试验和含灰量滴定试验的监控；加强对施工单位执行原材料监理试验程序的监控。

（1）召开专题会议，研究石灰粉煤灰碎石的生产工艺要求，解决易产生反射裂缝的问题。

（2）生产单位要加强石灰粉煤灰碎石的拌和质量管理，要求按规定指标进行设备及生产工艺的改造。

（3）在施工前及施工中监理做好以下工作：

①认真审查施工单位用于底基层、基层的材料是否符合设计要求并做平行验证试验，验证材料质量，并签署意见。

②审查施工单位混合料配合比设计，并做验证试验，特别是材料粒径、级配、塑性指数及混合料的最佳含水量、强度、最大干容重等试验。认真检查并参与施工单位施工配合比的调试，注意检查是否与设计配合比相符或基本相符，各项指标是否满足设计要求。

③石灰粉煤灰碎石混合料必须在料场集中拌和。

④要求施工单位先进行试验段，成功后再正常施工，并取得有关经验和数据以便指导施工和监理。如机械设备的组合、施工段落长度、松铺系数、最佳含水量混合料拌和后必须摊铺碾压完的极限时间等。

⑤在任何情况下，拌和的混合料都应均匀，含水量适当，既无粗细粒料离析现象，也无固结现象。摊铺过程中应要求施工单位提出防止离析的措施和补救办法。

⑥施工单位应根据试验路段总结的施工工艺和施工机械进行混合料的施工，在最佳含水量时进行碾压，碾压应先轻后重，一般路段由路肩向中线方向碾压或超高段由内侧向外侧进行碾压，按规定重叠宽错轮碾压，并碾压至要求的压实度为止。按重型击实试验法确定的压实度代表值，底基层达到97%以上，基层达到98%以上。

⑦加强旁站，按不少于规定频率的次数抽检混合料的含灰量、级配、压实度、强度及随时检查含水量。应特别注意含灰量的随机，高频率检测，设立相应台账加强对生产单位的管理。

⑧加强对已完段落平整度、厚度、纵断高程、横坡、宽度检查并按设计要求做弯沉检查。

⑨加强养护，保证强度增长。基层成型后控制交通开放，以便清除表面浮土。

5.沥青混凝土路面是道路工程施工的重点部位，确保合同和有关技术规范、标准所规定的内容全面落实，是监理工作控制的重点。在施工中严格控制原材料质量、严格按照配合比进行拌和、严格按照批准的工艺进行施工，避免因沥青混凝土施工原因而产生网裂、拥包、啃边等病害。

监理对策：

(1)沥青混凝土原材料控制

①加强原材料质量检验工作，监理对于施工单位选定的材料进行追踪检查，对于碎石、沥青、砂、矿粉等主要材料要查明产地、规格、性能，以“批”为单位按规范审查，复试施工单位的材料试验结果，做好原材料和混合材料申请、使用台账，做好材料取样试验工作。

②加强对拌和站质量保证体系与措施的检查和生产过程控制。在施工生产过程中，加强对拌和站的生产过程控制，监理对集料颗粒组成均匀性、配比控制的精度、拌和均匀性、拌和温度、出厂温度等进行现场抽查，并通过取样进行马歇尔试验，并检测混合料的矿料级配和沥青用量。

（2）施工过程的控制

①合理控制碾压段落长度，压实度与平整度指标统筹考虑，确保在充分压实的前提下来提高平整度，避免由于压实不足引发的空隙率不当，造成空隙率超标，致使沥青面层产生破坏。

②在沥青路面施工初期，组织相关监理，约请业主代表参加，严格检查摊铺、碾压等施工机械设备的配套情况、性能、计量精度，满足合同规定条件时方可开工。总监理工程师组织沥青面层施工全过程旁站监理工作，要求施工单位主要负责人必须跟班作业（主要负责人在施工现场的时间：摊铺机预热、第一车混合料到场、横纵向接头处理直至碾压完成为止），监理须随时（每天施工作业开始时必查）检查沥青混合料的拌和温度、均匀性、出厂温度、平整度，督促施工单位并逐个断面测定路面几何尺寸。监理还应按规定频率进行抽检和旁站检验，施工过程中使用核子密度仪及时检查施工压实度，严格控制碾压遍数。通过钻孔取芯确定压实度是否符合规范标准。

③要特别注意路面结构层之间的结合质量，应结合紧密，不产生层间滑动或松动而丧失整体性，因此必须控制层间清洁和粘（透）层油洒布质量。

④监理要严格执行施工试验段制度，督促施工单位认真总结，在试验段总结报告符合要求，施工交底合格后，方可进行展开施工。通过试验段施工应解决：确定施工机械设备型号、数量和组合方式；确定拌和机上料速度、拌和数量、拌和时间、拌和温度等操作工艺；确定透层油的沥青标号、用量、喷洒方式和温度；确定摊铺机的加热温度、速度、宽度和自动找平方式等操作工艺；确定压路机的型号、组合、压实顺序、碾压温度和遍数等工艺；验证沥青混合料配合比、保证生产使用的矿料配合比和沥青用量，确定混合料的松铺系数、接缝方法；确定压实度的对比关系（钻孔法与核子密度仪法对比），确定压实标准密度；全面检查材料及施工质量；确定施工产量、作业段长度，修订工程进度计划；确定施工组织、管理体系，质量保证体系、人员、通信联络、现场指挥方式。另外，应将基面存在的各种污染、松散、不平整、纵断高程及路面横坡缺陷、路缘石与路面的顺接不顺等问题解决在摊铺之前。

⑤执行“准铺证”制度，重点落实施工单位摊铺前的准备工作。有关工序将在施工单位自检、监理验收合格，施工机械设备及人员配备、沥青混合料生产供应等具备摊铺条件后签发“准铺证”。

⑥路面摊铺施工时，抽调有经验的监理人员成立路面摊铺监理小组，对全过程进行旁站监理。严格控制沥青混凝土摊铺作业，按施工工艺方案实施。

⑦较大的交叉路口摊铺要求施工单位分别制定摊铺方案，并进行审批落实。

⑧在沥青混凝土施工过程中，将安排专人按规定对沥青混凝土的生产质量提供保障。

6.重视路面层间结合部位施工，严格控制粘层油质量、确保洒布足量、厚度均匀，是保证三层沥青混凝土整体受力的关键。

监理对策：

（1）严格控制粘层油质量，确保粘层油的品种和沥青固体含量满足设计要求。

（2）杜绝在气温低于10℃进行粘层油施工。

（3）要求施工单位必须采用沥青洒布车喷洒作业，洒布速度和喷洒量保持稳定。

（4）喷洒的粘层油必须呈均匀雾状，在路面全宽内均匀分布成一层，不得有洒花漏空，也不得有堆积。

（5）喷洒量采用两种控制方法：一是总量控制，根据需要洒布的面积，确认需要的用量；二是在现场用50mm×50mm薄板检测实际每平方米用量。

（6）粘层油洒布完成后，待乳化沥青破乳、水分蒸发完成，要紧跟铺筑沥青层，确保粘层不受污染。

7.抓大不放小，做好桥面系、各类排水构筑物、路面排水等施工的质量控制，是监理解决目前存在多项质量通病治理的质量控制重点。

1）桥面系质量控制

监理对策：

（1）桥面铺装前，施工单位应进行细致放样，报监理工程师复核，以保证铺装的厚度、平整度、横坡度及纵向坡度。

监理工程师应要求施工单位控制铺装层的厚度及材料的质量，均需满足设计或规范要求，钢筋网的铺设高度及钢筋数量、间距必须符合设计图纸规定。

铺装前必须检查装配式梁的横向联结钢筋是否已按设计或规范焊接，焊接长度也必须检查。桥面连续时的传力杆放置等细部构造要在隐检中加强审视。

进行桥面铺装前，应将桥面清扫干净，浇筑混凝土前应洒水湿润。

桥面铺装必须振捣密实，应用插入式振捣棒和附着式振捣器配合使用，浇筑混凝土外形要美观整齐，无麻面、掉皮等现象。表面平整度、横坡度必须符合设计要求。

（2）桥面排水工程必须做到纵横坡符合设计要求，防止雨水滞积于桥面坑洼而渗入梁体。泄水管埋设位置正确，管嘴应伸出结构物底面10～15cm，管口周围设置相应的聚水槽，以使雨水宣泄畅通。金属管必须做防锈处理。若使用其他管替代设计规定泄水管时，必须得到监理工程师同意。桥面防水层施工，监理必须做为重点项目，严控操作工艺的执行，从严进行工序验收。

（3）桥面伸缩缝是为了保证桥跨结构在气温变化、活载作用下，混凝土徐变影响下自由的变形。保证车辆在伸缩缝处平稳地通过和防止雨水、垃圾、泥土等侵入。对于逆作法方式安装的伸缩缝，监理工作应首先对进场的原材料控制，凡工厂生产的产品必须具有出厂合格证书。其次，施工中应做好如下工作：

①浇筑混凝土时在伸缩缝处将低标号混凝土同时填塞，以达到端头混凝土边缘标高一致；

②上层沥青混凝土覆盖应盖到伸缩缝范围内；

③在覆盖的沥青混凝土上精细放样，用切割机将多余的沥青层及低标号混凝土去除；

④预埋或焊接的连接钢筋必须牢固，数量必须符合设计，焊接时必须防止已浇混凝土被烧伤；

⑤伸缩缝装置必须安装牢固，各项指标符合要求；

⑥在清理伸缩缝处杂物后，按照设计图纸规定的混凝土强度等级精心浇筑伸缩缝周围的混凝土，沿顺桥方向以3m直尺严格控制伸缩缝周围的顶面高程与附近沥青混凝土顶面高程一致，并注意振捣密实，及时压抹平整养护；

⑦梳形伸缩缝安装时的间隙按《公路桥涵施工技术规范》JTG/T 3650—2020规定，但应注意接缝四周的混凝土宜在接缝伸缩开放状态下浇筑。

（4）人行道及栏杆、防撞护栏等附属设施，监理检查中要注意其竖向线形及坡度顺适，要外观线形美观，巡视中关注断缝等细部处理必须符合设计规定。要注意人行道板和人行道梁安装质量，对安装有锚固的人行道桥时应对焊缝认真检查，且关注施工安全。桥头搭板浇筑质量、搭板下路基处理或枕梁的设置，台后填料质量及分层压实质量，都必须进行严格的监理检控。

2）桥面防水监理控制

监理对策：

（1）沥青防水材料的选择是保证桥面防水工程质量的关键，监理应要求并指导施工单位做好此项工作。

①为施工方便并保证卷材与混凝土基面及沥青混凝土结合良好，应选用耐热度在130℃左右的防水卷材。

②结合以往工程经验，对防水卷材进行前期委托试验，以验证卷材的下表面沥青涂层厚度、耐热性、低温柔性、拉力及最大拉力时延伸率、盐处理及热处理后性能变化、50℃剪切强度与粘结强度、热碾后抗渗性、23℃卷材与水泥混

凝土剥离强度等指标，使其满足规范及使用要求。

（2）防水层施工前应进行混凝土铺装基面的验收，表面粗糙度应控制在1.5mm左右；3m直尺平整度测量值不得超过5mm。

（3）严格控制混凝土表面含水率（小于8%）；采用以下检验方法：取1m^{2}卷材覆盖于混凝土铺装层上，经太阳暴晒5小时（上午10：00至下午3：00）后，卷材底面仍干燥，则认为含水率符合要求。

（4）严格控制卷材铺设方向、搭接宽度、热融粘结效果等施工工艺。

（5）协助施工单位合理安排工序，并及时做好检查验收等工作，在防水层施工完成后，尽早铺筑沥青混凝土桥面铺装层，确保防水层与基面及沥青混凝土铺装层粘结良好。

3）各类排水构造物的监理控制

监理对策：

（1）开工前应依据设计图进行现场核对，检查涵洞施工放样，基坑尺寸应满足施工要求。

（2）管基开挖后检查承载力是否满足要求。

（3）检查砂砾垫层平面尺寸、厚度。检查基础混凝土原材料质量，混凝土配合比及混凝土拌制运输、浇筑、养护全过程是否符合规范要求。

（4）检查圆管质量是否满足设计要求，如外购请提供质保单并作内、外压的试压试验。要做好检查记录。

（5）检查管节接缝、沉降缝、进出水口处理、涵洞端墙及锥坡等符合要求。

（6）涵洞完成后，当砌体砂浆或混凝土强度达到设计强度的70%以上，方可回填土。回填应两边对称进行，涵顶至少50cm填土，方可通过重车。

（7）做好盖板涵盖板、箱涵底板侧墙及顶板的钢筋的监理检查验收工作，重点放在受力钢筋接头数量及其布置是否满足有关规范要求。接头要进行外观检查和抽样检验，合格后方可进行下道工序。隐验中要注意主筋混凝土保护层厚符合有关要求。

（8）排水明沟施工质量控制，做好以下工作：

①用于排水工程的砂石材料及混凝土、砂浆配合比应符合规定。监理工程师应及时对施工砂浆及混凝土进行抽检，作为对工程质量评定的依据。

②所有基础工程开挖到设计标高后，必须由专业监理工程师检验地基承载能力是否符合设计要求，基底是否土质均匀和未受到扰动。平面尺寸及高程满足设计要求。对任何不符合要求的，必须督促施工单位处理并经工程检验合格后才能进行基础施工。其底标高、沟深沟宽和边沟外侧边坡度必须符合设计要求，外

观应达到外形顺直美观。基底必须是由施工单位填报隐蔽工程验收单，经监理工程师验收签认后有效。

③所有预制构件均必须符合设计文件要求。衬砌方砖的尺寸及强度应严格在进场时检查。

④冬季施工中任何构件、任何部位，在其混凝土或砂浆未达到设计强度前不得受冻。

⑤所有构造物附属工程，如八字墙、洞口铺砌等均应按主体工程质量同等要求。

(9) 小型水泥制品质量控制

本工程使用的路缘石、路肩边缘石、水泥混凝土方砖、急流槽、U形槽、护坡六棱花饰等，预制量大，使用广，其内在质量及外观质量均对本项目的精品工程能否达标影响较大，监理将采用如下对策：

①加强对施工单位自制或外包加工单位的资质审查，防止不符合要求的生产单位产品向本工程供货，要求施工单位材料系统建立此方面的质量责任制；

②加强首批制品的验收把关，凡不符合要求标准的，取消供货资格；

③把好进场制品的现场确认关，注意检查成品件的外观质量和尺寸偏差抽查。

8.抓好不利季节施工，确保工程质量是本工程项目技术难点。

本工程项目施工总工期，根据本省气候可知，本工程将跨越冬、雨期施工。

监理对策：

(1) 要求施工单位要做好雨期施工的各项防范措施，总监理工程师办公室与总监办协调统一制定雨期施工技术要求，施工单位按照规定制定相应的雨期施工方案上报总监办和业主审批，获得批准后方可实施。

(2) 对雨期施工中所使用的各种材料要严格进行审批，现场监理人员也要加强对材料的使用、存放进行检查，发现问题及时汇报，对遭受雨淋后不符合质量的材料坚决予以清除。

(3) 在雨期施工过程中，监理人员要加强对施工过程的检查，对达不到要求的项目坚决予以停工，对遭受水毁的工程坚决予以返工处理。在施工过程中要求施工单位注意收听天气预报，合理安排施工项目，认真落实各项防雨措施，保证工程质量。

(4) 施工单位进场后要立即编制和上报防汛措施和应急预案，建立健全防汛体系，并保证正常运转，进场后要首先疏通和完善施工段落内的排水设施，准备好充足的防汛物资和抢险人员，总监办要认真检查防汛措施、应急预案和防汛物资、抢险人员的落实情况，保证汛期施工安全。

9.质量通病防治措施

结合本工程项目具体情况，充分认识到公路工程质量通病对工程质量的危害，工程前期进行病害成因分析并制定切实有效的防治措施，在工程实施中严格按照制定的措施进行施工，是本工程项目另一大重点、难点。

1）沥青路面与早期破损、车辙

（1）病害成因及表现

①沥青混凝土原材料不合格，细集料含泥量高，酸性有机质含量偏高，骨料强度不足，或粒径针片状骨料比例偏高，导致沥青混凝土质量下降，车行过程中破坏混凝土内部结构，导致早期破损。

②沥青混凝土配合比不准确，导致沥青混凝土质量下降而发生早期破损。

③沥青混凝土在拌制加热过程中，由于温度过高使沥青失效或使沥青使用寿命缩短，或温度过低不能保证碾压密实，导致早期破损。

④沥青混凝土在运输、摊铺、碾压过程中，工序控制不严，使温度散失过快，不能在有效的压实时间内进行碾压，导致密实度达不到要求，在使用过程中早期破损。

⑤由于设计不合理，或在施工过程中把关不严，沥青层的厚度过薄而发生点状或成片破损。

⑥由于沥青路面排水设计不合理，或施工没达到设计要求，使沥青路面长期被水浸泡，使用过程中产生大面积破损。

⑦由于设计试验配合比不合理或拌制过程中配合比控制不严格，沥青用量超标，发生车辙现象。

⑧由于对当地气温影响因素考虑不全面，在建成使用过程中，高温天气导致沥青混凝土软化，出现车辙现象。

⑨由于原材料质量太差，或细集料过多，不能保证混凝土质量，在使用过程中出现车辙。

⑩在沥青混凝土温度未下降至环境温度即行通车，则容易产生车辙。

（2）预防处理措施

①首先从原材料上严格把关，按要求备料，针片状骨料含量控制在要求范围之内，严禁使用有害物质超标的细集料。

②先做实验路段，选择最佳配合比和最合理的施工工艺；根据试验路段的数据确定计量各种级配料，使用能达到要求的压实机械，保证压实遍数。

③在加热过程中，根据不同沥青特性，选定沥青合理加热的温度范围，严

格控制加热温度，保证预定的时间内达到预定的温度。

④规范沥青混凝土的运输、摊铺和碾压工艺，保证在有效的时限对其进行碾压，保证沥青混凝土的均匀性和密实度。

⑤合理的设计，也是保证沥青路面早期破损和车辙的重要因素之一。

⑥保证排水通畅，包括地下水和地表水，尽可能做到有水即排，排水务尽，使路面经常处于干燥状态。

⑦在配合比的选配中，应严格控制沥青和控制细集料用量，既要保证沥青对集料的裹覆，又不能超量使用。沥青混凝土配比中细装料，既要保证填充骨料间的缝隙，又不能超标。

⑧根据当地气温特点使用适应的沥青，调整合理的沥青用量。

⑨保证沥青混凝土温度降至环境温度再放行。

⑩严格按照《沥青路面施工及验收规范》GB 50092—1996的规定，做好纵横缝，保证接缝紧密、平整。

2）半刚性基层过度开裂

（1）病害成因及表现

①由于半刚性基层掺配料中，细集料过多，或水泥含量偏高，使得半刚性基层刚性有余、柔性不足，在车行过程中产生震动裂缝。

②一般情况下，半刚性基层厚度较大，水化热较高，如果养护不到位，很容易产生热拉裂缝。

③路基填方处理不到位，或填挖结合部处理不当，产生不均匀沉降，导致半刚性基层过度开裂，甚至出现断缝。

④半刚性基层摊铺碾压过程中，如果含水量控制不恰当，含水量过高会出现泌水现象，含水量过低导致碾压不密实，在正常的车行过程中产生震动裂缝。

⑤建成路面由于设计排水不合理，或由于施工原因造成排水不畅，使半刚性基层长期被水浸泡，导致内部结构破坏，产生花纹形开裂现象。

⑥摊铺机分料不均匀也会导致纵向规则开裂。

⑦分层摊铺，层间连接不好，分层状态下，上层基层厚度变薄，不能抵抗车行时的冲击，产生开裂。

（2）预防措施

①在基层料拌制前，严格筛选合格料源，分仓堆放，准确计量配合，必须采用拌和楼强制拌和，电子控制上料及外加剂，保证基层刚柔兼顾，不产生推移，也有适度的变形，避免震动开裂。

②杜绝雨天铺筑，尽量避免高温天气施工。铺筑完成的路面基层，要覆盖

洒水养护，保证至少7d之内保持湿润状态，消解前期高峰期水泥水化热，避免热拉裂缝。

③当路基处理不到位时，要在铺筑基层前加铺土工格栅，加强抗拉抗剪强度，以保护基层过度变形。

④根据气温、湿度调整配合比，尽量控制填料在碾压过程中和最佳含水量的偏差值在±2%之内，保证压实效果。

⑤设置合理的排水系统，有水即排，排水务尽，使基层经常保持一种干燥状态。

⑥摊铺机摊铺时，必须保证均匀分料，水平等厚摊铺，尽量选择大功率一次性的摊铺机械，避免一层分成两层的情况，使层厚“打折”。

3）构造物端部路基沉陷

（1）病害成因及表现

构造物端部路基沉陷的原因主要有以下几种情况：

①基底未经压实或路基填筑时压实度不够，由于路基的沉缩达到危险的程度，使路基在局部或者大面积沉陷。

②由于路基处于软弱地基之上，路基的沉陷使路基表面出现大量沉陷，并且可能同时引起地基两侧的土从两旁隆起。

③由于路基内部形成过度饱水区（泥泞），雨天填筑很容易引起这种情况。当用透水性不同的材料，乱而无序的填筑以及冬季填筑路基采用饱水的冻结材料或混有雪的材料，均能产生富水饱和区，使路基沉陷。

④没有按照施工技术规范中的要求认真进行操作，在施工中填筑了不符合要求的材料，造成路基填土压实度不均匀或低于标准，路基抗压强度不够，在行车作用下产生沉陷。

（2）预防处理措施

①施工前做好排水沟、集水井等排水措施，保证基底干燥。

②填筑前清除干净杂土、表层淤泥、腐殖土等，挖除耕植土后按照4%～5%的坡度构筑路拱，基底适当放宽。

③合理选用填筑材料，构造物端部的填料选用级配良好、强度高的填料进行填筑。

④严格控制含水量，提高填料的压实度，影响压实度效果的主要因素有含水量、碾压层的厚度、压实机械的类型和功能、碾压遍数以及地基强度。对含水量过大的材料采用翻松晾晒或均匀掺入石灰的方式来降低含水量，对含水量过小的材料，则洒水湿润后再进行碾压。

⑤严格分层厚度，构造物端部的填料应分层填筑，严禁向坑内倾倒，每层松铺厚度不超过15cm，与路堤交界处挖成台阶，台阶宽度不小于1m。填筑时平衡对称进行。

⑥严格控制压实机械选用，不同的填料和场地条件选择不同的压实机械，一般选用压实效果较高的碾压机械，同时配以小型夯实机具，机械难以压实的地方，用小型压实机具补充压实，保证压实度达到要求。

⑦为保证填筑质量，严格施工工序检验，从材料进场到摊铺碾压进行全过程旁站，随时发现问题，随时解决问题，把一切隐患消灭在萌芽状态。

⑧冬季施工时应使填筑材料在未受冻的情况下回填压实，避免填筑压实度严重不均匀而造成沉陷。

⑨施工时应根据实际情况，采用搭板或土工格栅等新技术进行过渡。以此来保证构造物端部不沉陷。选用性能好的伸缩缝，施工完成后路面再切割面层安装伸缩缝，以保证桥面伸缩缝处的平整完好。

4）桥梁支座安装质量缺陷

（1）病害成因及表现

①梁（板）安装基本就位，在支座部分受力状态下，利用撬棍撬动或水平牵引、调整梁（板）安装位置，导致梁（板）就位后支座已产生纵向剪切或横向扭曲变形，影响支座使用寿命。

②聚四氟乙烯滑板式支座安装时，有的未配置相应的不锈钢板；有的不锈钢板未安装在四氟乙烯材料滑动面上，而是安装在四氟板支座的底面；有的预埋在梁底的不锈钢板上的水泥砂浆等杂物未清除；导致四氟乙烯滑板式支座失效。

③支撑垫石平整度较差，影响支座的使用寿命。

④支座安放不平整，造成支座局部承压，活载作用下会产生转动、滑移，甚至脱落。

⑤支座安装时位置不准确，橡胶支座的中心要对未准梁体轴线因偏心过大而损坏支座。

（2）预防处理措施

①为防止安装梁板引起支座变形或损坏，在调整梁（板）安装方位前，应吊起梁板直至梁底脱离与橡胶支座的接触。安装时缓缓垂直落下梁体，避免撞击支座引起支座变形和损坏。

②严格按设计要求进行安装；安装时不要遗漏聚四氟乙烯滑板式支座相应的不锈钢板。并且清除钢板上的杂物。

③有纵坡的桥梁梁体底板支座部位应设置“梁靴”。由于存在纵坡，梁（板）

底面与橡胶支座顶面必然存在一定的夹角，故应在梁底板支座部位设置“梁靴”改善支座受力状况，使支座均匀承受垂直方向的荷载，延长支座使用寿命。

④支座在安装时，要求梁体底面和墩台上的支承垫后顶面具有较高的平整度。一般要求支撑垫石顶面相对水平误差不大于1mm，相邻两墩台上支撑垫石顶面相对水平误差不大于3mm。

⑤支座安装保证平整，避免造成支座局部承压，防止支座在活载作用下产生转动、滑移，甚至脱落。此外，板式橡胶支座安装时要保持位置准确，橡胶支座的中心要对准梁体轴线，防止偏心过大而损坏支座。为防止支座产生过大的剪切变形，支座安装最好选择在气温相当于全年平均气温的季节里进行，以保证橡胶支座在低温或高温时偏离支座中心位置不会过大。

5）预应力结构张拉、锚固、压浆控制不严。

（1）病害成因及表现。

①仪器设备误差大，张拉设备在使用前没有经过核准或者标定检验不准确；

②钢绞线没有采取相应措施存放，表面有锈蚀、油污等物质，影响钢绞线质量；

③操作人员素质不高；

④材料质量不过关；

⑤施工工艺不标准；

⑥监督检验不到位；

⑦预应力钢筋位置不准确；

⑧波纹管不畅导致压浆不实，孔道内出现空洞；

⑨压浆强度低，孔道内填充不饱满，产生预应力钢筋的锈蚀。

（2）预防处理措施

①严格控制预应力筋的矢高，特别是反弯点的高度，一般可采用钢筋横档支撑绑扎加以固定。浇捣混凝土时，不得因振捣器的插入振动和混凝土的流动改变预应力筋、承压板的位置及其相互垂直的状态。

②所有张拉设备应经法定部门检定合格并在有效期内使用，其油压表刻度应清晰、分辨率高，油管路接口处不应漏油，以免由于张拉设备本身缺陷造成张拉控制力的错误。张拉设备应由经专业培训有一定经验的技术工人专人操作管理，正式张拉前，用现场测试仪进行校核，防止设备标定错误或其他意外情况。预应力筋张拉时，混凝土强度必须达到设计要求。预应力筋的张拉是制作预应力构件的关键，必须按规范有关规定精心施工。张拉时构件或结构的混凝土强度应符合设计要求，当设计无具体要求时，不应低于设计强度标准值的75%。

③严格按张拉工艺要求进行分级加载，稳压持荷。端部锚垫板必须与预应力筋中心线垂直对中，位置正确并固定牢固，木工封堵端部必须严密，以确保端部混凝土振捣密实及严防水泥浆渗入锚垫板内，此道工序须与各工种密切配合，以确保工程质量。张拉时严格按照设计要求和有关规范执行。张拉采用双控，即应力控制和伸长量控制。张拉达到设计值后，钢绞线的伸长值与计算值误差应控制在 ±6%以内。

④施工中如因千斤顶工具式夹片磨损造成夹持不紧，出现滑丝，处理方法为，压力机立即回油，更换工具式夹片，检查锚具锥孔与夹片间是否有杂物，清除锚垫板喇叭口内混凝土，重新张拉。如果仍有滑丝现象，则应对钢绞线、锚具进行重新检测，对千斤顶油压表进行重新标定，确保今后万无一失。

⑤由于波纹管破损而漏浆，造成钢绞线与混凝土握裹，引起摩擦力过大，处理方法为，采用反复多次张拉并持荷一段时间，以克服摩擦力过大的影响，预制T梁时应注意及时清孔。

⑥由于孔道摩阻而使伸长量偏小，处理方法为：在开始张拉时把钢绞线拉到5.0MPa，再回油至油压表读数为零，然后分级张拉，并按规范要求进行超张拉，这样得出的张拉伸长值满足设计要求。张拉过程中随时观测梁的上拱度和梁体的侧向变形，避免梁体变形过大而产生裂纹，并及时观测各项数据。张拉顺序是保证质量的重要一环。当构件或结构有多根预应力筋（束）时，应采用分批张拉，此时按设计规定进行，如设计无规定或受设备限制必须改变时，则应经验算确定。张拉时宜对称进行，避免引起偏心。在进行预应力筋张拉时，可采用一端张拉法，亦可采用两端同时张拉法，采用两端张拉时则两端的操作人员要配合默契，要尽量同步进行，必要时可将领先的一端暂停加压，操作改为持荷待落后的一端跟上来后再同步张拉。当采用一端张拉时，为了克服孔道摩擦力的影响，使预应力筋的应力得以均匀传递，采用反复张拉2～3次，可以达到较好的效果。

⑦预应力筋张拉、锚固完成后，应立即进行孔道压浆工作，以防锈蚀，增加结构的耐久性。压浆用的水泥浆除应满足强度和粘结力的要求外，还应具有较大的流动性和较小的干缩性、泌水性。应采用标号不低于425号普通硅酸盐水泥；水灰比宜为0.4～0.45左右。对于空隙大的孔道可采用水泥砂浆灌浆，水泥浆及水泥砂浆的强度均不得小于20N/mm^2。为增加灌浆密实度和强度，可使用一定比例的膨胀剂和减水剂。减水剂和膨胀剂均应事前检验，不得含有导致预应力钢材锈蚀的物质。灌浆前孔道应湿润、洁净。对于水平孔道，灌浆顺序应先灌下层孔道，后灌上层孔道。对于竖直孔道，应自下而上分段灌注，每段高度视施工条件而定，下段顶部及上段底部应分别设置排气孔和灌浆孔。灌浆压力

0.5～0.7MPa为宜。灌浆应缓慢均匀地进行，不得中断，并应排气通畅。不掺外加剂的水泥浆可采用二次灌浆法，以提高密实度。最好采用真空压浆。

⑧注浆采用水泥砂浆，经试验比选后确定施工配合比。实际注浆量一般要大于理论的注浆量，或以锚具排气孔不再排气且孔口浆液溢出浓浆作为注浆结束的标准。如一次注不满或注浆后产生沉降，要补充注浆，直至注满为止。注浆结束后，将注浆管、注浆枪和注浆套管清洗干净，同时做好注浆记录。压浆用的水泥应是新出厂的，标号不低于42.5硅酸盐水泥或普通硅酸盐水泥。压浆前应检查灌注通道的管道状态是否通畅，对孔道应在灌注前用压力水冲洗。张拉后应尽早进行孔道压浆，压浆应缓慢、均匀、连续进行。每孔道应一次灌成，中途不应停顿，并加强预应力结构张拉后管道压浆的施工管理和控制。管道压浆的机械设备、灰浆质量、工艺过程必须完好准确，加强对压浆过程的旁站监督，重点检查压浆的充实度和饱满度。

6）桥面铺装早期破坏

（1）病害成因及表现

桥面铺装层破坏主要是桥梁结构在重车超载的影响下引起的，重车超载是主要肇因。同时桥梁结构和桥的施工质量使得桥本身存在很多缺陷。

①桥梁体结构对铺装层的影响；

②混凝土强度低。

（2）预防处理措施

①保证桥面铺装层的厚度；

②浇筑桥面铺装混凝土之前，对梁体顶面进行认真仔细清理，对梁体顶面存在的泥土、木屑、钢筋焊渣等杂物清理干净，浇筑混凝土之前对梁体顶面进行润湿，保证桥面铺装混凝土与梁体接触良好，防止清理不力造成铺装层与主梁结合欠佳；

③加强混凝土振捣工操作水平和责任心，保证桥面铺装混凝土振捣密实。防止混凝土存在空隙，并且对于离析的混凝土坚决不能使用；

④严格按照配合比进行施工，对混凝土浇筑时实行全过程旁站，保证混凝土计量准确，坍落度符合要求，混凝土强度均匀并且符合设计要求；

⑤桥面铺装混凝土避开雨天、雨期施工，防止混凝土与梁体的粘结力受到损害。

7）小型预制构件粗糙

（1）病害成因及表现

①工艺控制不严，导致混凝土表面蜂窝、麻面、气泡等质量通病普遍存在；

②原材料进场不符合要求，把关不严；

③制作场地不规范，不符合要求；

④养护不及时；

⑤混凝土强度不够；

⑥预制构件混凝土表面光泽不一，外观质量差。

（2）预防处理措施

①严格控制原材料的质量，原材料的质量必须满足技术规范的要求，否则不予使用；

②严格按混凝土配合比施工，预制混凝土要满足技术规范规定的各项技术指标；

③模具必须清洗干净，混凝土入模时轻轻浇筑，一定要保护模具，模具一旦破坏，立即更换；

④养护是施工中的关键环节，混凝土构件要进行覆盖毛毡洒水养生，养护时间为7天；

⑤脱模时要在平整的场地上进行，脱模时不要用力过猛，以免出现破坏构件棱角的现象发生；

⑥堆放构件的场地应平整夯实。

8）监理独立检测频率不足

（1）表现形式及根源

①监理检测制度不完善，检测达不到标准要求，检测频率得不到保证；

②监理自身责任心不强，不能起到管理监督作用，不能独立抽检，抽检的数据失真，不负责任的签认；

③未按工序要求层层报验、层层抽检、降低标准、放松要求，出现空档、少检、漏检，或减少抽检频率从而导致达不到要求。

（2）预防措施

①首先保证检查内容逐项不漏，才能使足够抽检、检测、试验达到要求；

②建立健全管理制度和质保体系，做好现场检查、抽检；

③加强监理自身素质的提高，达到独立抽检，并确保抽检频率达到规范要求；

④监理人员应定期对自己的抽检资料进行自检，做到心中有数，不能少检、漏检及违背规范要求的检测，如果发现确失，根据现场记录及时补齐；

⑤做到逐步逐级检测签认，不得越级签认，避免抽检的监理人员在不知情的情况下缺失抽检项。

（二）工程进度控制的重点、难点分析及监理对策

为保证总体工期目标的实现，监理人员首先必须找出本项目工程中制约工期的关键性工程或项目，有针对性地进行重点控制，并实行阶段目标管理。

根据招标文件分析，制约总监理工程师办公室所辖标段对应的重点、难点有：

1.本工程征地工作遍及全线，事关各方利益，征地工作要及时解决，不然，难以形成理想的施工作业段，要充分认识拆迁工作的重要性，积极配合业主做好拆迁工作，确保及时提供工作面是本工程进度控制的一大难点。

监理对策：

（1）督促工程施工单位积极编制实施性“施工组织设计”，并经各方审查及监理工程师审批同意开工后，积极组织施工，以工程进度促拆迁，并提前做好各种施工准备工作，做到一旦拆迁完成，立即展开施工，并做好打突击战的各种准备。

（2）针对工程拆迁的实际情况，在拆迁不能适应工程进度时，在工程前期积极配合业主并要求施工单位建立以项目经理为组长的拆迁小组，督促施工单位尽早开工，以“建”促“拆”，以工程实际进度督促有关单位加快拆迁进度。

（3）针对工程实际情况，要求施工单位按照“占满空间，干满时间”原则组织施工；督促施工单位及时调整施工计划，合理安排机械、人力、材料，加快施工进度，以弥补拆迁延误所造成的进度损失。

2.本工程施工过程中既要求施工单位做好村民的思想工作，使其积极配合拆迁工作，又要求施工中尽量减少对周边居民正常工作和生活的影响。取得当地政府和村民的理解是保证本工程顺利进行的一个重点。

监理对策：

（1）认真审查施工单位编制的“施工组织设计”，在确保工程施工安全、质量的基础上，制定切实可行的协调、配合方案，从工程建设之初即与周边村民处好关系，形成互相配合、互相支持的良好局面。

（2）充分发挥监理在施工过程中的协调作用，通过现场巡视、沟通、交流、会议等形式尽早发现与周边村民配合的问题，尽早与有关单位协商解决问题的措施，并督促施工单位贯彻落实；通过深入、细致的管理，尽早发现本工程施工单位与周边村民之间的矛盾，及时组织会议、洽谈等，约请有关单位权威人士参与工程协调，避免矛盾激化影响工程建设的顺利进行。

（3）监理工程师的协调工作至关重要。监理人员应对制约工程实施的各种关

系主动予以协调，以保证工程能够按合同的要求顺利进行。

（4）当业主方面对工程的组织、协调、领导工作做出明确指示时，迅速做出反应，做好贯彻执行和上传下达工作，保证信息渠道的畅通，保证业主指示的全面贯彻和落实。

3.协助施工单位做好工程网络计划，确定每项工作项目施工周期，充分考虑不利季节施工影响，准确找出关键工作目标，是保证工程进度的重点。

监理对策：

（1）合理划分工作项目，确定绝对施工周期。监理在审查施工单位总体进度计划时，要充分考虑工作项目划分是否合理，是否符合现场实际情况。

（2）根据工作项目的工程特点，合理确定工作项目间的搭接关系。并借用计算机软件系统进行工程网络计划绘制。合理确定本工程的关键项目，以及非关键工作项目的自由时差、总时差。

（3）根据工程网络计划图，合理确定阶段进度计划目标。根据阶段目标以及每个工作项目绝对施工周期，进行工料机的配备。在实施过程中进行进度核查，及时进行计划、进度差分析，发现偏差采取合同措施纠正。这是一个循环往复的过程。

（4）对于影响工程总体进度目标的关键线路上的项目，根据施工单位的水平、能力和条件，加快工程质量预控，做好过程中的首件、样板、试验段的检查和验收，及时总结经验教训，避免返工造成工程延误。

（5）做好各关键工序、重点部位专项施工方案的审批工作，特别是对重要工序的专项施工方案的审批，必须充分考虑施工作业条件、交通组织、与周边单位配合等的具体措施，必要时应制定应急预案，确保各关键工序、重要部位的顺利实施。同时做好施工过程中上述各项施工的检查、验收及旁站工作，在保证工程质量的基础上确保工程进度。

4.动态进行计划管理，确保关键工程顺利实施是保证在合同工期内完工的重点，同时也是工程进度控制的一大难点。

监理对策：

（1）摸清底数、了解工程面临的实际情况，详细掌握工期的制约因素

工程进场后应充分发挥业主、监理、施工单位的优势，对现场情况进行详细调查，及时与相关部门建立工作联系，仔细了解情况后，由监理工程师组织对情况进行集中的分析汇总，摸清工程的底数，为指导工程的实施创造条件。

（2）本着见缝插针的原则制定工程的总体计划

在熟悉掌握现场情况的基础上，监理工程师要求各施工单位本着见缝插针的施工原则，倒排工期编制初步的施工总体计划。通过计划的编制，突出工程关键

线路上的项目，给出解决问题的最终期限，从而为分析工程进度面临的风险因素提供依据，也为参与工程的各方提供了决策。

（3）突出主次，把握工程的重点

在充分掌握工程面临的困难情况下，监理工程师应要求施工单位对关键线路上的项目编制详细的计划网络图，并组织进行专题研究，提出具体的解决方案。

（4）强化管理，保证计划的落实

在总体计划确定的前提下，计划的落实工作尤为重要。为保证计划的落实，监理工程师要根据工程项目分解（WBS）出来的结果，要求施工单位以分项工程为单位，编制各分项工程的详细计划，为计划的统计工作提供依据；同时要加强对施工现场情况的掌握工作，通过会议、进度统计工作对施工单位进行督促，避免计划落空。

（5）根据现场的实际情况及时对计划进行调整

每个工程所处的环境都在随时发生变化，工程的计划同样也要随着情况的变化进行调整，只有根据实际情况及时进行调整的计划才能够真正起到指导施工的作用，但计划的调整不是随意的，必须在总体计划的前提下进行调整，为保证计划的严肃性，监理工程师要加强计划调整的审批工作，以保证总体计划的实现。

（三）造价控制的重点、难点分析及监理对策

1.组织相关合同人员进行工程量清单核算，确保核算结果准确是造价控制的一大重点，也是一大难点。

监理对策：

（1）制定规范合理的清单核算监理程序，保证核算过程规范、合理

总监办进场后，将由合同部部长组织相关人员依据设计图纸和合同条款进行清单核算监理程序编制工作，清单核算监理程序经总监理工程师审查，并经业主合约工程师批准后方可实施。

（2）配备经验丰富的合约管理人员

总监办要求施工单位的合约管理人员的资质必须满足招标文件要求，并在清单核算过程中对施工单位配备的合约管理人员的能力进行考核，凡不能满足要求的，坚决要求施工单位更换人员。

（3）监理、施工单位各自独立进行核算

在核算过程中，总监办将独立进行清单核算，并将核算的结果同设计工程量及施工单位核算结果进行对比，避免非主观原因造成的错误。

2.慎重地进行工程变更，保证变更工程技术先进、经济合理，且保证变更工程计量准确，是本工程投资控制的一大重点。

根据以往相关工程经验可知，工程变更占结算工程款的很大一部分，在施工过程中慎重地进行工程变更，保证变更工程技术先进、经济合理，且保证变更工程计量准确，是监理进行投资控制的一大重点。

监理对策：

（1）建立一套完整的工程变更管理工作程序，保证工程变更程序化、规范化。

（2）积极参加由业主或设计单位提出初步变更意向研讨会，根据监理的业务水平给业主提供意见。

（3）积极受理施工单位提出的工程变更，通过实地考察，分析地勘、设计资料，拿出完备、充分的评估意见，以供业主决策；及时退回不合理的工程变更申请。

（4）及时进行变更工程量的确认，并保证变更工程计量数据真实、计算正确。

3.科学合理地确定材料调价，并在施工过程中及时处理，动态反应工程造价情况是造价控制的一大重点。

由于目前市场材料价格变化情况较大，而施工合同中一般会对材料价格变更超出一定的范围进行调价。

监理对策：

（1）总监办进场后将根据招标文件及施工合同文件制定一套完整的材料调价管理办法，经业主认可后，要求施工单位严格执行，并在监理工作中经常督促，确保管理办法顺利实施。

（2）在处理过程中，要根据工程实际施工情况，台账详细列明施工单位需要调价材料的进场时间，并同现场监理一起确认材料报验时间。

（3）在施工过程中，要做到每月一清算，动态反应工程造价变化情况，对于变化较大的及时向业主汇报。

十二、装配式剪力墙结构施工项目

1.预制构件种类多，施工组织难度大

（1）重点、难点分析

本工程预制板包括预制剪力墙、预制密肋复合墙板、预制外墙挂板、预制叠合楼梯、预制阳台、预制空调板、预制楼梯等7种类型，每种类型又有多种型号，施工组织难度大。

（2）监理对策

项目监理机构应督促施工单位做好下列工作：

①充分熟悉图纸，与设计院、深化设计单位、构件加工厂确定最终加工定型构件图纸。

②按照各栋单体和吊装顺序对各个构件单独编号，利用现有二维码技术和BIM技术实现构件的精确分类。

③编制详细的预制构件施工计划，含图纸深化设计、预支构件材料采购、专用埋件定制采购、构件加工制作、构件运输堆放、构件吊装等一系列内容。尤其应注意，以上所有环节均应考虑预制板的配套供应问题，这样才能保证生产及安装的顺利进行。

2.预制构件的运输量大，对内外交通组织要求高

（1）重点、难点分析

本工程需解决大型构件的运输及其他各类施工材料的运输问题。场内外交通组织要求高。

（2）监理对策

项目监理机构应督促施工单位编制报审施工现场构件吊装计划，并做好下列具体工作：

①根据施工现场的吊装计划，提前一天将次日所需型号和规格的外墙板发运至施工现场。在运输前应按清单仔细核对墙板的型号、规格、数量及是否配套。

②提前制定构件运输方案，尽量避开市内拥挤路段和高峰时段，主要通过高速公路运输。并设置多条运输方案，以备不时之需，同时深入了解运输车辆将要经过的主要桥梁、隧道等，查看是否能满足车辆通过。

③运输车辆可采用大吨位卡车或平板拖车。装车时先在车厢底板上铺两根100mm×100mm的通长木方，木方上垫15mm以上的硬橡胶垫或其他柔性垫，根据外墙板尺寸用槽钢制作人字形支撑架，人字形架的支撑角度控制在70°～75°。然后将外墙板带外墙一面朝外斜放在木方上。墙板在人字形架两侧对称放置，每摞可叠放2～4块，板与板之间需在L/5处加垫100mm×100mm×100mm的木方和橡胶垫，以防墙板在运输途中因震动而受损。

④装好车后，用两道带紧线器的钢丝带将外墙板捆牢。在构件的边角部位加防护角垫，以防磨损墙板的表面和边角。

3.预制构件进场后的堆放要求高

(1)重点、难点分析

预制构件进场后占用场地面积大，堆放不符合要求会产生场内二次运输，耽误工期产生额外费用，且容易损坏构件，故本工程对预制构件进场后的堆放要求高。

(2)监理对策

项目监理机构应认真做好现场协调工作，检查现场构件堆放条件，要求施工单位按照下列方案堆放整齐，堆放位置正确，避免产生额外费用，并按要求做好下列工作：

①预制构件进场后严格按照现场平面布置堆放构件，按计划码放在临时堆场上。临时堆放场地应设在塔吊吊重的作业半径内。预制墙体堆放在堆放架上，预制墙板堆放架底部垫2根100mm×100mm通长木方，中间隔板垫木要均匀对称排放8块小方木，做到上下对齐，垫平垫实。

②预制构件进场后必须按照单元堆放，堆放时核对本单元预制构件数量、型号，保证单元预制构件就近堆放。

③预制构件堆放时，保证较重构件放在靠近塔吊一侧。

4.预制构件吊装后的灌浆料施工质量是关键

(1)重点、难点分析

本工程构件连接采用灌浆套筒连接，灌浆套筒的连接质量直接关系到工程结构的实体质量。

(2)监理对策

①施工时，要求施工单位根据设计及规范要求，安排专人定量取料、定量加水进行搅拌，搅拌好的混合料必须在30min以内注入套筒。由注浆口逐渐充填直至排浆口，待灌浆材料溢出后用封堵注入口及排浆口。充填完毕后40min内不得移动橡胶塞。灌浆材料充填操作结束后4h内应加强养护，不得施加有害的振动、冲击等影响，对横向构件连接部位混凝土的浇灌也应在养护1d后进行。

②灌浆施工过程中，监理人员全过程旁站严把各个施工质量关，及时发现问题，及时督促施工单位整改。

5.预制构件节点施工质量是重点

(1)重点、难点分析

装配式结构的预制板与结构之间存在诸多接缝，若接缝部位处理不到位，可能出现漏水、渗水等隐患，因此必须保证预制构件的节点施工质量。

（2）监理对策

①要求施工单位严格按照设计图纸施工；

②要求施工单位在施工前编制专项质量计划，对每一个节点进行交底，保证施工质量；

③严格执行重要部位、重要节点施工监理旁站制度，保证重要节点部位的施工质量。

6.预制构件的成品保护是重点

（1）重点、难点分析

装配式结构的预制构件的成品保护是为了最大限度地消除和避免成品在施工过程中的污染和损坏，以达到减少和降低成本，提高成品一次合格率、一次成优率的目的。在施工过程中要对已完成和正在施工分项工程进行保护，否则一旦造成损坏，将会增加修复工作，造成工料浪费、工期拖延，甚至造成永久性缺陷。

（2）监理对策

项目监理机构应督促施工单位做好预制构件的成品保护工作，具体落实下列各项工作：

①首层定位钢筋处的钢筋定位保护，以及各层灌浆连接钢筋连接处混凝土浇筑时采用塑料胶带包裹密实的防污染保护；

②预制墙体斜支撑预埋螺栓附加焊接定位以及混凝土浇筑时采用塑料胶带包裹密实的防污染保护；

③预制楼梯板的成品面采用定制废旧多层板的防碰撞保护；

④预制墙体堆放架采用在与预制墙板接触部位包裹橡塑材料的方式以防碰撞预制墙板面层；

⑤施工操作层下预制墙板应采取防坠物掉落等硬防护保护措施，脚手架与主体结构间的操作平面处利用脚手架悬挑做硬防护。

7.深化设计要求高

（1）重点、难点分析

本工程的预制构件种类多，预埋构件多，如何保证施工质量，提高施工速度，减少返工，对深化设计要求高。

（2）监理对策

项目监理机构应要求施工单位对本工程的预制构件进行二次深化设计，确保构件质量：

①要求施工单位配备专职的深化设计师，深化设计图要经专业设计院审核同意；

②深化设计按照相关计划提前进行，确保三次送审合格后能及时发放；

③充分利用BIM技术，对复杂节点进行防碰撞检查，及时发现专业交叉问题，提请设计进行优化处理。

8.总平面管理要求高

（1）重点、难点分析

①各种构件种类多、构件占用场地面积大。尤其3号楼和4号楼在地库施工阶段场内无法设置构件堆场。

②钢筋、模板堆场需就近塔吊位置设置，与构件堆场设置冲突，需合理布置。

（2）监理对策

项目监理机构应做好现场协调工作，具体要求如下：

①项目部应对各施工阶段材料堆场、加工车间、构件堆场进行细化布置，尤其是构件堆场根据各栋单体单层构件数量，排布构件堆放示意图。

②3号楼和4号楼与地库交叉施工阶段，在近3号楼和4号楼场外空地处设置临时构件堆场。同时综合考虑场外正式道路施工时间，与相关单位积极沟通，减少相互之间的影响。并规划多个临时构件堆放场地，以备不时之需。

③地下车库结构完成后将构件堆场、材料加工车间、材料堆场移至地库顶板上。在地库顶板相应位置提前做好满堂脚手架支护。

④根据场内不同施工阶段，设置临时道路。地库±0.000后在地库顶板上设置临时道路，与2号大门实现联通。地库顶板相应位置提前做好满堂脚手架支护。

⑤各分包进场后，进行沟通协商，并按总包要求的位置设置各自堆场、加工车间，不得随意设置，实现有序管理。

十三、大型钢结构厂房项目

1.社会影响力大，必须确保工程建设各项目标的完美实现

1）重点、难点分析

本工程作为国家科技重点工程之一，投资规模大，建成后将改变我国科技市场需求完全依赖进口的局面，对我国的工业化和信息化具有重要的战略意义，因此社会影响力大，本工程施工总承包单位必须全力确保本工程安全、工期、质量等各项建设目标的完美实现。

2）监理对策

（1）结合同类超大型建筑工程监理经验，组织精干的监理人员成立项目监理机构，实行项目总监负责制。

（2）要求施工单位确保资源投入，确保工期目标的实现，为业主专业设备及时搬入、安装及试运行创造条件，确保尽快投产。

（3）加强现场安全管理，确保达到绿色施工文明安全工地标准，维护现场稳定，为工程顺利施工创造条件。

（4）加强监理过程控制，严格监理质量控制，达到国家验收规范合格标准，地上部分混凝土结构达到清水混凝土施工工艺标准。并确保获得省、市金奖，争创“鲁班奖”，满足业主要求，创精品工程。

（5）要求施工单位加强施工过程中的成品保护工作，根据各分部分项工程，制定详细的成品保护方案。

（6）要求施工单位做好工程后期的配合服务，成立工程维保工作组，为业主设备搬入、试运行等做好保驾护航服务。

2.工期紧，需精心策划确保施工进度目标的实现

1）重点、难点分析

本工程计划在394日历天内完成713885.8m^2的建筑安装工程、设备搬入工作；根据工期节点计划，本工程资源投入量大，工期十分紧张。

2）监理对策

（1）要求施工单位做好施工准备阶段的各项工作：选派具有工程设计与施工综合工作经历的人员组成项目部，加强与设计单位的配合。

（2）要求施工单位及时编制报审施工组织设计、各种专项施工方案；组织好满足现场使用的塔吊进场安装；此外，还要求施工单位提前与桩基础施工单位进行沟通，保证一旦中标进场可立即完成现场交接。

（3）要求施工单位在土方开挖及基础施工阶段做好下列工作：

①要求按照监理审批通过的施工方案，合理划分施工区域，展开平行施工，加快现场余土开挖进度。土方开挖分栋号平行施工，分区段验槽，分区段提供基础结构施工作业面，流水跟进作业。

②要求施工单位抓紧进行配套用房基础及3个主厂房首层结构施工。组织好劳务人员进场，与钢筋供应商、商品混凝土搅拌站等提前签订供应意向协议，保证现场材料供应。

（4）督促施工单位在主体结构施工阶段投入足够的劳动力、施工机械、材料；根据进度计划做好前两个月施工周转资金保障。针对阵列厂房（1号）、成盒及彩膜厂房（2号）、模块厂房（3号）等体量较大的主厂房施工，要求施工单位采用先进施工方法，及时插入砌体工程施工。先完成洁净区域边界砌体施工，再施工其他部位砌体，以保证洁净区尽快封闭，为洁净专业分包施工创造条件。做好季节性施工，保证连续施工措施。

（5）要求施工单位在屋盖钢结构施工阶段根据监理批准的施工方案，优先选用ST70/50大型塔吊，用于阵列厂房、成盒及彩膜厂房屋盖钢结构安装，可满足阵列厂房屋盖全部钢结构梁安装需要，满足成盒及彩膜厂房屋盖钢梁安装需要，以加快安装速度。

（6）在机电安装及装饰装修阶段，要求施工单位及时插入粗装修并随砌体进度分区跟进，及时插入机电管线安装。因综合动力站是本工程的能源中心，设备机房施工工序多，要求土建专业及时移交机房的作业面，为机房施工创造条件。在厂房洁净区边界封闭后要求洁净专业分包（含机电和装饰）即可进入施工，洁净区与非洁净区机电安装及装饰装修同时施工，非洁净区与洁净区留置一段施工缓冲区作为洁净区入口通道，保证洁净区施工洁净度。外围砌体完成后建筑外装修与室内装修同步进行。要求施工单位提前完成相关各专业深化设计，完成各专业接口策划，保证施工顺利进行。

（7）在室外工程施工阶段，要求施工单位在外墙围护结构施工完毕后即插入室外工程。因结构施工完后实体材料堆场需求减少，对现场平面布置进行调整，可为室外工程提供部分作业面，室外工程提前插入，有利于加快工程进度。

（8）要求施工单位在联合调试及竣工验收阶段提前编制联合调试施工方案。要求做好成品保护，强化施工过程质量控制，为顺利通过专项验收及竣工验收打下良好基础。

3.加强职业健康安全管理，确保省、市“绿色施工文明安全工地”

1）重点、难点分析

本工程工期紧，同时施工面积大，资源投入量大，施工全过程均处于抢工状态，专业分包工程多、交叉作业多，安全管理点多面广，管理难度大。

如：土方及基础施工阶段动力房、污水站等建筑存在深基坑施工；主体结构施工阶段存在格构梁施工、高大支模架搭拆、屋顶大跨度钢结构安装、群塔作业；砌体及粗装施工阶段临边及洞口多安全防护面大；机电安装及装饰施工阶段专业分包交叉作业多，用电量大，机械设备多；投入木料多、动火点多等消防管理难点。

2）监理对策

（1）在施工准备阶段，要求施工单位做好下列各项工作：

①对各种安全因素进行识别，对于模板工程、起重吊装工程、脚手架工程以及其他危险性较大的工程将在施工前单独编制安全专项施工方案，并附安全计算书，组织专家进行论证审查，审查通过后方可允许施工单位按照审批后的方案实施；

②要求施工单位制定各项应急预案，并建立应急救援小组。

（2）在土方及基础结构施工阶段，由于本工程综合动力站基坑深约-8.75m，化学品库基坑深约-4.0m，水泵房及地下水池深约-10m，基坑开挖深，要求施工单位做好基坑临边安全防护，并制定基坑应急方案，加强基坑监测工作。

（3）主体结构施工阶段，要求施工单位做好以下工作：

①在结构梁施工时，作业层整层铺设白色安全兜网，工人高空作业施工必须使用全身式安全带，防止人员坠落事故发生；

②厂房及配套用房均存在大面积高大支模空间，单层搭设面积最大达64405m^2，阵列厂房核心区高支模最高达到17.45m，施工中拟采用满堂碗扣式脚手架支撑体系，方案须经专家论证，监理督促施工单位按论证通过后的方案实施；

③加强多台塔吊高低避让、信号管理，做好群塔作业各项安全管理措施。

（4）要求施工单位在屋盖钢结构施工阶段做好下列工作：

①1、2号厂房屋顶钢结构施工采用搭设脚手架操作台进行高空作业；钢结构施工进入雨季，做好防雷雨、大风应急预案及措施。

②屋顶压型钢板安装前，每层铺设水平安全防护网；局部构件采用滑移安装，重点控制滑移小车及限位板和防坠板安全性；钢结构焊接采用防火布防护。

③施工现场周边空旷，需做好防雷电措施：塔吊上安装避雷针，不在雷雨天气拆、立塔吊；做好钢结构施工等防雷电预案。

（5）机电安装及装饰装修阶段的监理应督促施工单位做好下列工作：

①本阶段专业分包多，交叉作业多，重点做好交叉作业安全管理；

②装饰装修用的易燃材料多，应特别加强消防安全管理及措施；

③厂房室内高大空间装饰及机电安装管线高空作业采用定型高空作业平台，工人登高作业应特别注意安全，佩戴全身式安全带。

（6）消防安全管理的监理应督促施工单位做好下列工作：

①现场布置消防环路，沿拟建建筑物周边设置消防环网，布设消防立管从室外引入楼层，考虑在相应楼层设置足够数量的消防水箱，保证消防用水出管压力。

②成立消防管理机构和现场消防检查小组，每天对各作业面进行巡视。生活区每栋宿舍楼设消防安全管理员一名，负责本栋宿舍消防检查与管理。

③定期对施工人员组织消防知识培训、消防应急演练等活动。

4.施工机械设备多、进场材料多、施工车流及人流量大

1)重点、难点分析

本工程由3个主厂房及其他14个配套用房组成，为群体工程；资源投入大、工期紧、施工后期进场工艺设备多，施工中需进行合理的现场平面布置，分区管理；此外，结构施工高峰期现场交通流量大，需合理进行现场内外交通策划，确保现场安全有序、高效施工。

2)监理对策

(1)要求施工单位进行合理的施工部署，优化施工顺序。项目经理部设置专门的计划，平面管理部负责现场平面布置与施工界面管理。

(2)要求施工单位在建筑物周边设置环形道路，现场所有道路连通，杜绝出现断头路；规划场内外车流、人流方向，场内车辆限速5km/h。现场设置材料进场专用大门，做到人车分流，各行其道。此外还将做好各种交通紧急情况应急预案。

(3)要求施工单位科学策划土方外运交通流向，各施工区要有单独的出入口要求，现场应设多名交通协调员，负责交通指挥。

(4)要求施工单位在现场围绕1号、2号、3号主厂房和5号综合动力站布置材料堆场和加工场。此外，重点做好混凝土浇筑时运输车辆进、出场的交通流向规划，避免场内外交通堵塞。

(5)要求施工单位以满足钢结构安装为重点，调整1号、2号厂房周边材料堆场和加工场，补充相应的钢结构构件堆场，钢结构构件堆场全部布置在塔吊覆盖范围之内。

(6)在塔吊拆除后，要求施工单位及时安装施工电梯。监理人员应协调施工单位处理装修材料、专业分包材料、机电安装材料等相应堆场问题。为洁净房等专业分包设置专门卸货区、洁净通道，确保洁净材料设备顺利进入洁净区。

5.专业分包多，专业工序交叉作业多，总承包管理至关重要

1)重点、难点分析

本工程专业分包多，专业工序交叉作业多，各专业工程之间的穿插协作频繁，总分包管理协调量大，特别是洁净房工程、钢构件加工制作、幕墙施工、二次精装施工、弱电安装等分包商对整个工程施工质量的成败起着极为关键的作用。因此要求施工单位必须具有很强的大型同类工程总包协调管理能力。

2)监理对策

项目监理机构应要求施工单位做好下列协调管理工作：

(1)加强对分包单位的管理，对各分包单位进度计划、现场平面、各专业间的工序协调统一管理，加强对分包单位的工期、质量、安全管理。

（2）合理安排施工流程，协调各专业分包单位作业面重叠及工序交叉，保证各专业分包单位正常施工。

（3）对专业分包单位深化设计进行统一管理，保证各专业协调一致。

（4）及时为各专业分包单位提供现有的临时水电、塔吊、电梯、安全设施、现场照明等服务。在安排办公室、职工宿舍、食堂及活动场所等方面，把分包单位纳入统一管理范围，进行统一规划，为分包单位预留出办公室、职工宿舍、食堂及活动场所，在靠近施工场地的地方预留分包临时堆场。

6.强化深化设计管理，确保实现本工程的使用功能

1）重点、难点分析

本工程专业种类齐全，室内装修、机电与洁净室工程施工接口多，需进行细致深化设计，做好接口衔接，确保实现本工程的使用功能。

2）监理对策

（1）强化对总承包单位管理，要求总承包单位及专业分包单位提前做好专业深化设计，确保各专业紧密联系，施工中顺利接口，工序衔接紧密，确保深化后的设计满足使用功能要求。

（2）对于混凝土结构的深化设计，要求施工单位处理好洁净房预留预埋的处理，对预埋止水钢板做好预埋件埋设部位和尺寸的策划；此外，还将注重结构筏板、梁板钢筋穿插及叠放节点深化设计，防止钢筋叠放超过板面标高，保证筏板、楼板平整度。

（3）对于钢结构工程，要求施工单位对钢结构梁钢筋在劲性钢柱上穿孔，柱间支撑埋件等节点进行深化设计。此外，钢结构柱间支撑现场连接形式复杂，需对焊接和高强螺栓操作空间施工环境进行详细分析。采用信息处理技术、BIM虚拟仿真技术对钢结构安装进行模拟演示分析。

（4）要求施工单位绘制机电安装工程综合管线布置图、剖面图、预留预埋图、专业施工图、详图、吊顶平面综合布置图等图纸，建立主要机房机电设备、管线计算机三维模型，绘制三维效果图。

（5）要求施工单位绘制装饰工程详细节点深化设计图，保证装饰效果。

十四、农田水利工程项目

1.监理工作重点、难点分析

某农田水利工程项目属常规水利工程施工，施工工艺简单，技术难度不大，但建筑物数量多、位置分散、现场管理难度大，尤其是工程的质量控制和投资控制难度较大。

（1）监理质量控制的重点和难点：包括工程施工的测量放样；基坑土方的开挖及排水；原材料的质量控制；水工混凝土结构的质量控制；闸门、启闭机等设备的制造、安装、调试；机泵等设备的安装和调试；电气设备的安装、调试等。

（2）进度控制的重点和难点：农田水利工程，汛期来临前必须具备投入使用验收条件，否则将影响农田的灌溉和排涝，后果严重。而工程施工的建筑物较多且较分散，工程的施工计划、人员安排是否合理将严重影响工程的顺利实施，且渠道工程的施工仍可能会受到春季灌溉的影响。

（3）监理投资控制的重点和难点：对投资控制而言，合同工程量、设计变更、工程索赔的控制是投资控制的重点和难点。

（4）监理安全控制的重点和难点：工程大多位于农村田间、路边、河道口等，地理位置较偏僻且分散，施工单位极容易忽视安全措施的落实。

2.质量控制重点、难点的监理对策

1）在进行土方开挖之前需要对地质进行勘查。在对农田水利工程进行施工的过程中，需要对施工环境加以重视，特别是要对施工现场具体的地理特征以及水文条件进行关注。项目监理机构应要求施工单位在工程施工之前，亲自到施工现场做好考察工作，对地质进行勘查，结合自然环境制定有效的施工方案，从而保证工程的顺利建设。为了保证工程的顺利开展，需要对自然环境进行有效控制和管理，必须要对施工现场环境进行及时了解，这样在施工的后期才不会发生地基变形等问题。在对施工质量进行管理时，自然环境监管是一项非常重要的工作，在对农田水利工程进行施工之前，需要做好勘查工作。只有对地质进行有效勘查才能在土方开挖时保证施工安全与施工效率，在对基础进行开挖时，施工人员需要对地质条件以及地质环境进行了解，这样在进行开挖时才会避免对原土体造成损坏，从而防止在后期出现地基沉降现象。

2）项目监理机构应加强对施工单位进场的施工材料进行检查和检测，从而保证基坑以及堤坝的质量。在进行混凝土施工的过程中，原材料质量以及配合比例会对施工质量造成严重影响。在开展堤坝工程混凝土施工的过程中，要加强对混凝土配合比、坍落度进行检查。要求施工单位对混凝土料进行均匀搅拌。混凝土料质量对于堤坝工程施工的质量有着重要影响，监理单位应与建设单位、施工单位一起对商品混凝土供应商进行考察、筛选，选择合适的厂商，保证混凝土料质量良好。

3）对于农田水利工程来说，其施工具有特殊性，对于施工技术以及施工人员有着较高的要求，因此项目监理机构需要做好以下工作：

（1）对施工单位承包资质的审查。根据工程的特点和规模，确定参与投标企业的资质等级，并取得招标管理部门认可。在招标过程中认真对符合参与投标的单位进行考核，查对营业执照、资质证书等文件，考核施工企业近期的财务状况，查对年检情况、资质升降情况，尤其是考核施工企业近期完成的同类项目业绩，选择具备实力和经验的施工企业。

（2）核查施工企业质量管理体系。从了解施工企业的质量意识、质量管理情况、质量管理基础工作、项目管理人员的质量控制着手，掌握施工企业的质量管理体系，使项目施工得到完善的质量管理体系和质量保证体系。

（3）审查分包施工企业的资质。在施工准备阶段，对分包单位的资质进行严格审查，必须满足国家建设行政主管部门所制定的专业承包企业或劳务承包企业的资质标准。严令禁止施工单位转包本项目工程。

（4）审查施工单位（含分包企业）项目经理部人员的执业资格。施工单位（分包单位）在施工前，向监理单位报送有关项目经理、管理人员、专职质检员、特种作业人员的资格证、上岗证等。对不合格人员总监理工程师及时要求施工单位予以撤换。

（5）组织设计交底和施工图纸会审。在施工前组织参建各方进行设计交底和施工图纸会审，是施工质量控制的一项重要工作。设计单位对设计意图和设计内容进行介绍，监理机构、施工单位对设计内容进行质疑，通过讨论和设计单位的解答，一方面使施工单位对图纸有充分的了解，另一方面也可发现设计中的错误、欠缺或遗漏，便于设计单位进行施工图修改完善。同时，设计交底和施工图会审对设计文件是否符合市发展和改革委批复文件，是否适合现场条件、地质条件以及地方材料供应条件等进行检查，发现问题及时解决。

（6）审查施工组织设计。从质量控制的角度对施工组织设计进行审查，重点检查其内容是否符合国家的技术政策，是否充分考虑承包合同规定条件、施工现场条件及法规条件的要求，是否突出“质量第一、安全第一”的原则。同时检查施工组织设计中是否充分分析了本项目建设的特点和难点，并采取相应措施。对施工组织设计的可操作性、技术方案的先进性以及是否符合安全、环保、消防和文明施工等方面的要求也要进行细致的检查分析。对检查中发现的问题，以书面形式进行反馈，便于施工单位及时纠正。

（7）施工场地条件的质量控制。施工场地条件是使用单位负责提供，施工场地条件的准确性关系到施工质量和安全施工，在开工前，应对场地条件进行认真复核，保证其准确无误。具体包括两方面的内容：

①堤坝工程定位及标高基准控制点。工程定位及标高基准控制点由建设单位从水利测绘部门获得，并提供给设计、施工单位作为设计平面即高程定位和施工放线的依据。若存在误差，会导致堤坝位置或高程出现误差，造成的质量事故极为严重。因此，开工前要求施工单位对基准点、基准线及高程点进行复核，同时项目监理机构将对施工单位据此建立的施工测量控制网进行复核，确保其准确。

②现场核定施工所用场地的范围。按照合同约定，施工场地由使用单位提供。施工场地对施工质量和施工安全有至关重要的影响。在施工前必须现场对施工场地进行界定，避免造成质量事故和安全事故。

（8）道路、水、电等施工条件的质量控制。开工前，项目监理机构将进一步落实道路、水、电是否开通，核对道路宽度和水、电供应量是否满足施工需要，检查是否存在断路、停水、停电的隐患，发现问题及时解决。

（9）工程开工前要进行如下工作：

①熟悉和掌握工程质量及使用功能控制的依据，如闸门、启闭机等设备的制造、安装；机泵等设备的安装；电气设备的安装等设计图纸及验收技术规范、规程及质量、使用功能验评标准。

②熟悉施工图会审及设计交底的记录文件、设计变更及工程洽商文件。

③有特殊要求的工程项目应要求有关单位提供施工程序、验收标准、质量及使用功能指标等资料。

④采用新材料、新工艺、新技术的工程项目，应要求施工单位及有关部门提供施工工艺措施及证明材料，经本公司项目总工程师审核同意后方可采用。

⑤检查施工单位项目经理部的组织机构，检查施工单位质量保证体系落实情况，检查施工单位的机构设置、人员配备、职责分工情况。

⑥查验各级管理人员和专业操作人员的持证上岗情况。

⑦督促各级质量及使用功能检查人员的配备及上岗。

⑧检查质量及使用功能管理制度是否完全健全。

（10）施工现场的检查验收。

（11）施工机械设备的控制。对直接影响工程质量及使用功能的施工机械设备（如混凝土泵、打夯机等），项目监理机构应在施工现场审查其规格、型号是否与施工组织设计（施工方案）中的规定相符，其性能是否满足工程质量及使用功能的要求；量具、衡具及测量仪器（水平仪、经纬仪、测距仪、钢尺等）应查验其合格证，并督促施工单位建立定期校验制度，正式使用时应进行校准与校正。

（12）审查主要分部（分项）工程的施工方案

①本项目主要分部（分项）工程于施工前，施工单位应将施工工艺、原材料使用、劳动力配备、质量及使用功能保证措施等编制成专项施工方案，报送项目监理机构，汇总意见后由总监理工程师签发，由监理公司监督其执行，以切实保障该分部（分项）工程的质量及使用功能。

②施工单位应将季节性施工方案（冬施、雨施等）编制后报送项目监理机构，经核准后监督其执行。上述施工方案可由总监理工程师审查并签发，未经批准不得施工。

③严格审查与核准施工单位的工地试验室及有见证取样送检试验室，考察其资格等级证书，试验范围，试验设备的规格、型号、精度、性能、法定计量管理部门对试验设备出具的计量检定证明，管理制度，人员资格证书等，确认该试验室能否满足工程各项试验的要求；并建立定期、不定期考核制度。有见证取样送检试验室必须与施工单位无隶属关系。

④要求施工单位提出材料试验、施工试验及有见证取样送检试验计划，并监督其执行。

⑤要求施工单位编制成品保护方案，审核批准后监督其执行。

4）为了确保农田水利工程施工质量，必须要对施工质量进行科学和全面的控制，所以，项目监理机构需要在施工过程中，强化施工质量控制，具体应做好以下工作：

（1）检查施工单位质量预控对策：在施工过程中，要求施工单位事先分析工程项目的关键部位或分部、分项工程施工中可能发生的质量问题和隐患，分析可能产生的原因，并提出相应的对策，采取有效的措施进行预先控制，以防止在施工中发生质量问题。项目监理人员对施工单位所做的质量预控对策要进行检查，保证预控工作切实起到应有的作用。

（2）检查施工单位作业技术交底的控制工作：在每一分项工程开始实施前均要求施工单位进行作业技术交底，这是对施工组织设计的具体化，是更细致、明确、具体的技术实施方案。对技术交底内容进行检查，核对交底中是否明确了做什么、谁来做、如何做、作业标准和要求、什么时间完成等关键内容。并对交底中对施工中可能出现的问题解决预案及应急方案的正确性、可行性进行分析，以书面形式将意见反馈给施工单位。

（3）施工材料、半成品或构配件的质量控制：施工材料、半成品或构配件的质量直接关系到工程施工的质量，在项目建设过程中，对材料、半成品或构配件严格进行控制，重点工作在以下三方面：一是实行进场检查，对产品出厂合格证及技术说明书或等级说明书等进行检查，对材料、半成品或构配件进行直观质量检查，施工单位按规定进行检验并提交检验报告，对不合格的产品拒绝进场。二是实行存放条件控制，对材料、半成品或构配件存放环境、存放方法、存放时间进行控制，避免因存放条件不良导致质量状况的恶化，如损伤、变质、损坏甚至不能使用，而影响施工质量。三是监督检查取样送检工作，保证工程使用的材料、半成品、构配件现场取样送检的真实性，是保证工程质量的重要环节。项目监理人员按见证取样的工作程序进行现场见证。

（4）现场自然环境条件的控制：自然环境条件对施工的影响是客观存在，在建设过程中遇有多种自然环境的影响，如严寒季节、多雨季节、夏季高温等。督促施工单位对可以预见的自然因素高度重视，做好充足的准备、拟定防御对策并采取有效的措施。

（5）作业人员控制：作业人员是施工的主体，也是影响工程施工质量主要因素之一。项目监理人员应根据国家有关规定和工程承包合同对施工单位作业人员的组织进行控制，其主要工作内容为：检查从事作业活动的操作人员数量是否满足作业活动的需要；检查施工管理人员（项目经理）是否在岗，如作业活动的技术负责人、专职质检人员、安全员，与作业活动有关的测量人员、材料员、试验员必须在岗；各特殊作业人员的上岗证是否齐全；同时要检查质量相关制度是否健全，如岗位职责、现场安全与消防的规定、环保方面的规定、试验室及现场试验检测的规定、紧急情况应急处理预案等。

（6）施工机械控制：施工单位保持施工机械设备处于良好的技术性能及工作状态是施工质量和施工安全的重要保证。项目监理人员对施工机械设备性能的控制工作有以下几方面：施工机械设备进场时检查其型号、规格、数量、技术性能、设备状况以及进场时间。对不符合要求的施工机械设备不允许进场；检查施工机械设备的维修保养工作，防止“带病”工作。

（7）工程验收

项目监理机构应组织施工单位对本项目隐蔽工程、分部分项工程及本项目单位工程分别进行验收，对闸门、启闭机、机泵及电气设备的安装完成后应进行调试和验收。在监理工程师对本项目验收前，施工单位应进行自检，对自检中发现施工存在的质量问题修复后，向项目监理机构申请各项验收。

项目监理机构收到施工单位报送的验收申请后，由总监理工程师组织项目监理人员对工程资料进行检查，对工程实体质量进行预验收，对设备进行调试，对工程验收和设备调试中发现的问题要求施工单位限期进行整改，符合要求后报建设单位组织正式验收。

3.进度控制重点、难点的监理对策

(1)在施工单位进行工程开工报审时，对施工单位上报的工程进度计划进行认真审核，要求施工单位将各建筑物的施工时间分解到每个月，将渠道工程进行位置或长度的分解，并将分解后的施工计划具体安排到各个施工月内。

(2)工程开工前，对所有工程的位置进行实地考察，主要对工程施工范围内的农田作物、引排水系进行考察，充分考虑农作物的灌溉时间、引排水系的畅通等因素对工程施工的影响，在制定相应的施工计划时，将影响因素充分地反映到工程施工的计划时间中。

(3)工程计划开工日期为春节后。春节前后，全国可能会出现“用工荒”，为保证工程能够在春节后顺利实施，监理单位应要求施工单位在春节前必须落实好工程的施工人员，对施工人员的进场时间要落实到位。

(4)由于工程为农田水利工程，工程位置位于农村，而各行政村是否能及时将施工场地交与施工单位进行施工，也决定了工程是否能够顺利实施。在建设单位与各镇水利站、行政村交涉的同时，监理单位也应会同施工单位，发挥自身的主观能动性，积极参与协调工作，争取提前将计划中的施工位置落实到位。

4.投资控制重点、难点的监理对策

(1)在工程施工前，应对本项目的原始地形进行考察和测量，保留原始数据。工程完成后，及时进行测量和验收。对验收完成后的工程量进行复核和计算，对核算完成的工程量要求施工单位进行签认，以此作为工程结算和计量支付的依据。

(2)在工程开工前，对工程的施工图设计进行审查，并形成《施工设计图纸核查意见单》，对可能引起工程重大变更或影响工程造价的设计图纸，及时通知建设单位，以便建设单位与设计单位进行会商，通过设计变更或修改，将工程造价确定在可控范围内。

(3)在施工过程中，严格控制施工单位提出的设计变更，对施工单位为方便自身施工提出的设计变更(增加了工程造价)，监理单位将不予同意或在不影响工程质量的前提下，经设计单位确认可以实施的情况下，予以同意，但由此增加的工程造价不予确认，由施工单位自行承担。

(4)控制工程索赔的发生。监理工程师认真掌握和熟悉工程承包合同文件，努力促使合同双方提高合同意识、认真履行合同，及时做好协调，协助合同双方做好预防索赔管理，努力消除可能导致合同纠纷和索赔事件发生的因素，促使工程项目的顺利进行。

(5)加强现场的计量工作。由于工程比较分散，工程类别多，设计需要进行现场计量的工程量也很多且工作繁琐，因此，监理组需加强现场的计量工作，在开工前需要将现场实际计量的部位及相关清单罗列清楚，在监理例会上，下发给施工单位并讲明需要配合的程序及相关要求，必须严格现场计量到位。

5.安全控制重点、难点的监理对策

（1）工程位于农村，工程沿线的道路设施可能不甚完善，在工程施工期，要求施工单位尽量不要占用乡村和田间道路，在不得不占用的情况下，必须保证将安全措施落实到位。如白天使用，晚上可清除的，必须进行清除清理，确保道路畅通；如晚上不能清除的，要做好相应的防护措施。

（2）在工程施工期内，施工围堰的安全必须要有专人负责，施工单位应设有专门的巡查员，24h不间断对施工围堰进行巡查，发现问题及时进行报告和抢修，确保不出现倒坝、溃坝事故。

（3）在本工程泵房等建筑物基坑深度达到3m时，具有一定的安全隐患。在基坑开挖后，施工单位必须对基坑周围进行有效防护，可采用钢管搭设栏杆，栏杆高度必须达到国家规定的1.1m以上且必须设置双层钢管。对施工人员上下基坑的通道必须设置马道，确保施工人员的安全。

（4）施工人员在临水作业时，必须正确穿戴救生衣，在临水作业时同时要求施工单位必须保证2人以上同时作业，做到相互关照。

（5）工程位于农村，大型施工车辆和设备对周边的影响较大。在施工过程中，监理单位将督促施工单位做好施工车辆和大型设备的管理，做好限重、限速的控制，确保施工区域内的交通、人身安全。

十五、电力工程项目

（一）工程施工的重点及监理措施

（1）电线电缆绝缘测试、设备安装调试，以及系统调试是本工程施工中的重点。

（2）在系统通电前，监理单位应要求施工单位对电线电缆做绝缘电阻测试，并做好测试记录，电力电缆在安装交接试验中还应进行耐压试验，以保证电线电缆的绝缘良好。其次应检查各配电屏、配电箱操作机构是否灵活，通断是否可靠，线路连接是否良好，各类保护电器的整定值是否符合要求。制定试通电方案，并由专业电气技术人员负责，按各回路系统进行通电，发现问题及时解决，减少故障影响面。各系统调试前应检查各系统的主要设备及配套设备安装是否符合图纸及规范要求，同时制定各系统调试方案，本着先单机后系统的原则，各系统联动应由专人组织其他各专业负责人协调完成。

（二）工程施工的难点及监理措施

1. 本工程技术复杂，施工难度大，尤其是相关专业施工的协调工作量大。监理单位应要求施工单位按照招标文件的要求进行施工。

2. 电气设备的安装及系统调试是本工程施工中相对较难的工序之一。监理单位应要求施工单位做好下列施工质量控制措施：

1）准备工作

（1）在相关专业的调试完成之后，监理人员应根据施工进度情况，要求施工单位技术负责人向施工人员进行现场安全交底和技术交底工作。调试工作应由专业调试人员进行，较大调试项目如设备房的变配电系统、事故应急照明系统、防雷接地系统等在调试前提出调试方案，根据方案组织专业人员进行调试。

（2）检查调试设备合格证，并有专人负责使用、保管，调试应有记录。

2）检查

（1）配电装置

①安装是否符合设计要求和施工规范规定；

②设备应无损坏，零部件是否齐全；

③主母排和分路母排的连接螺母应用力矩扳手进行紧固，紧固螺母接触应良好（一般以弹簧垫压平为准）；

④检查核对内部接线是否符合设计原理图及接线图；

⑤抽屉推拉应灵活轻便，无卡阻碰撞现象，抽屉应能互换；

⑥动触头与静触头的中心线应一致，触头接触应紧密；

⑦抽屉的机械联锁和电气联锁装置应动作正确可靠，断路器分闸后，隔离触头才能分开；

⑧抽屉与柜体间的接地触头应接触紧密，抽屉推入时，抽屉的接地触头应比主触头先接触，拉出程序应相反。

（2）馈电线路

①电缆规格应符合设计要求，排列整齐无损伤，固定间距及挂牌应满足设计和施工规范的要求；

②馈线绑扎整齐美观，色相正确。

（3）设备外观

①交流电动机应完好无损伤；

②轴承转动灵活无卡阻，应按规定加入滑润油。

3）继电保护调试及交流电动机检查

（1）继电保护调试

①摇测馈电线路绝缘电阻时，应将断路器、用电设备、电器、仪表等放在断开位置。

②用500V摇表测试，电缆（1kV及以下）绝缘电阻阻值应在10MΩ以下；电线绝缘电阻阻值应大于0.5MΩ；馈线两端相位一致。在端子排处测试每条回路的绝缘电阻阻值应大于0.5MΩ。

③热继电器、继电器、电压表、电流表采用计量合格表进行校验检查，其动作应符合产品说明书及国家标准。

④电动开关应作最高合闸线圈吸合电压值，检测最低跳闸线圈的动作电压值试验。

⑤二次回路的集成电路、电脑模块、电子元件的检查不准使用摇表和试铃测试，应使用万用表测试回路是否接通。

⑥接通临时控制电源和操作电源；将配电装置（盘、柜）内控制、操作回路熔断器上端相线拆掉，接上临时电源。

⑦模拟试验：按图纸要求，分别模拟试验控制、连锁、操作、断电保护和信号动作，应正确无误，灵敏可靠。

⑧拆除临时电源，将被拆除的电源复位。

（2）交流电动机检查接线

①测量绕阻的绝缘电阻：用1kV以下的摇表测常温下绕组的缘电阻应大于0.5MΩ。

②测量绕组直流电阻是否平衡；可使用单臂（或双臂）电桥分别测量各相绕组的直流电阻，其差值不应超过2%。

③交流电动机的极性检查，用万用表直流毫安档进行测试，方法是将绕组一端三个接头联在一起接一支表笔，绕组另外三个接头联在一起接另一支表笔，此时要转动电动机转子。如万用表指针不动，则表明绕组头尾连接是正确的，如果万用表指针有动，说明三相绕组内头尾连接有误，应对调一相绕组头尾重新测试，直至万用表指针不动为止。

4）设备通电试验

（1）准备

①准备试验合格的验电器、粉末灭火器等；

②彻底清扫全部设备及配电室的灰尘，用吸尘器清扫电器、仪表元件。清理现场除送电外不需要的物件；

③检查母线上、设备上、箱内有无遗留的工具、金属材料和其他物件；

④检查起动器的操作手柄，应标明“起动”“运行”“停止”等相应字样。

（2）试送电

①所有检验工作完成后，由项目技术负责人组织有关人员进行试送电，技术负责人具体指挥，执行操作人员重复技术负责人员的指令，第一次送电后立即停电，再次送电，以防他人触电或检验设备和线路有无故障。

②合低压柜进线开关，查看电压表三相电压是否正常，相序是否正确。

③在低压联络柜内，开关的上下两侧（开关未合状态）进行同相校核，用电压表或万用表电压档500V，用表的两个测针，分别接触两端的同相，此时电压无读数，表示两路电同一相，用同样的方法检查其他两相。

④依次送电至动力柜、控制柜，再分配至各用电箱（盘）、用电点，停电时操作顺序相反，禁止带负荷拉闸。

⑤交流电动机空载运行时应进行下列检查：

A.交流电动机的旋转方向应符合要求，无杂音；

B.测量交流电动机空载起动电流和空载运行电流并做好记录，三相电流相差不大于5%；

C.测量交流电动机温度，不应有过热现象；

D.判断交流电动机响声情况是否正常；

E.空载运行时间为2小时。

⑥交流电动机带负荷运行：

A.交流电动机带负荷试运行，连续启动次数如有产品使用规定的按规定执行，无产品规定时可按下列规定：

在冷态时，可连续启动两次；

在热态时，可连续启动一次。

B.交流电动机在带负荷运行中应注意的问题：

监视电源电压的变化。电压变化范围不应超过额定电压的±10%，任意两相电压差数不应超过5%；

监视电动机的运行电流不应超过铭牌上的额定值，任意两相间的差值不应大于额定值的10%，并将测得的起动和运行电流做好记录；

监视电动机的温度。一是用手摸，不能有烫手的感觉；二是用电子测温计，将测温计探针插入吊孔内，测得温度加10℃为绕组内最高温度。

监视电动机运行中的声音、振动和气味，正常运行声音均匀，运行平衡，无绝缘漆味和焦臭味。

⑦调试电源漏电保护应选择电流为5A，以漏电动作电流为30mA的小型漏电保护器作为开关源，每个回路逐一送电，即一个回路送电成功后再送另一个回路。通电应先空载后负荷，先单机试送电再联动。

⑧从备送电验收。

⑨发电机进行带负荷低压柜至控制柜及生活泵、照明器具及其他用电设备空载运行24h，无异常现象，机体各部分温度不应超过95℃，其集电环及电刷等应工作正常。进行联锁试验，市电切断后发电机应能在10s内自动启动，市电恢复后应能自动停止运行。

十六、暗挖电力隧道项目

（一）施工测量控制重点、难点分析及监理对策

1.重点、难点分析

由于暗挖电力隧道在地下施工，这就要求施工测量时把地面控制点从地面导入地下，对暗挖电力隧道中心轴线进行测量控制。如果发生地面向地下的导点错误或暗挖电力隧道轴线偏移，则会随着洞挖施工的推进出现暗挖电力隧道中心轴线重大偏离设计轴线，导致暗挖电力隧道无法准确贯通，产生工程质量事故，给项目带来巨大损失。所以，暗挖电力隧道的施工测量控制是监理测量质量控制的重点、难点。

2.监理对策

（1）开挖前，必须要求施工单位制定切实可行的贯通测量、定位测量方案，严格审查测量技术、测量设备、测量专业人员的设置；

（2）施工单位收到有关交桩成果，并在实地交验后，立即组织复测，验算确认无误后将成果进行上报监理复核；

（3）监理组织测量人员对地面控制点进行联合测量无误后，方可采用；

（4）对测量的关键环节进行旁站或复核，确保导出的控制点精准无误；

（5）要求施工单位每天校核暗挖电力隧道轴线方向，确保洞挖中心轴线符合设计要求。

（二）竖井施工质量控制重点、难点分析及监理对策

1.重点、难点分析

本项目共有多处竖井，竖井的开挖断面尺寸大，深度较深。因此，竖井施工质量是监理控制的重点、难点。

2.监理对策

（1）审查竖井施工技术措施，重点审查施工顺序、锁口圈混凝土施工、竖井井架焊接及支设位置、抓斗起重机的安装及提升装置、井身土方分层开挖及支护方法、质量控制方法、安全监控方案等。

（2）护壁混凝土浇筑过程进行旁站监理，控制混凝土浇筑质量和钢筋埋设位置。

（3）竖井开挖时，要求施工单位对施工测量放样成果进行报验，测量监理工程师复核确认无误后方可进行竖井开挖。

（4）施工前，要求施工单位做好地质超前预报，并根据地质情况确定超前小导管长度及花管范围、注浆方式、浆液配比；注浆过程应进行跟踪监测，严格控制注浆压力，达到结束标准后方可停止注浆；并对注浆效果进行检查（开挖隧道后检查固结厚度），符合要求强度后方可进行开挖作业。

（5）竖井施工要对称开挖，开挖步距按设计要求进行。开挖完成断面检查合格后，应及时紧跟支护，支护结构不完成则施工作业人不得离开工作面。

（6）喷射混凝土施工前，应要求施工单位制定喷射作业计划，包括喷射混凝土的原材料检验、配合比设计、喷射试验等。通过试验确定施工参数，试验结果经监理工程师审核批准后方可进行喷射施工；在喷射面上插标尺钢筋，按标尺钢筋来控制喷射厚度，厚度不足处补喷至设计厚度；喷射混凝土时确保密实、表面平整，对裂缝、脱落、漏喷、空鼓等现象必须查明原因，整治后进行补喷。

（7）竖井施工过程中，检查施工单位安全监测情况，发现异常，要求施工单位及时采取措施。

（8）竖井施工完成后，组织参建各方对竖井施工质量进行验收，合格后才能进行洞挖施工。

（三）暗挖电力隧道安全控制重点、难点分析及监理对策

1.重点、难点分析

暗挖电力隧道开挖时，防止塌方是监理控制重点、难点。

2.监理对策

（1）督促、检查施工单位做好地质编录工作，做好超前勘探和预报地质变化情况，及时调整施工方法和工艺。

（2）超前小导管注浆是暗挖施工的基础关键，注浆浆液质量的好坏直接关系到开挖的实施乃至整个隧洞工程的质量。另外，注浆浆液配合比要经过试验室验证确定最佳配合比。

（3）对小导管的数量、插入角、注浆压力、注浆量要进行严格控制，保证浆液的扩散半径及固结强度。

（4）在注浆过程、注浆质量的检查上，监理工程师应采用跟踪检查，确保注浆后围岩固化达到抗压强度，以实现较高的效果。

（5）开挖时要按设计步距进行，严禁超挖。

（四）钢格栅安装质量控制重点、难点分析及监理对策

（1）所用钢材须按规范要求频率送样到具有相应资质的试验室进行检验，结果合格方可使用；

（2）焊接工人必须经过专业培训，并取得焊工上岗证书；

（3）格栅在装卸运输过程中，要注意保护，不得发生扭曲变形，监理验收后方可使用；

（4）格栅安装时要注意保证其垂直度、两拱脚的同步度；

（5）格栅安装后打设锁脚锚杆，打设时要控制好打设方法，不能扰动基坑底部基层，打设完成后及时进行锁脚注浆。

（五）初衬混凝土喷射控制重点、难点分析及监理对策

（1）格栅安装验收合格后，方可进行初衬混凝土喷射。

（2）喷射前应对喷枪及水路、风路进行检查，保证喷射能顺利进行。

（3）喷射时应控制喷射用水，水量大则易流淌，水量小则不能固结密实。

（4）喷射时要控制好风压、喷枪到喷射面的距离，风压大，距离近则回弹较大，产生较多废料；风压小，距离远则不能保证其密实。

（5）喷射时要控制喷射方法，采用由下到上、两侧往中心，螺旋线喷射，每层厚度不能大于7cm。

（六）防水材料铺设及保护控制重点、难点分析及监理对策

1.重点、难点分析

防水材料一般采用聚氯乙烯制，具有耐久性、延展性、韧性较好，接缝严密可靠，施工操作方便等优点，但其同时具有易被尖锐物体刺穿扎破等缺点。在铺设前，要求铺设基面平整、无尖锐物；在铺设完成后，也须对其进行特别保护，而防水材料铺设的后续工序为二衬混凝土钢筋绑扎，钢筋绑扎工人踩踏及钢筋的压置和钢筋端头对防水卷材的压扎等因素成为防水保护控制的重点、难点。

2.监理对策

（1）在防水卷材铺设前，先对铺设基面进行检查，对突出表面的尖锐物进行处理；

（2）防水卷材铺设不宜太长，以超出浇筑仓20cm为宜；

（3）防水铺设时要先铺上拱270°范围，下拱铺设完成后，要第一时间铺设保护层；

（4）对现场施工人员进行加强防水卷材保护意识教育；

（5）要求钢筋端头戴塑料帽头，绑扎完成后摘除。

（七）二衬混凝土防裂控制重点、难点分析及监理对策

1.重点、难点分析

混凝土裂缝的产生和原材、配合比、施工工艺及施工环境等因素有关，成因主要是温度应力大于收缩应力所致。因此，混凝土防裂是二衬控制重点、难点。

2.监理对策

针对混凝土防裂，要结合科学的混凝土配合比设计及一系列温控措施，以保证混凝土不产生温度裂缝。具体措施如下：

1）采用合理的混凝土配合比

混凝土配合比设计应符合规范的要求，监理将进行严格的审查与批复。

（1）采用普通硅酸盐水泥

地下工程，尤其喷射混凝土宜优先选用普通硅酸盐水泥配制。

（2）骨料级配

要求施工单位混凝土配合比设计和全过程施工中采用中砂，优先选用砂的细度模数在2.8～3.0范围以内，砂含泥量控制在3%以内，合理选择骨料极配，最佳骨粒径不能大于泵管的1/6。

（3）掺合料

为了增加混凝土和易性和提高混凝土的后期强度及减小水化热，要求施工单位在混凝土配合比设计中掺入Ⅱ级粉煤灰和Ⅰ级矿粉。

2）采取严格温控措施

混凝土夏季施工要求施工单位入仓温度应控制在28℃以下。为达到这样的指标可采取以下温控措施：

（1）骨料：将水泥、砂、石子进行预冷；

（2）采用冰碴水拌制，有条件时使用地下水；

（3）混凝土运输要防止升温，选用保温的混凝土罐车；

(4) 尽量避开高温时段浇筑；

(5) 混凝土浇筑完成后要在12h内开始养护，对粉煤灰混凝土，连续养护应大于21d。

3) 控制混凝土含碱总量

根据以往工程经验，建议对粗细骨料进行碱活性控制，要求施工单位使用非碱或低碱活性骨料拌制混凝土，混凝土总碱含量控制在$3kg/m^3$。

（八）监控量测控制重点、难点分析及监理对策

(1) 工程监测对于施工安全和隧道稳定，以及地面道路及其他设施安全都起着关键性作用，因此必须加强施工监控量测质量的控制；

(2) 工程项目开工前，必须要求施工单位针对围岩及支护状况、地面及地面建筑物变化、拱顶下沉、隧洞周边净空收敛位移、围岩压力及支护间应力、钢筋格栅拱架内力、初期支护及二次衬砌内应力等制定有效的监控方案，并做专题审查；

(3) 施工期所有监测项目观测频次必须满足设计要求，开挖断面距离量测断面前后小于10m时每天量测2次，开挖断面距离量测断面前后小于25m时每天量测1次，开挖断面距离量测断面前后大于25m时每周量测1次；

(4) 施工过程中，监理工程师应督促施工单位按计划做好观测工作，确保量测数据准确，分析到位，及时有针对性地合理调整施工工艺；

(5) 监测结果及时进行反馈，以利于迅速作出决策。

第5章 合理化建议（案例）

一、某项目实施智能信息化管控的建议

本项目为大学校园建设，属于政府工程，文明施工要求标准高。为了提高项目管理效率，实现本项目建设各项目标，应采用智能信息化管控手段对本项目实施科学管理。可在项目上搭建一个“智能信息化指挥中心”对项目工程施工进行全过程、全方位可视化管控。主要体现在以下几个方面：

（1）采取智能信息化管控可以促进项目管理人员全面履行合同，促进各单位强化主体责任和从业人员责任，督促注册人员做到“人证合一”，做到实名制全日在岗履职。

（2）搭建项目“智能信息化指挥中心”，对施工质量、施工安全、施工扬尘、施工进度、投资控制等实施可视化管控，组织协调方便、快捷，可以起到事半功倍效果。

（3）有效促进监理单位为建设单位提供优质服务和超值服务。

智能信息化管控平台是一个与参建单位实现信息化共享的智能化技术产品。监理单位可对本项目实施智能信息化管控，如在建设单位和施工单位的主要项目负责人的手机上安装App信息指挥系统，在施工现场安装智能监控系统、会议室信息指挥中心，并为参建单位安装该系统。

二、某项目工程质量控制方面的建议

1.由于本工程是多专业的工程建设项目，由土建、机电安装、装饰装修等多系统的施工单位承建。为了确保工程质量，建议选用各个专业高水平的施工单位，并让后续的施工单位提前介入，预先熟悉图纸，了解工程情况，充分做好施工准备工作。后续施工单位的施工人员应提前参与先开工的专业施工，避免诸如

土建工程的预埋、预留出现漏项或错埋，给机电安装和装饰装修专业施工造成困难，增加工程费用，耽误工期。

2.本工程中一些专业性很强的综合管线安装工程，如大型设备系统的安装与调试等技术标准高、施工难度大。为确保施工质量和工期，建议对这些有特殊要求和专业性强的分部工程由建设单位单独招标或指定分包单位。

3.本工程所用的材料、设备种类多，原材料和设备质量好坏决定了工程的整体质量，是质量控制的第一环节，也是重要环节，为此建议：

（1）监理和建设单位、施工单位应成立材料、设备质量控制小组，成员可由不同专业工程师兼任，负责主要材料和设备的质量控制；

（2）建立对材料、设备的考察、比选和检测制度，各种材料和设备的性能、外观和颜色，必须符合图纸设计和建设单位的品牌要求；

（3）要严格选用环保、安全型材料，严禁使用辐射、污染超标的材料；

（4）所选用设备必须获得国家强制性产品认证书；

（5）加强对工程所使用的新技术、新设备、新材料进行论证和研讨，在充分掌握其技术性能、作用后再加以应用，避免盲目决策。

可能产生的效益：使工程原材料和设备质量得到有效控制，从而保证工程质量目标控制，预先制作样板。建议对大型主要材料、设备由建设单位招标选择，对乙方采购的材料、设备强化审批制度，以确保材料、设备质量。

4.开工前，制定较完整的质量责任制度和奖罚制度，发现质量问题，对责任单位予以相应的罚款处理。

5.加强过程检测，实行五方联合举牌验收制度。

6.加强对防水防潮施工质量控制。地下室、屋面、卫生间防水质量控制是本工程施工质量控制的重点、难点，因此，对防水施工质量要求很高。地下室外墙防水重点是墙体、顶板穿墙套管、对拉螺杆眼等部位，建议按照新规范要求的地下室、屋面防水年限进行设计、施工。

7.工期安排应避开雨季，严寒天气不宜湿作业。

8.对地下室主体结构混凝土应采用P6抗渗清水混凝土，规范中没有具体规定的，建议在设计合同中予以明确。

三、某项目工程进度控制方面的建议

1.制定分部分项工程的阶段性进度计划目标，并监督落实

如前所述，本工程地下室清水混凝土施工、通风、消防管道安装等工程施工

进度是影响本工程进度目标实现的主要因素，因此，在审查施工单位施工进度计划时，重点审查地下室工程的进度计划安排，提出阶段性进度计划目标，确保总进度计划目标实现。

2.成立协调小组，统一协调施工中交叉作业问题

本工程单体多，土建、安装、室内外装修等施工单位多，交叉作业影响大，施工管理和协调难度大，在施工过程中，将会出现很多需要协调的问题，一般问题可由监理进行协调解决，但对于重大复杂问题，就需要多部门共同参与方能解决，特别是施工过程中的设计变更等，为此建议成立由建设单位牵头，监理、设计、施工、各专业分包单位等参加的联合协调工作小组，妥善处理相关事务，保证工程的顺利进行，减少各种问题对工期的影响。

3.充分利用合同条款，降低建设单位的工期风险

可以在施工合同中规定计划工期目标实现与推迟的奖罚条款。

4.人、材、机的投入是进度目标实现的基本保证

目前，全国各地区的人、材、机各方面供应均相对紧张，本工程各专业施工招标文件应对此问题进行具体要求，如要求主要施工机械设备规格、数量及进场时间，确保多个工作面同时施工；对主要材料应选择具有生产能力的厂家和供货单位尽早签订供货意向书，以确保材料供应。

5.建议设立工期保证金及赶工措施费的建议

采用有效的经济措施促使施工单位按期完成施工任务，施工单位在规定完工日期前完工的，将根据进度提前情况获得全额或部分赶工措施费，并退还工期保证金。逾期完工的，建设单位除全额没收工期保证金外，还将按照合同条款对施工单位进行工期拖期损失赔偿金的处罚。

6.实现施工进度目标的建议

本计划在实施过程中，牵涉到业主的方案确定、设备选型、施工队伍招标投标等大量的工作，上述工作的完成主要是在项目施工期间给予解决的，因此，要求相关单位及时完成施工图设计、设备采购、专业施工队伍进场、施工顺序安排等计划的落实。

（1）材料设备采购应予以尽可能地提前进行，一方面考虑定货周期，避免现场出现停工待料现象的出现，另一方面考虑材料设备的选型对施工图纸细化以及确定合理的施工工艺所创造的条件。

（2）在实施过程中应注意关键线路工期必须按照计划完成的重要性，在本计划中大量工作的后续工作是有限制条件的，因此在签订专业分包合同时必须明确其最迟完成时间，否则必将引起合同纠纷，特别是工期和费用索赔方面的问题。

7.其他保证进度计划实现的措施

（1）本工程所牵涉的专业多，技术含量高，同时因社会化分工和生产需要，大量的工作需要专业化的施工队伍完成，以达到预期所设定的目标。解决该问题的有效方法是事前制定符合要求的、周密的总控进度计划，事中严格遵照执行，在保证质量的前提下，应建立以“进度计划合理安排与控制”为核心的管理体制。

（2）从有利于项目投资及进度控制出发，应重点抓好设计管理。设计成果是其他招标采购、施工的依据，及早进行设计和优化可避免返工或窝工。

（3）督促承包单位加大资源投入，组织平行施工和流水作业。

（4）在确保质量、安全目标的前提下，与承包单位签订进度目标奖罚合同条款。

（5）准备工作充分，从设计图纸到施工准备（施工技术方案、施工材料、施工机械、施工人员的组织），对施工不利的影响因素应有可靠的防范措施，并制定实施计划。

（6）充分考虑自然气候的影响。冬季、雨期施工措施应到位，并在计划的安排上留有余地。

四、某项目工程投资控制方面的建议

施工合同是工程施工的重要依据，如果合同粗疏，后患无穷，一旦事故发生，会引发一系列索赔事件，消耗建设单位大量精力，且难以自拔。根据其他工程监理过程中的合同管理经验，提出以下几点建议：

（1）强化设计变更审批制度

工程变更对投资、进度有较大影响，强化对本工程设计变更审批制度，首先是对工程变更的必要性进行论证；其次，对变更设计的方案进行多方案比较论证，选择施工可行、投资低、对工期影响小、质量容易控制的设计方案；工程变更应由监理、建设单位在上述方案论证的基础上进行审查批准，根据变更设计方案，现场实际计量，变更单价按合同有关单价的确定原则，严格审核，报建设单位批准。

（2）建议推行工程保险，实行风险转移，以防范建设单位风险，确保工程投资得到有效控制。对全线工程一切险和第三者责任险统一打包，通过招标确定保险人。并在施工合同中明确施工单位对合同工程必须投保除工程一切险和第三者责任险以外的建筑意外险等保险险种，如果施工单位未按合同进行投保，建设单位投保后直接从施工单位的工程款中扣回。

(3)建议推行费用包干制度

对于无法精确计量的临时工程，不可预见的天气、灾变等因素，以及材料选择时的试用、试验费用等，采取以总额计量或费率包干，并通过工程保险实行风险转移等措施，最大限度地减少或避免各种工程变更、临时工程签证等额外费用发生。

(4)对工程量计量、进度款支付的建议

施工合同中应明确对工程量计量、进度款支付的要求：施工单位每月申报的期中支付申请时间节点应符合合同约定的时间要求；申报的工程量必须是已施工完成并经监理工程师验收合格的实际工程量，不可是形象进度。

可能产生的效益：减少不必要、不合理的变更，使工程投资得到有效控制；减少工程投资风险。

五、某项目工程安全环保控制方面的建议

(1)树立工程参与者的安全意识、环境保护意识

树立工程建设参建单位全员安全意识、环保意识是保证工程顺利进行的需要，也是注重以人为本、营造和谐社会的需要。作为设计方应该考虑设计方案是否存在安全隐患，承包方的施工方案的编制第一要素应当是安全措施到位、可行，监理方应以安全管理工作为主线，做好工程项目的安全、质量、投资、进度控制工作，只有群策群力重视安全问题，才能确保人员和生命财产安全。

(2)建立安全管理机构与制度

建立由建设、监理、施工三方安全生产领导小组，通过安全生产领导小组的工作，督促和检查施工单位安全保证体系的建立与完善以及安全责任制的落实情况，采取跟踪检查与抽样检查相结合的方式，杜绝安全事故发生，必须严格按照《危险性较大的分部分项工程安全管理规定》(中华人民共和国住房和城乡建设部令第37号)对于需要进行安全专项方案论证的，坚决做到先论证后施工。确保其安全、合理、可行，保证工程顺利进行。

(3)落实安全管理体系，实行安全管理一票否决权，杜绝安全事故发生，将安全隐患消除在萌芽状态。

(4)由建设、监理、施工三方共同开展不定期对工人生活区进行检查的工作，确保工人的住宿清洁安全，特别是对专业分包单位的工地办公室、食堂、澡堂及厕所的“装修”标准及管理措施应在合同专用条款中进行约定，以确保施工环境安全文明、整洁有序，实现“和谐”施工。

（5）建设单位应及时支付安全文明措施费，施工单位要将安全文明措施费足额投入到安全生产中，并应提供真实有效的票据凭证。同时，督促施工单位切实履行合同中的安全职责，确保安全文明措施费投入到位。

（6）本项目单位工程多，施工范围广，应备足电源和照明灯具，确保夜间施工照明到位，监理对方案审核时应包括夜间施工安全保障措施，特别是主体施工阶段，要坚持流水施工。

（7）施工环保

该项目属于校园建设，周边有大学校区及过往行人、车辆等，而施工中不可避免产生噪声、粉尘及污水等，因此应做好防尘降噪措施，确保施工环保要求，以免对校区学生学习产生较大影响。

六、某项目工程设计方面的建议

1.加强对设计施工图的审查，多组织几次图纸会审，将设计错误、漏项和不合理部分消灭在开工之前，从源头把关，严把图纸会审关，减少设计变更，减少投资损失。

2.审查防水设计的合理性。包括防水材料的选择能否与建筑特点、气候条件相符；需要防水处理的地方，如地下室外墙、顶板、楼房屋面、卫生间、阳台等防水防潮设计是否合理；结点的防水防潮设计，如外墙的接口处防水防潮设计是否合理；防水等级是否设计合理等。

3.地下室、人防空间净尺寸是否满足建筑规范的要求。如地下室、人防空间及地下室入口处的净高是否满足一般车辆的进入要求；设备安装、梁底标高的净空尺寸是否满足规范要求等。

4.审查地下室消防设计以及建筑节能保温是否满足现行的相关规范要求。

5.对地面、隔墙荷载的考虑应全面、合理；应根据对结构受力有影响的施工机械和设备的具体情况验算施工荷载对结构的影响。施工单位的模板、支撑要足够，拆撑要符合设计要求。

6.审核体育馆等大空间、大跨度结构设计相关的说明是否全面明确；审核各种设计依据是否得以提供，如是否提供了建筑结构安全等级、设防烈度、抗震等级、建筑场地类别划分等。

7.注意采用多道抗震构造设防和对可能出现的薄弱部位采取加强措施。可采取以下构造措施和施工措施减少温度和混凝土收缩对结构的影响，对保温性能的影响：

（1）加强墙体保温隔热措施，外墙设外保温层；

（2）楼顶屋面改用刚度较小的结构形式或顶层设局部温度缝；

（3）采用收缩小的水泥，减少水泥用量，在混凝土中加入适宜外加剂；

（4）施工缝一般留设在柱帽折线的转折处，无梁板不允许留设施工缝。

8.专项设计应尽可能提前，最迟以不影响土建施工和不增加投资为原则。如土建主体施工前，应完成外墙及精装修的方案设计。室内精装修方案确定后，即可知道墙体的位置是否与原建筑设计一致，若有不一致可及时调整设计，避免日后拆墙或补墙，进而影响结构质量安全，影响工期。

七、弱电智能化工程的合理化建议

（1）校园建设项目系统集成较多，设备选型时要多考虑各个系统的通信接口类型和各系统间的联动问题，如火灾报警系统和非消防配电箱的火灾时切断要求。

（2）质量、进度控制：考虑到智能化系统众多，专业要求也不一样，监理建议采取智能化系统总包，然后按系统分包。特别是要选择一个既懂硬件（熟悉各类弱电设备、设备选型及不同系统设备间的接口），又懂软件（对系统集成、各类网络通信协议和数据库类型有深入了解）的弱电总包单位，以确保对弱电各子系统的管理和系统集成，协调好各专业队伍之间的施工，从而有效保证弱电系统工程的质量与工期。

（3）对弱电机房要尽可能早地封闭和完成土建施工，以保证弱电工程和土建、装饰工程交叉施工，加快进度。

（4）加强对深化设计的管理。对于智能化系统，业主的需求往往不太明确，匆忙施工招标，施工时再不停变更，这样对质量、投资、工期都不利。建议采用先设计竞赛，再深化设计，然后施工招标的模式。

（5）因预留管线在总体投资中所占比例极小，而如未留管线，后期改造、增加难度及造成的影响均很大。因此，本工程预留管线及洞口应本着“宁大勿小、宁多勿少”的原则进行处理。

八、某项目建筑电气工程监理合理化建议

针对本工程的具体情况，提出如下几点合理化建议，供业主参考：

（1）非消防动力、照明配电箱在定货时要考虑与消防连动切换时的接口问题，如采用24V脱扣器等，以避免造成事实时再改的被动局面。

（2）低压柜中的进线柜接地开关的安装，要与上一级开关配合好，以避免误操作或其他原因造成危险。

（3）对于变电所中的塑壳开关，根据负荷的重要性，可以分别采用电子式脱扣器和热磁式脱扣器。

（4）应尽量减少不同单位的施工队同时施工，可以采用同一单位的不同施工队，避免过多地交叉作业和队伍管理，从而提高效率。

（5）对于电气设备的招标，需设计方（含相关专业人员）参与，避免因技术上原因而耽误进场。

（6）正确确定电气工程的关键线路。在以往的流水作业组织计划中，对电气工程很少进行详细的分析，从而经常使电气进度影响整个工程进度。因此，要对供配电系统，与水、暖密切相关的重要分部、分项工程的进度提供保障。

九、采用信息化手段监理合理化建议

目前，我国监理行业除少有部分监理企业采用先进、科学的信息化管理模式外，其他所有监理企业仍然采用落后的监理服务方式。这种“监理设施配置缺失、技术水平落后、管理模式陈旧”监理服务方式，已无法满足工程建设项目管理需要，无法发挥监理在施工过程中的监理作用。这落后的监理服务方式造成工程质量安全管理不到位，是导致施工质量安全存在隐患的根源。

如何整顿监理市场，改变监理现状，发挥监理对工程质量安全监管作用，具体应采取以下方法和措施：

1.建设监理招标投标市场的管理

（1）联合招标投标管理部门对建设单位（主要是房地产项目）招标投标进行管控。合理调控招标投标限价，严禁恶意压价，限价不得低于成本价。

（2）联合招标投标管理部门、政府采购部门，采取激励政策，鼓励和普及监理企业采用智能信息化手段、先进的智能检测设备对工程项目实施智能监理。对采用信息化、智能化设备和智能管控手段的监理项目应提高投标限价标准，优先选择采用信息化、智能化设备和智能管控手段的监理单位。

2.加强监理设施配置与信息化设备投入

（1）监理单位应对其所承接的项目实施信息化管理，并投入智能信息化设备系统，将智能信息化系统接入政府建设主管部门搭建的“建设工程信息化管控平台”，将监理过程中的质量安全检查验收资料、视频图像资料、监理人员资格及社保情况、在岗情况等上传到所辖政府建设主管部门搭建的“建设工程信息化管控平台”。

（2）实施信息化的项目监理机构应自建现场办公、食堂、住宿等临建房，配备能够满足工程监理需要的办公桌椅、计算机、监理检测工器具、试验室等标准化设施，自费搭建信息化管控平台，自主或与施工检测单位共享安装覆盖整个施工现场的视频监控系统（包括网络宽带）、安全预警监测系统以及BIM系统，自费购置无人机、记录仪等智能设备，这些应当是项目监理机构的标配。以此确保为项目工程质量安全提供根本性保障。

（3）实施信息化的项目监理机构人员及参建五方责任主体单位安装手机App智能监理检查验收软件系统，并与人工智能检测设备融合应用。项目参建各方共同通过视频监控系统、安全监测系统对工程质量安全做到全天候可视化管控，对工程关键部位、关键工序施工质量安全通过监控大屏及个人智能手机App+现场抽样检测实施全方位、全过程管理。应用信息化质量检查系统对进场材料、隐蔽工程、检验批及分部分项工程施工质量进行巡视检查，并将自动生成的质量检查表上传至“建设工程信息化管控平台”。应用信息化安全检查系统对基坑工程、模板支撑、脚手架、建筑起重机械等危大工程进行巡视检查，并将自动生成的安全检查表上传至“建设工程信息化管控平台”。

3.加强监理履职和廉洁自律行为的管理

（1）实施智能信息化监理企业，应培养和聘用技术水平高、业务能力强、本科以上的注册人员及专业监理人员上岗。聘用的高学历、高素质、高水平的注册人员及专业监理人员上岗履职，是保障工程质量安全的重要举措。

（2）为确保监理工作的公平、公正、廉洁、守法，确保监理质量安全责任落实到位，应提倡监理做到“四不”：不用施工单位的办公室、不住施工单位的宿舍、不在施工单位食堂共餐、不接受施工单位的礼金。如受现场条件限制，监理人员必须在施工单位食堂就餐时，监理单位应支付相应餐费。杜绝监理人员因吃、拿、卡、要现象而放松质量安全检查标准。

第6章　某监理大纲（暗标）范例

以下监理大纲（暗标）仅作内容编制，实际投标的监理大纲（暗标）格式编制要求，应按照"第二章监理大纲暗标编制要求"或投标文件对暗标编制要求的格式编制，本章监理大纲（暗标）相关内容仅供参考。若需引用应根据所投标项目工程特点进行编制。

一、工程概况

工程各项参数以及现场状况：

（1）工程名称：某校舍建设项目。

（2）建设地点：某工业园区。

（3）建设规模：总建筑面积30518.99m²（其中1号教学楼4290.60m²，框架结构，地上四层；2号教学楼4290.60m²，框架结构，地上四层；1号男生宿舍4107.16m²，砖混结构，地上四层；2号男生宿舍4107.16m²，砖混结构，地上四层；1号女生宿舍4107.16m²，砖混结构，地上四层；2号女生宿舍4107.16m²，砖混结构，地上四层；综合楼5509.15m²，框架结构，地上四层）。

（4）结构类型：教学楼、综合楼为框架结构，宿舍楼为砖混结构。

（5）总工期：120日历天。

（6）项目总投资：10000万元。

（7）监理工作范围：完成本项目施工及保修阶段监理所包含的所有工作内容。

二、监理工程重点、难点分析

（一）工程质量控制重点、难点分析

根据本项目的特点和以往的施工经验，本工程重点、难点如下：

1.本工程主体结构为钢筋混凝土框架结构和砖混结构，易产生施工质量问题的有：墙体裂缝、钢筋混凝土现浇板裂缝、楼地面渗漏、门窗渗漏、屋面渗漏等。

2.针对本工程的重点、难点，监理应督促、配合施工单位做好以下几项工作：

1）墙体裂缝防治措施

（1）砌筑砂浆应采用中粗砂，严禁使用山砂、混合粉、落地灰；

（2）粉煤灰砖、加气混凝土砌块的出釜停放期宜为45d（不应小于28d），上墙含水率宜为5%～8%。混凝土小型空心砌块的龄期不应小于28d，并不得在饱和水状态下施工；

（3）填充墙砌至接近梁底、板底时，应留有一定空隙，填充墙砌筑完并间隔15d以后，方可由专人将其补砌挤紧，对双侧竖缝用高强度等级水泥砂浆嵌填密实；

（4）设计要求的洞口、安装管线应预埋或预留槽口，不得打凿墙体和在墙体上开凿水平槽口，超过300mm的洞口上部应设置过梁；

（5）砌体结构坡屋顶卧梁下口的砌体不应采用斜砖顺砌，应砌成踏步形；

（6）砌体结构砌筑完成后不应少于30d再进行粉刷；

（7）采用粉煤灰砖、轻骨料混凝土小型空心砌块等的填充墙与框架柱交接处，应事先植筋，拉结筋间距500mm，应在两侧预留15mm×15mm缝隙，在加贴网片前浇水湿润，再用1:3水泥砂浆嵌实。

2）钢筋混凝土现浇板裂缝防治措施

（1）屋面板保温措施，严格按有关规范施工。

（2）混凝土应采用减水率高、分散性能好、对混凝土收缩影响较小的外加剂，其减水率不应低于8%。

（3）预拌混凝土进场时按检验批检查入模坍落度，高层住宅不应大于180mm，其他住宅不应大于150mm。

（4）严格控制现浇板的厚度和现浇板钢筋保护层的厚度，提倡使用混凝土保护层定位件。阳台、雨篷等悬挑现浇板的负弯矩钢筋下面，应设置间距不大于500mm的钢筋马凳，在浇筑混凝土时保护钢筋不移位。

（5）现浇板中的线管必须布置在钢筋网片之上（双层双向配筋时，布置在下层钢筋之上），线管的直径应小于1/3楼板厚度（含交叉布管），沿预埋管线方向的板面应增设ϕ6@150、宽度不小于450mm的钢筋网带。严禁给水管水平埋设在现浇板中。

（6）现浇板浇筑时，在混凝土初凝前应进行二次振捣，在混凝土终凝前进行两次压抹。

（7）现浇板浇筑后，应在12h内进行覆盖和浇水养护，养护时间不得少于7d；对掺用缓凝型外加剂的混凝土，不得少于14d。

（8）现浇板养护期间，当混凝土强度小于1.2MPa时，不得进行后续施工。当混凝土强度小于10MPa时，不得在现浇板上吊运、堆放重物。吊运、堆放重物时应避免对现浇板产生冲击影响。

（9）现浇板的板底宜采用免粉刷措施。

（10）支撑、模板的选用，除满足强度要求外，还必须有足够的刚度和稳定性，边支撑立杆与墙间距不得大于300mm，中间支撑间距不宜大于800mm。根据工期要求，配备足够数量的模板。

3）楼地面渗漏防治措施

（1）上下水管等预留洞口坐标位置应准确，洞口形状为上大下小。

（2）预留洞口填塞前，应将洞口清洗干净，四周涂刷加胶水泥浆粘结层。洞口填塞分二次浇筑，先用掺入抗裂防渗剂的微膨胀细石混凝土浇筑至楼面厚度的2/3处，待混凝土凝固后进行4h蓄水试验，无渗漏后，用掺入抗裂防渗剂的水泥砂浆填塞，并做24h的蓄水试验。

（3）防水层的泛水高度不得小于300mm。

（4）烟道根部向上300mm范围内应进行防水处理。

（5）卫生间墙面应用防水砂浆刮糙，刮糙次数不少于两遍。

（6）有防水层要求的建筑地面施工完毕后，应进行24h蓄水试验，蓄水高度为20～30mm。

4）外墙渗漏防治的技术措施

（1）外墙洞眼按规范留设。孔洞填塞由专人负责。采用半砖、防水砂浆分两次堵砌，并及时进行隐蔽验收。

（2）粉刷基层为混凝土时，应采用人工凿毛或涂刷相关界面处理剂。

（3）两种不同基体交接处的处理应有防裂措施。

（4）外墙抹灰必须分层进行，严禁一遍成活，每层抹灰厚度宜控制在6～10mm，粉刷层与粉刷层接缝位置应错开，并设置在混凝土梁、柱中部位置。

（5）窗台、窗楣、阳台、雨篷、腰线等处应设置滴水线和滴水槽，严禁出现爬水。

（6）贴面砖的外墙底糙宜用防水砂浆粉刷。面砖勾缝必须采用勾缝条抽压。

（7）外墙涂料腻子应选用与外墙涂料相匹配的专用腻子。

（8）基层、面层粉刷好后，应加强保温养护。

（9）外墙涂料施工操作宜按《建筑涂饰工程施工及验收规程》JGJ/T 29—2015执行。

（10）外墙面砖施工操作宜按《外墙饰面砖工程施工及验收规程》JGJ 126—2015执行。

5）门窗渗漏防治措施

（1）内外窗台必须有高低差，外窗台应有不小于20mm的泛水。外挑窗台两端应设置挡水坎。

（2）外门窗安装前，应进行三项性能的见证取样检测。

（3）窗框周边应采用中标硅酮密封胶密封。严禁在涂料面层上打密封胶。

（4）塑料门窗施工操作规程应按《塑料门窗工程技术规程》JGJ 103—2008执行。铝合金门窗施工操作规程参照执行。

6）屋面渗漏防治措施

（1）屋面工程施工前，必须编制详细的施工方案，经监理审查确认后方可组织施工。

（2）卷材防水层收头应在女儿墙凹槽内固定，收头处应用防腐木条加盖金属条固定，钉距不得大于450mm，并用密封材料将上下口封严。

（3）在屋面各道防水层或隔气层施工时，伸出屋面管道、井（烟）道及高出屋面的结构处均应用柔性防水材料做泛水，其高度不小于300mm；最后一道泛水材料应采用卷材，并用管箍或压条将卷材上口压紧，再用密封材料封口。

（4）刚性细石混凝土防水屋面施工除应符合相关规范要求外，还应满足以下要求：①钢筋网片宜采用焊接型网片；②混凝土浇捣时，宜先铺三分之二厚度混凝土，并摊平放置钢筋网片后，再铺三分之一厚的混凝土，振捣并碾压密实，收水后分二次压光；③分格缝应上下贯通，缝内不得有水泥砂浆粘结，在分格缝内，用与密封材料相匹配的基层处理剂涂刷，待其表面干燥后立即嵌填防水密封材料，密封材料底层应填背衬泡沫棒，分格缝上粘贴不小于200mm宽的卷材保护层；④保水养护不少于14d。

（5）屋面防水层施工完毕后，应进行蓄水或淋水试验。

（二）本工程进度控制重点、难点分析

（1）本工程工期紧、整体管理难度大

本工程计划施工总工期为120d，时间紧、任务重，一旦开工，特别是工程主体与装修阶段将必然会有很多施工队、班组同时交叉施工，对施工整体规划及部署要求高，综合协调、质量控制、计划、造价、安全及文明施工管理等难度大。

(2) 本工程进度控制监理措施

针对本工程特点，督促施工单位制定本工程网络进度控制图，对不同时期的关键线路、关键控制环节采取重点控制手段。如人力、物力、外部协调配合等。要整个工程一盘棋，局部服从全局，服从整个总目标进度，确保关键环节、关键路线按节点完成。

(三) 本工程投资控制重点、难点分析

1. 投资控制特点：施工单位编制的施工组织设计及施工方案中可能会隐含一些增加投资并产生索赔的诱惑因素。

2. 监理措施：

(1) 针对工程特点，监理进场后按合同要求建立切实可行的签证计量工作程序，严把工程量审核关。

(2) 协助建设单位做好设备招标投标及施工招标工作，把好合同签约关，做好事前控制。

(3) 工程实施过程中，监理将加强建设单位对施工组织设计和方案的审查，特别是对关键部位、重点部位的方案重点进行审查，对施工工艺、方法进行必要的技术经济论证，挖掘节约投资和提高效益的潜力。

(4) 建议建设单位要求设计单位派驻现场代表，及时解决施工中设计问题，减少违约责任。

(5) 要求施工单位分阶段提前申报资金使用计划表，经审查确认后据此进行控制执行。

(6) 建议建设单位选择实力强、安装能力强，并有组团工程协作经验的施工队伍。

三、质量控制

(一) 质量控制目标

依据与工程项目有关的法律、法规、规范和标准，通过控制影响工程质量的各种因素，使工程项目的实体质量、使用功能等各方面满足业主的要求，即本工程质量符合国家质量验收标准、满足设计功能，创省优工程。

(二) 本工程质量控制方法

工程质量控制是整个监理工作的核心，监理工作将着眼于项目整体利益，引

入风险管理和分级管理的理念，实行“以分项工程质量评定为基础、以工序质量签证控制为手段、以跟踪旁站与现场巡查相结合为控制方式”的程序化监理，从施工准备、施工过程和竣工验收三个阶段，制定质量控制方法，抓预防、抓关键和抓落实，严格把好工程质量关，保证工程质量达到目标。

1.工程项目施工招标阶段及监理控制方法

（1）协助业主考察投标单位施工现场的质量，检查投标单位的质量保证体系；

（2）协助业主进行施工承包合同洽谈，明确合同中有关质量责任的条款。

2.开工前准备阶段的监理控制方法

（1）施工现场的复查，包括界桩、标准点的定位复核；

（2）施工环境调查，对所发现的影响质量的重大外部因素写出评估报告及制定预防措施；

（3）由项目总监组织专业监理人员熟悉监理合同、施工承包合同，认真熟悉施工图纸及有关设计说明和技术资料，充分了解项目设计意图和各项技术要求；

（4）协助业主组织设计交底及图纸会审工作；

（5）审查承包商的施工准备工作，包括承包商的管理机构和负责人名单，承包商现场人员及进场计划，进场设备、机械的数量、型号、规格等计划；

（6）对承包商编制的施工组织设计、重要技术方案进行审查，必要时对特殊项目建议业主组织专家进行专项评审；

（7）根据合同条款规定，审查现场开工条件。

3.质量的事前控制监理方法

（1）根据招标文件及合同条款规定，审查分包商的资质。

（2）根据工程承包合同有关条款，依据设计文件，对承建商采购材料、设备及构配件进行控制，主要材料的规格、型号、样式应征得业主的认可。业主提供材料设备时，应业主的要求，专业监理工程师可以协助业主进行设备选型，设备到货后依照合同组织开箱验收并办理相应手续。

（3）施工机械的质量控制。对工程质量或对安全有重大影响的施工机械、设备，应审核承包商提供的技术性能报告，塔吊、桩机等必须通过安检部门验收，凡不符合要求的不能使用。

（4）要求承包商建立健全质量保证体系，并检查督促其有效实施。

（5）要求承包商实施目标管理制度，在项目监理过程中，如发现承包商的施工管理人员或技术操作工人的技术水平不能满足要求，管理混乱，忽视施工质量时，项目总监应向业主汇报，及时提请业主撤换不合格的施工承包商或施工管理人员和工人。

（6）总监组织专业监理工程师审核施工组织设计，提出审核修改意见；总监组织审查承包单位质量管理体系、技术管理体系和质量保证体系；审核施工方案，尤其要认真审核新材料、新工艺、新技术等施工方案；对进场的材料、设备严格按合同约定或有关工程质量管理文件规定进行抽样检验，并按比例采用平行检验或见证取样方式进行抽检，合格后方可用于本工程。

4.质量的事中控制监理方法

（1）要求承包商建立和完善工序控制体系。把影响工序质量的因素纳入管理状态，对重要工序应建立质量管理点，及时检查或审核承包商提交的质量统计分析资料和质量控制图表。

（2）项目监理部按监理质量目标的要求，督促承包商加强施工工艺管理，认真执行工艺标准和操作规程，以提高项目质量稳定性；加强工序控制，对隐蔽工程实行验收签证制，对关键部位关键工序进行旁站监理，加强中间检查和技术复核，防止质量隐患。严格验收制度，严格检查验收各道工序，达到要求验收通过后方可进行下道工序施工。

（3）各监理人员做好监理日报，认真做好数据统计分析，对不符合质量标准的提出专题报告，由项目总监签发报送业主及承包商。检查承包商是否严格按照现行国家建筑安装施工规范和设计图纸要求进行施工。

（4）专业监理工程师应经常深入现场检查施工质量，发现质量问题，及时向有关责任人提出口头整改意见或发监理工程师联系单，如整改不力或坚持不改，可由项目总监直接向承包商签发书面整改通知单、指令单。

（5）审查技术变更和会签设计变更。凡因施工原因需修改设计，应通过现场设计代表同意，经设计单位研究确定后提出设计修改通知。

（6）监理工程师应认真履行监督职责，深入施工现场，以预控为主，及时发现问题，早期处理，防止一般性工程质量事故，杜绝重大工程质量事故。

（7）组织现场质量协调会。

5.质量的事后控制监理方法

（1）过程验收：按规定的质量验收标准和方法，对完成的分项、分部工程及单位工程进行检验。

（2）竣工验收：收到承包商工程验收申请报告，项目总监组织有关单位进行预验收，并将预验收结果通告承包商，并督促承包商对不合格项目进行整改；协助业主组织竣工验收工作；审查承包商提交的竣工资料和竣工图；整理工程项目技术文件资料。

6.项目保修阶段监理方法

为了保护业主的合法权益，维护公共安全和公众利益，监理应协助业主做好缺陷保修期的管理工作。监理的工作重点如下：

（1）明确建筑工程的保修范围和保修期限

根据《房屋建筑工程质量保修办法》（中华人民共和国建设部令第80号）的有关规定，建筑工程的保修范围应当包括地基基础工程、主体结构工程、屋面防水工程和其他土建工程，以及电气管线、上下水管线的安装工程，供热、供冷系统工程等项目；保修的期限应当按照保证建筑物合理寿命年限内正常使用，维护使用者合法权益的原则确定。一般地基基础工程和主体结构为设计文件规定的合理使用年限；防水工程为（屋面、卫生间、外墙等）为5年；供热、供冷系统为2个采暖或供冷期；电气管线、给水排水管道、设备安装、装修工程为2年。因此，监理除了应协助业主在工程施工合同中对保修范围、保修期限值明确规定外。还应要求各承包商制定完善缺陷保修期的保修计划和保修措施（质量保修书），并监督其有效及时执行。如甲方需要时，7d内将整改或维修方案报甲方，并在甲方批准后7d内负责组织并监督实施完毕。

（2）保修期内出现的工程质量问题，监理应积极参与调查研究，确定发生工程质量问题的责任，共同研究修补措施并督促实施。对于因承包商责任造成的工程质量问题，应责成承包商无条件修复，确保工程结构安全和各使用功能不受影响，修复费用由承包商承担。对于非承包商责任造成的工程质量问题，原则上应由该工程承包商负责修复，修复费用由业主或责任方承担。因工程质量缺陷对他人人身财产造成的损害，或保修不及时造成新的损害，由缺陷责任方或拖延责任方承担，作为监理，应充分关注保修期的工作；当接到业主通知，应在24h内派相关专业的专业监理工程师赶到现场进行处理。

（3）当承包商不履行保修义务或拖延履行保修义务时，监理应积极协助业主提供依据、证据等书面材料，并提出对其的惩罚建议（包括经济处罚和报建设行政部门的行政处罚或罚款），供业主参考。

（4）缺陷保修期阶段，项目监理部应安排专业工程师进行定期回访，回访周期不大于6个月。对工程使用情况和可能发生的保修内容进行分析，并以书面形式向业主报告。

（5）发生工程缺陷保修工作时，监理应委托专人在现场进行控制，其控制内容包括：审查承包商的维修方案；对维修使用的材料、设备进行检查验收；对维修过程进行监督、检查；对维修工作进行质量鉴定或验收；对维修工作中产生的技术资料和施工资料进行整理汇总，并交业主归档。

（6）在整个工程保修期（最高期限为工程验收合格之日起5年）结束后，安排专人检查工程保修情况，并将完整的保修期资料移交给业主。

（三）本工程质量控制针对性措施

1.组织措施

（1）委派具备相关工作经验、熟悉相应工作程序的监理人员，并且专业配套，保证人人具备执业证书或上岗证，以确保各项监理工作的顺利进行。

（2）监理机构采取项目总监负责制，各专业监理工程师、监理员均衡配套以满足监理需要。项目监理部在总监领导下开展日常监理工作。总监根据工程建设进展情况及监理工作中出现的问题，定期或不定期召开工作例会，并做好会议纪要，编号存档，及时解决工程建设中的各项问题。

（3）由项目各专业监理人员每周进行质量分析，并做好质量记录。对项目监理部进行严格内部管理，认真按监理程序办事，保证监理效果。

（4）项目监理部执行将按IS09001质量管理体系的规定，明确监理班子岗位职责。工作中既明确分工，各负其责，又协同努力，分工不分家，在总监统一领导下，共同做好各项监理工作。

（5）施工监理过程中各专业技术问题由专业监理工程师负责解决处理，并及时将处理结果向总监汇报。

（6）当监理工程师发现重大质量问题后应及时向总监理工程师汇报，及时取得指示和指导，并采用监理书面通知形式，向施工单位郑重提出，如得不到解决时，应向业主汇报，必要时签发停工令，及时制止不能保证工程质量和不负责的施工。

（7）对于重大技术、经济问题应及时向总监汇报，由总监及时组织研究解决。

（8）公司领导、总工程师定期检查，不定期抽查现场监理工作质量，认真听取业主对监理工作的意见，保证监理工作按监理规划及实施细则有条不紊地开展。

2.经济措施

（1）收集与投资控制有关的各种信息与数据进行分析，建立数据库。

（2）控制不利因素及风险对工程的影响。

（3）凡因不履行合同责任义务给双方造成经济损失的，均在合同中规定赔偿办法。

（4）坚持优质优价原则，充分调动承包商的积极性和主观能动性。

（5）配合业主及承建商制定切实可行的质量奖罚措施。

(6) 编制详细的资金计划，以确保资金的及时供应，并控制执行。

3.技术措施

(1) 总监组织各专业人员对工程图纸中的技术问题、技术数据，认真分析研究，确定施工方案评选原则，参与方案评选。对设计中存在的问题及时与设计人员进行探讨和处理。

(2) 认真做好图纸会审与设计交底工作。设计图纸是监理工作的基本依据，因此，图纸会审工作至关重要，必须切实改变只重视现场实体监理而忽视图纸会审的状况，以高度的责任心和科学细致的工作作风，认真全面地做好图纸会审工作。

(3) 指导施工单位编制好施工组织设计，对可能的技术方案进行技术经济比较与论证，优化施工方案。选用先进的施工方法及施工机具，以确保质量，加快施工进度，创造良好的经济效益和社会效益。

(4) 分析各类风险因素，做好事前、事中、事后的工程质量、进度、投资控制，制定相应预控措施，实行动态管理。

(5) 编制各类监理工作程序和工作细则报业主后严格执行，并严格执行技术、经济、合同方面的措施。

(6) 指导施工单位推行全面质量管理，建立健全质量保证体系。做到开工有报告、资质有保证、施工有措施、技术有交底、定位有复查、材料设备有检验、质量有自检、隐蔽有记录、竣工有资料。

(7) 运用先进的仪器设备和试验手段，严格检查原材料、半成品及构配件质量，以保证整个工程的质量。

(8) 定期组织检查，做好现场旁站跟踪和工地巡视，确保工程质量。

4.合同措施

(1) 监理工程师要承担合同的审核工作，并参加合同的技术谈判，为业主把好合同关；

(2) 按合同规定行使权利，在施工合同履行管理中行使工期控制权、质量检验权和工程量认证权，使三大控制指标与合同要求目标一致；

(3) 合同条款要详细而严格，要特别注意违约责任的赔偿条款；

(4) 加强合同管理，实现法律化、科学化、系统化、规范化的合同管理制度，监督合同双方严格按合同要求履行各自责任和义务。

5.旁站监理

1) 旁站监理的工作目标

严格按照监理规范和住房和城乡建设部、地方的要求，对关键部位、关键工

序实施旁站监理，保证施工质量符合设计文件及施工质量验收规范的要求，使工程施工质量处于受控状态。

2）旁站监理人员的主要职责

（1）检查施工企业现场质检人员到岗、特殊工种人员持证上岗以及施工机械、建筑材料准备情况；

（2）在现场跟班监督关键部位、关键工序的施工执行方案以及工程建设强制性标准情况；

（3）核查进场建筑材料、建筑构配件、设备和商品混凝土的质量检验报告等，并可在现场监督施工企业进行检验或者委托具有资格的第三方进行复验；

（4）做好旁站监理记录和监理日记，保存旁站监理原始资料。

3）旁站监理的程序

（1）对旁站监理人员进行旁站技术交底、配备旁站监理设施；

（2）对施工单位人员、机械、材料、施工方案、安全措施及上一道工序质量报验等进行检查；

（3）具备旁站监理条件时，旁站监理人员按照旁站监理的内容实施旁站监理工作，并做好旁站监理记录；

（4）旁站监理过程中，旁站监理人员发现施工质量和安全隐患时，应及时上报；

（5）旁站结束后，旁站监理人员在旁站记录上签字。

4）旁站工序监理措施

（1）旁站监理人员要履行职责，对需要实施旁站监理的关键部位、关键工序在施工现场跟班监督，及时发现和处理旁站监理过程中出现的质量问题，如实准确地做好旁站监理记录。凡旁站监理人员和施工企业现场质检人员未在旁站监理记录上签字的，不得进行下一道工序施工。

（2）旁站监理人员实施旁站监理时，发现施工企业有违反工程建设强制性标准行为的，有权责令施工企业立即整改；发现其施工活动已经或者可能危及工程质量的，将及时向总监理工程师报告，由总监理工程师下达局部暂停施工指令或者采取其他应急措施。

（3）旁站监理记录是监理工程师或者总监理工程师依法行使有关签字权的重要依据。对于需要旁站监理的关键部位、关键工序施工，凡没有实施旁站监理或者没有旁站监理记录的，监理工程师或者总监理工程师不得在相应文件上签字。

5）本工程监理旁站工序

在基础工程方面：包括预应力管桩施工、基坑支护、土方回填、地下车库

混凝土浇筑，卷材防水层细部构造处理，土方回填。

在地下室结构工程方面：包括梁柱节点钢筋隐蔽过程、混凝土浇筑、防水施工。

在安装工程方面：包括阀门试验，火警探头测试，接地电阻、绝缘电路测试，室内、外给水管道试压，室内热水管道试压，室内排水管道灌水、通球试验。

6.工程材料质量监理控制措施

工程材料的质量好坏，直接影响到工程整个建筑物质量等级、结构安全、外部造型和建成后的使用功能等。监理工程师对本工程质量的控制在工程项目施工监理中占据重要位置，质量控制应以预控为主、辅以过程控制，工程材料的质量控制是质量预控的重要内容之一，应主要从以下几个方面进行监理控制：

（1）建立健全质量保证体系，加强合同管理

由于工程材料的质量低劣造成的工程质量事故以及各种损失往往是非常严重且难以弥补和修复的，因此，工程中必须尽力避免发生此类问题，防患于未然。在材料的质量监理中，首先要求施工单位建立健全质量保证体系，使施工企业在人员配备、组织管理、检测程序、方法、手段等各个环节上加强管理，同时建议业主在施工承包合同中要明确对材料的质量要求和技术标准，并明确监理方在材料监理方面的责任、权限以及有关要求。例如监理方有权对材料进行必要的抽检（发生的费用由业主承担）；施工单位对材料试验取样时必须在监理方的见证和监督下进行，并严格执行封样签字手续，监理对取样、封样、送样和取试验报告全过程跟踪，以保证试验结果的代表性和公正性。在项目实施过程中，严格按合同办事、加强合同管理、以合同为依据，坚持施工单位自检、复检相结合，以施工单位自检为主，监理复检作为评定自检结果的标准，同时还坚持目测和检测相结合，抽检和监测相结合，直接控制和间接控制相结合等，防止不合格的材料用于工程，保证工程建设质量。

（2）明确材料监理程序，编制针对性的监理细则

工程项目实施过程中，业主要积极树立监理单位的形象，明确其在工程管理中的地位，使参建各单位明确监理工作的性质、方法以及监理工作程序。项目监理部针对工程实际情况，制定详细的监理规划和细则，明确材料监理程序。在材料监理细则中，明确材料监理工程师的职责、工作方法、步骤、手段以及对材料的质量要求和保证质量应采取的措施。在材料监理过程中，监理工程师则严格按材料监理规划、细则开展工作，保证材料监理工作的正规化。

（3）认真审核施工单位材料计划

材料监理工程师进场后，首先了解施工单位的材料总体计划，并审核其是否满足施工总进度的要求，对发现的问题提出改进建议，使材料总体计划与施工进度相一致，在此基础上，每月25日前，要求施工单位向监理方提交下月的材料进场计划，包括进货品种、数量、生产厂家等，材料监理工程师根据工程月进度计划予以审核，使材料进场计划符合工程进度要求。

（4）材料采购的质量监理

对计划进场的材料，监理工程师将会同施工单位对其生产厂家的资质及质量保证措施予以审核，并对订购的产品提供样品并要求其提供质保书，根据质保书所列项目对其样品质量进行再检验，样品不符合规范、标准的，不能订购其产品。

（5）进场材料的质量监理

加强现场原材料的试（复）验工作，例如对工程中使用的钢筋、水泥要有出厂合格证，砂、石、砖等要有材质试验单，施工用水要有水质化验报告等，以掌握其技术参数资料。同时在施工承包合同中要求明确规定，为提高试（复）验数据的可靠性、准确性，确保工程质量，施工单位的检验、试验应在监理单位认定和具有规定级别的试验资质、资格及满足试验条件和要求的试验室中进行。检验、试验结果应由监理单位审核。对有更高检测试验要求的，应由建设单位委托经国家认可的第三方检测试验机构审核。

监理审核认定试验室资质时，着重检查以下几个方面：

1.试验室资质水平应满足工程规模要求；

2.资质范围应满足专项试验要求；

3.有严格的管理制度，有称职、责任心强、具有规定资质的试验人员能够严格执行国家和地方有关规定等。

监理方对现场材料的质量严格按照材料质量监控流程、国家规范、有关标准、设计文件、合同及材料监理细则等进行管理控制。另外，严格执行甲方的管理规定，由甲方批准或确认的材料、承包人分包，应要求承包方及时报业主审批确认。

四、进度控制

（一）本工程进度控制的主要方法

1.审核工程进度计划

（1）严格审查施工承包单位的施工进度计划以及按总进度计划编制的分部工程进度实施计划。

（2）由于本工程规模较大，技术要求高，内容较多，为确保总工期目标的实现，必须要求施工承包单位根据各施工阶段的工作内容、工作程序、持续时间及衔接关系，编制详细的进度实施计划，本工程现场项目监理机构将根据建设单位的要求和相关规范、标准及政府有关规定，严格审查进度计划的可行性、合理性及有效性，如果不能满足总工期目标的要求，即责令施工承包单位重新进行修改和调整，直至满足总工期要求。

（3）施工进度计划审核的主要内容：

①进度安排是否符合工程项目建设总进度计划中总目标和单位工程分目标的要求，是否符合《施工承包合同》中开、竣工日期的规定；

②施工总进度计划中的项目是否有遗漏，分期施工是否满足分批动用资源的需要和配套动用资源的要求；

③施工顺序的安排是否符合施工程序的要求；

④劳动力、材料、构配件、机具和设备的供应计划是否能保证进度计划的实现，供应是否均衡，高峰期是否有足够能力实现计划供应；

⑤建设单位的资金供应能力是否能满足施工部署的需要；

⑥施工进度的安排是否与设计单位的图纸供应进度相一致；

⑦建设单位应提供的场地条件及原材料和设备与进度计划是否衔接；

⑧总包和分包单位分别编制的各项单位工程施工进度计划之间是否相协调，是否满足或超过搭接需要，专业分工与计划衔接是否明确合理；

⑨进度安排是否合理，是否有造成建设单位违约而导致索赔的可能性；

⑩进度计划是否分析考虑了周边环境对进度计划实现的影响以及采取的相应措施。同时在制定进度计划时，是否适当留有余地。

（4）如果监理工程师在审查施工进度计划的过程中发现问题，应及时向承包单位提出书面修改意见，并协助承包单位修改，其中重大问题应及时向建设单位汇报。

（5）施工进度计划一经监理工程师确认，即应当视为合同文件的一部分。它是以后处理承包单位提出工程延期或费用索赔的一个重要依据。

2.进度控制《监理实施细则》的制定与执行

进度控制《监理实施细则》是在项目《监理规划》指导下，由项目监理机构中负责进度控制的监理工程师进行编制，经总监理工程师批准后执行。这是一个更具有可操作性的监理业务文件，其主要内容如下：

①施工进度控制目标分解图；

②施工进度控制的主要工作内容和深度；

③进度控制人员的具体分工；

④与进度控制有关各项工作的时间安排及工作流程；

⑤进度控制的方法（包括进度网络分析方法以及关键线路、关键节点的检查日期、数据收集方式、进度报表格式、统计分析方法等）；

⑥进度控制的具体措施（包括组织措施、技术措施、经济措施及合同措施等）；

⑦施工进度控制目标实现的风险分析；

⑧尚待解决的有关问题。

3.网络计划技术的运用

（1）在施工过程中，及时做好工程进度记录，并运用网络计划技术指出计划中的关键工作和关键线路；通过不断改进网络计划，寻求最优方案，以求在计划执行过程中对计划进行有效的控制与监督，保证合理地使用人力、物力和财力，以最小的消耗取得最大的经济效果。

（2）施工阶段进度控制是一项经常性工作。监理工程师不仅要及时检查承包单位报送的施工进度报表和分析资料，同时还要进行必要的现场实地检查，核实所报送的已完项目时间及工程量，杜绝虚报现象。

（3）在对工程实际进度资料进行整理的基础上，监理工程师应将其与计划进度相比较，以判定实际进度是否出现偏差。如果出现进度偏差，监理工程师应进一步分析此偏差对进度控制目标的影响程度及其产生的原因，以便研究对策、提出纠偏措施。必要时，要求承包单位调整或修改计划，并要求采取必要措施，加快施工进度，使施工进度符合《施工承包合同》约定的工期要求。

4.工程进度现场协调会

（1）监理工程师应每月、每周定期组织召开不同层级的工程进度现场协调会议，以解决工程施工过程中的相互协调配合问题。在每月召开的高级协调会上通报工程项目建设的重大变更事项对进度的影响，协商其后果处理，解决各分包单位之间以及建设单位与承包单位之间的重大协调配合问题。在每周召开的管理层协调会上，通报各自进度状况、存在的问题及下周的安排，解决施工中的相互协调配合问题。通常包括：

①各分包单位之间的进度协调问题；

②工作面交接和阶段成品保护责任问题；

③场地与公用设施利用中的矛盾问题；

④某一方面断水、断电、断路、开挖要求对其他方面影响的协调问题以及资源保障、外协条件配合问题等；

⑤安全生产的防护落实情况或隐患的整改情况。

（2）在平行、交叉承包单位多，工序交接频繁，且工期紧迫的情况下，现场协调会甚至需要每日召开。在会上通报和检查当天的工程进度，确定薄弱环节，部署当天的赶工任务，以便为次日正常施工创造条件。

（3）对于某些未曾预料的突发问题，监理工程师还可以通过发布紧急协调指令，督促有关单位采取应急措施维护工程施工的正常秩序。

5.工程延误控制

造成工程进度拖延的原因有两个方面：一是由于承包单位自身原因造成工期延误；二是由于承包单位以外的原因造成的工程延期。总监理工程师将采取有效措施将所延误工期消化在总进度中，确保项目总体进度按期完成。

6.工程进度报告的提供

监理工程师应随时整理进度资料，并做好工程记录，定期向建设单位提交工程进度报告。

7.工程进度资料整理

监理工程师要根据工程进展情况，督促承包单位及时整理有关进度控制资料。

在工程竣工验收以后，监理工程师应将工程进度资料收集起来，进行归类、编目和建档，以便为今后其他类似工程项目的进度控制提供参考。

8.工程移交

监理工程师应督促承包单位办理工程移交手续，颁发工程移交证书。在工程移交后的保修期内，还要处理验收后质量问题的原因及责任等争议问题，并督促责任单位及时修正。当保修期结束且再无争议时，工程项目进度控制的任务即宣告完成。

（二）本工程进度控制的总体措施

根据同类工程参与项目管理、监理工作的经验，本工程进度控制必然将成为监理的重点和难点，也将成为监理工作的质量控制点。对于进度控制工作，项目监理班子将给予高度的关注，把进度控制的成败视为整个项目监理服务的关键。影响进度控制的因素非常多，包括技术原因、资金原因、组织协调原因、施工单位人力物资准备原因、气候原因、政治原因等，项目参与各方中任何一个环节的差错都很可能导致进度目标的失控。监理单位将采取事前控制、事中控制和事后控制三种手段全方位地来对项目进度进行控制。作为事前控制，监理单位将从全过程项目管理的角度，对影响进度的因素进行分析，预见性地提出风险存在的地方和可能性，并提出规避风险的解决方案，请参见前述影响进度控制的因素分析。作为事中控制，监理单位将通过详细的调查分析，编制满足业主要求，切合工程实际情况的进度总进度计划，用于指导、控制项目实施的进展。进度计划一旦形成就是严肃的，各种活动和过程的控制必须按照这一计划进行，但是进度计划编制不是一成不变的，由于进度计划是事前进行的，随着施工的进行，各种因素的干扰也日益增多，进度计划也因此需要调整。对施工单位报上来的进度计划，监理单位审查其是否符合总进度计划的要求，并在实施中严格对比进度的实际值与计划值。执行、控制、检查各项进度计划，最重要的是收集信息，进行数据分析比较，用数据说话，通过数据分析检查各项进度计划控制情况，分析影响进度的原因，找出纠正实际进度与目标计划进度的差距，采取纠偏措施。监理单位将进度计划详细分解，及时收集信息，掌握数据以分析完成该进度计划的可靠性，建立健全进度信息制度。进度信息的数据除要主动向各有关单位收集，并取得他们的支持外，同时也向业主和施工单位提出要求，建立各有关单位提供进度信息的制度，以形成相对完善的进度控制体系。作为事后控制，当发现实际值偏离计划值时，项目监理班子将立即展开调查，分析造成偏离的原因，报告业主并提出改进的咨询意见。

（三）本工程进度控制具体措施

为了确保本工程施工工期目标的实现，项目监理部主要采用组织管理、技术管施、合同管理、经济管理和信息管理五个方面对工程进度进行全面监控，确保工程工期目标的实现。

1.组织管理措施

1）落实项目部监理部成员，具体控制任务和管理职责分工。

2）进行项目分解

（1）按项目结构分“分部保单体，单体保整体进度”；

（2）按时间分“周保月、月保季、季保总进度计划”；

（3）具体采用何种方式将根据本工程的设计图纸及施工合同要求来确定。

3）确定协调会制度，包括协调会议举行的时间、协调会议的参加人员等。

4）专业监理工程师则根据施工合同有关条款、施工图及经批准的施工组织设计制定进度控制方案，对进度目标进行风险分析，制定防范性对策，经总监理工程师审定后报送建设单位。

2.技术管理措施

（1）项目监理部审核由总监理工程师审批施工单位报送的施工总进度计划和年、季、月度施工进度计划，由专业监理工程师对进度计划实施情况检查分析。

（2）项目监理部审核由总监理工程师审批施工单位报送的施工组织设计及施工方案，使其能满足施工进度的需要。

（3）专业监理工程师检查进度计划的实施，并记录实际进度及相关情况，当发现实际情况滞后于计划进度时，应分析偏差原因并签发监理工程师通知单，指令施工单位采取调整措施。当实际进度严重滞后于计划进度时，应及时报总监理工程师，由总监理工程师与建设单位商定后采取进一步措施。

3.合同管理措施

（1）根据施工合同的约定督促施工按计划完成各阶段工作；

（2）在选择分包单位时，结合项目总进度计划，在分包合同中明确所分包工程的工期，并督促其实施。

4.经济管理措施

（1）由于施工单位的原因，造成进度滞后，针对具体原因，要求施工单位增加资源投入或重新分配资源；

（2）根据合同中关于进度控制的相应奖惩条款，对施工单位实施经济奖惩，督促其提高工程进度。

5.信息管理措施

（1）定期在各控制期末（如月末、季末、一个工程阶段结束）将项目的完成情况与计划对比，确定整个项目的完成程度，并结合工期、生产成果、劳动效率、消耗等指标，评价项目进度状况，分析其存在的问题；

（2）在监理月报中向业主报告工程进度和所采取进度控制措施的执行情况，并提出合理纠正措施和预防措施。

五、造价控制

（一）投资控制的措施

（1）组织措施

在以项目总监为领导的项目管理组织机构中落实专门的投资控制人员，实行任务分工、职能分工和与其他专业监理工程师相互配合相互协调的工作制度，对投资控制实行专人管理。

（2）经济措施

编制详细的资金使用计划，确定分解投资控制目标，进行已完工程量的计算复核，签发工程计量证书和工程付款证书，对工程施工过程中的投资和支出做好分析和预测，经常或定期向业主提交项目投资及其投资控制过程中存在问题的报告，严格执行工程计量及设计变更程序，对有可能增加工程造价和零星签证的工程项目进行重点审查。

（3）技术措施

审核施工单位编制的施工组织设计，对主要施工方案进行技术经济分析和比较，积极宣传新技术、新材料、新工艺，协助施工单位优化施工方案，对设计变更进行技术经济比较，严格控制设计变更，发挥监理的技术优势，提出合理化建议，节约开支，提高综合经济效益，降低成本。

（4）合同措施

熟悉合同条款，严格按合同条款来控制投资，这就要求监理要积极协助业主进行合同谈判，将影响投资控制的条款在合同中加以明确，做到合理分担风险共同控制投资的效果。所以监理要做好工程监理记录，保存各种文件图纸，特别是注有实际施工变更情况的图纸，注意积累资料，为正确处理可能发生的索赔事件提供依据，参与处理索赔事宜，加强投资信息管理，定期进行投资分析比较，协调业主、设计、施工、材料与设备供应及其他各方的关系，为投资控制服务。

（二）投资控制的方法

本工程造价控制的主要方法为：编制资金使用计划；对已完成的质量合格的工程进行准确计量；在工程承包合同约定的工程价格范围内，审核工程付款账单以及承包商竣工决算，未经总监理工程师签字确认，建设单位不得支付工程款；严格控制工程变更；严格控制索赔。

1.编制资金使用计划

投资控制的目的是确保投资目标的实现，因此，监理工程师将编制资金使用计划，通过资金使用计划的科学编制，合理确定本工程投资控制目标值。以使投资控制有所依据，对未来建设项目的资金使用和进度控制有所预测，消除不必要的资金浪费和工期失控。在本项目的实施过程中，通过资金使用计划的严格执行，有效地控制工程造价上升，最大限度地节约投资，提高投资效益。

2.严格控制工程计量

工程计量是指监理工程师对承包单位按合同中规定的本工程项目施工进度计划及施工图设计要求，在实施过程中对实际完成的合格工程量的确认。

计量不仅是控制项目投资支出的关键环节，同时也是约束承包单位履行合同义务，强化承包单位合同意识的手段。对于不合格的工作和工程，监理工程师可以拒绝计量。监理工程师通过按时计量，可以及时掌握承包单位工作的进度，如承包单位严重违约，甚至可以向建设单位提出清退承包单位的建议。因此，在监理过程中，监理工程师可以通过计量支付为手段，控制工程按合同条件进行。

（1）工程计量的确认

监理工程师一般对如下三个方面的工程项目进行计量确认：

①工程量清单中的全部项目；

②合同文件中规定的项目；

③工程变更项目。

（2）工程计量的方法

根据FIDIC合同条件的规定，本项目监理机构将按照以下方法进行计量：

①均摊法。所谓均摊法，就是对清单中某些项目的合同价款，按合同工期平均计量。如保养监测设备、保养气象记录设备、维护工地清洁和整洁等。这些项目都有一个共同特点，即每月均有发生。所以可以采用均摊法进行计量支付。

②凭据法。所谓凭据法，就是按照承包单位提供的凭据进行计量支付。如提供第三方责任险保险费、提供履约保证金等项目，一般按凭据法进行计量支付。

③断面法。断面法主要用于开挖土方的计量。对于填筑土方工程，一般规定计量的体积为原地面线与设计断面所构成的体积。采用这种方法计量，在开工前承包单位需测绘出原地形的断面，并需经监理工程师检查，作为计量的依据。

④图纸法。在工程量清单中，许多项目都采取按照设计图纸所示的尺寸进行计量。如混凝土构筑物的体积、桩基的桩长等。按图纸进行计量的方法称为图纸法。

⑤分解计量法。所谓分解计量法，就是将一个项目，根据工序或部位分解为若干子项，对完成的各子项进行计量支付。

（3）计量的几何尺寸以设计图纸为依据。单价合同以实际完成的工程量进行结算，但被监理工程师计量的工程数量并不一定是承包单位实际施工的数量。监理工程师对承包单位超出设计图纸要求增加的工程量和自身原因造成返工的工程量，不予计量。

3.严格监控工程款的结算支付

（1）严格按本工程《施工承包合同》的规定，进行工程款的支付审核（根据《委托监理合同》中规定的条款项目，进行必要的审核签认，若其中无此项目委托审核，则不必经监理工程师审核签认）。

（2）严格按相关合同的约定，控制结算付款方式，结算方式一般分按月结算，分部、分项工程竣工后一次结算，分段结算以及分项工程目标结算等方式。

付款方式一般分预付款支付、工程进度款支付、竣工结算支付、保修金返还等方式。

项目监理机构将根据《施工承包合同》规定的结算支付方式，严格进行审核签认。

（3）复核工程付款账单，签发付款证书，并严格进行付款控制，做到不多付、不少付。

（4）在施工过程中进行投资跟踪控制，定期进行投资实际支出值与计划目标值比较；发现偏差，分析产生偏差的原因，及时采取纠偏措施。

（5）对工程施工过程中的支出做好分析与预测，并不定期向建设单位提交项目投资控制及其存在问题的报告。

4.严格控制工程变更

1）本项目监理机构将按下列程序处理工程变更

（1）设计单位对原设计存在的缺陷提出的工程变更，应编制设计变更文件；建设单位或承包单位提出的工程变更，应提交总监理工程师，由总监理工程师组织专业监理工程师审查。审查同意后，应由建设单位转交原设计单位编制设计变更文件。当工程变更涉及安全、环保等内容时，应按规定经有关部门审定。

（2）本项目监理机构将根据实际情况收集、记录与工程变更有关的资料。

（3）总监理工程师必须根据实际情况、设计变更文件和其他有关资料，按照施工合同的有关条款，指定专业监理工程师完成下列工作后，对工程变更的费用和工期作出评估：

①确定工程变更项目与原工程项目之间的分类程序和难易程度；

②确定工程变更项目的工程量；

③确定工程变更的单价或总价；

④总监理工程师就工程变更费用及工期的评估情况与承包单位和建设单位进行协调；

⑤总监理工程师签发工程变更单；

⑥项目监理机构将根据工程变更单监督承包单位实施。

2）工程变更处理措施

（1）项目监理机构在工程变更的质量、费用和工期方面取得建设单位授权后，应按施工合同的规定与承包单位进行协商，经协商达成一致后，总监理工程师将协商结果向建设单位通报，并由建设单位与承包单位在变更文件上签字。

（2）在项目监理机构未能就工程变更的质量、费用和工期方面取得建设单位授权时，总监理工程师应协助建设单位和承包单位进行协商，并达成一致。

（3）在建设单位和承包单位未能就工程变更的费用等问题达成协议时，项目监理机构应提出一个暂定的价格，作为临时支付工程进度款的依据。该项工程款最终结算时，应以建设单位和承包单位达成的协议为依据。

（4）在总监理工程师签发工程变更之前，承包单位不得实施工程变更。未经总监理工程师审查同意而实施的工程变更，本项目监理机构不予以计量。

（5）严格审核承包单位编制的施工组织设计（方案），对主要施工方案进行技术经济分析，以挖掘潜力，节约投资。

5.严格控制索赔与反索赔

（1）总监理工程师将根据《施工承包合同》约定的处理费用索赔与反索赔事宜，并公正、独立地审查索赔与反索赔的证据资料，及时与建设单位、承包单位进行必要的协商，合理、公正地作出必要的决定。

（2）本项目监理机构根据材料、设备订购合同，配合建设单位订货部门督促材料、设备供应单位按期、按质送货进工地，防止因材料供应不及时或质量原因影响工期和工程质量而发生索赔问题。

（3）做好工程施工记录，保存各种文件图纸，特别是注意有实际施工变更情况的图纸，注意积累素材，为正确处理可能发生的索赔提供依据。参与处理索赔事宜。

（4）参与因工程变更而进行的合同修改、补充工作，着重考虑它对投资控制的影响，以避免索赔与反索赔事宜的发生，重点控制以下内容：

①更改工程有关部分的标高、基线、位置和尺寸；

②增减合同中约定的工程量；

③改变有关工程的施工时间和顺序；

④其他有关工程变更需要的附加工作。

6.严格控制工程延期和工程延误

本项目监理机构将根据施工合同文件的有关规定，受理处理工程延期及工程延误的有关事宜。

（1）当影响工期事件具有持续性时，项目监理机构可在收到承包单位提交的阶段性《工程延期申请表》中，经过审查后，先由总监理工程师签署《工程临时延期审批表》，并及时通报建设单位。当承包单位提交最终的《工程延期申请表》后，项目监理机构应复查工程延期及临时延期情况，并由总监理工程师签署工程《最终延期审批表》。

（2）项目监理机构在作出临时工程延期审批或最终的工程延期审批之前，均应与建设单位和承包单位进行协商。

（3）项目监理部在审查工程延期时，应依下列情况确定批准工程延期的时间：

①施工合同中有关工程延期的约定；

②工期拖延和影响工期事件的事实和程度；

③影响工期事件对总工期影响的量化程度；

④当承包单位未能按照《施工承包合同》要求的工期竣工交付造成工期延误时，项目监理机构应按《施工承包合同》规定从承包单位应得款项中扣除误期损害赔偿费。

六、安全生产管理

1.安全生产管理目标及监理工作制度

1）安全监理的目标

严格要求施工单位做好安全生产、文明施工，杜绝安全事故的发生，确保标准化文明工地。

2）监理工作制度

（1）施工现场安全巡视制度

施工现场的安全监督是现场监理的一项重要工作，在编制安全监理细则、审定施工单位的安全施工措施及专项施工方案之后，安全监理工程师的主要工作任务就是加强施工现场的巡视检查，督促施工单位认真落实安全施工措施，检查发现安全隐患问题，及时通知施工单位做好整改工作，防止安全事故发生。

①检查施工单位安全管理人员的工作情况是否符合要求；

②检查施工单位的安全技术交底工作和安全教育工作的落实情况；

③检查现场安全警示标志及安全提示标语的设置情况；

④检查现场施工人员安全防护用品的使用情况；

⑤检查各种施工设备的运行情况；

⑥检查现场消防器材的配置情况；

⑦检查临时用电系统的运行情况；

⑧检查临边、洞口、交叉作业及高空作业的防护情况；

⑨检查工人宿舍、食堂的用电用火情况及仓库易燃易爆物品的存放情况。

（2）定期对施工单位的安全生产管理机构、制度和设施的落实情况进行检查制度

专职安全人数、素质、布局是否合理；安全管理制度执行是否落实；安全警示牌及安全宣传是否齐全完整；安全“三宝”及其他安全用品是否充足够用等。主动参加施工单位安全生产教育培训工作，帮助施工单位提高全员安全意识

和安全知识，并与此同时提高自身的安全素质和安全生产监理业务水平。

（3）检查承包单位安全生产责任制安全管理目标制度

安全施工管理机构，各项安全管理制度，定期对承包单位的安全生产管理机构、制度和设施的落实情况进行检查；定期检查施工单位安全生产组织保证体系是否建立，安全生产责任制是否落实，安全生产保证体系是否有效运行，要求所有参与工程的施工单位都必须严格贯彻执行安全生产的各项规章制度。

（4）要求施工单位贯彻执行安全教育早会制度

督促施工单位项目经理部定期或不定期组织项目部管理人员及作业人员学习国家和行业现行的安全生产法规和施工安全技术规范、规程、标准；抓好工人入场“三级安全教育”；督促施工单位在每道工序施工前，认真进行书面和口头的安全技术交底，并办理签名手续；针对本工程深基坑施工情况，组织施工单位召开安全工作专题会议，鼓励其开展各种形式的安全教育活动。

（5）施工现场紧急情况处理制度

施工过程中现场情况瞬息万变，由于各种突发因素的影响，常会产生一些紧急情况，如工地由于电焊引起火灾、脚手架倾倒等，项目监理机构要分别对工伤事故、火灾事故、重大质量事故等紧急情况做出预案，以备情况发生时及时审查施工单位的处理方案，促成尽快处理。

发生紧急情况时，项目监理机构应立即与有关单位联系，采集第一手材料，尽快审查施工单位提出的处理意见，配合相关部门对情况进行调查取证。

（6）安全资料的监督管理制度

建立安全生产信息管理是本工程安全监督管理中的重要组成部分。安全生产检查的规章制度、技术交底书面文件、安全教育记录、检查报告、视频影像资料、报表、台账、监理通知和指令、安全生产统计分析等资料，均应妥善搜集存档。对安全生产检查中的有关数据，进行统计分析，从中找出规律性的东西，用以指导安全工作。

2.安全生产监理职责及安全管理方法

1）安全监督管理人员职责

项目总监理工程师为安全监理负总责，总监理工程师可根据工作需要和人员配备情况，指派一名国家注册安全工程师担任专职安全监理工程师，协助总监兼管安全生产工作。

（1）总监理工程师安全职责

①对所监理工程项目的安全监理工作全面负责；

②确定项目监理部的安全监理人员，明确其工作职责；

③ 主持编写监理规划，审批安全监理实施细则；

④ 审核并签发有关安全监理专题报告；

⑤ 审批签署施工组织设计和专项施工方案，组织审查和批准施工单位提出的安全技术措施及工程项目生产安全应急预案；

⑥ 审批《施工现场起重机械拆装报审表》和《施工现场起重机械验收核审表》；

⑦ 签署《安全防护、文明施工措施费用支付证书》；

⑧ 签发《工程暂停令》，必要时向有关部门报告；

⑨ 检查安全监理工作的落实情况。

（2）专职安全监理职责

① 编写安全监理管理制度和危大工程监理实施细则；

② 审查施工单位的营业执照、企业资质和安全生产许可证；

③ 审查施工单位安全生产管理的组织机构，检验安全生产管理人员的安全生产考核合格证书、各级安全管理人员和特种作业人员上岗资格证书；

④ 审核签认施工组织设计中的安全技术措施和专项施工方案；

⑤ 审查施工单位安全培训教育记录和安全技术交底情况；

⑥ 检查施工单位制定的安全生产责任制度、安全检查制度和事故报告制度的执行情况；

⑦ 核查施工起重机械拆卸、安装和验收手续，签署相应表格，检查定期检测情况；

⑧ 核查中小型机械设备的进场验收手续，签署相应表格；

⑨ 对施工现场进行安全巡视检查，填写安全监理日记；发现问题及时向总监理工程师报告；

⑩ 主持召开安全生产专题监理会议；

⑪ 签发《安全隐患通知》。

2）安全管理方法

（1）安全监督交底，在第一次工地会议上，由项目总监对施工单位进行整个项目的安全监督交底。在各分项分部工程开工时，由负责该项目的安全监理工程师进行现场安全监督交底。

（2）为提高监理人员安全监督管理能力，坚持对监理人员开展安全知识和安全教育培训，采用通关培训学习形式，分级对全体监理人员进行全员安全生产学习培训。

（3）检查施工单位安全生产责任制、安全管理目标、安全施工管理机构、各项安全管理制度，定期对施工单位的安全生产管理机构、制度和设施的落实情况进行检查；定期检查施工单位安全生产组织保证体系是否建立，安全生产责任制是否落实，安全生产保证体系是否有效运行，要求所有参与工程的施工单位都必须严格贯彻执行安全生产的各项规章制度。

（4）要求施工单位贯彻执行安全教育早会制度。督促施工单位项目经理部定期或不定期组织项目部管理人员及作业人员学习国家和行业现行的安全生产法规和施工安全技术规范、规程、标准；抓好工人入场“三级安全教育”；督促施工单位在每道工序施工前，认真进行书面和口头的安全技术交底，并办理签名手续；针对本工程深基坑施工情况，组织施工单位召开安全工作专题会议，鼓励其开展各种形式的安全教育活动、开展高空坠落应急演练、基坑坍塌应急演练和消防应急演练。

（5）定期对施工单位的安全生产管理机构、制度和设施的落实情况进行检查：专职安全人数、素质、布局是否合理；安全管理制度执行是否落实；安全警示牌及安全宣传是否齐全完整；安全“三宝”及其他安全用品是否充足够用等。主动参加施工单位安全生产教育培训工作，帮助施工单位提高全员安全意识和安全知识，并与此同时提高自身的安全素质和安全生产监理业务水平。

（6）安全巡视检查的监督管理：

①根据施工现场安全文明施工情况，可采取全面检查和专项检查、定期检查和不定期检查、联合检查等形式；检查内容按《建筑施工安全检查标准》JGJ 59—2011规定执行，主要检查安全措施落实情况、违章作业的纠正情况、危大工程安全生产情况；所有的检查结果定期呈报建设单位及质监站。

②在审核施工单位报送的施工组织设计（方案）中，重点审查针对本工程项目特点的安全管理措施方面的内容。

③施工现场的各种机电设备的安全装置和起重设备的限位装置都要齐全有效。监理在各工序施工前要加强检查，不符合要求的坚决不准使用，并要求立即整改。

④各种施工设施（脚手架等）搭设完毕及时组织验收。

⑤监督施工单位做好逐级安全技术交底，交底必须明确、具体、有针对性，并要求做好交底书面记录。

⑥安排好职工工作时间，加强季节性劳动保护工作、消防防火工作的检查，要求施工单位在雷雨、大风季节加强临设、电气设备的检修。

⑦督促协助施工单位加强安全教育，提高安全意识，对新到工地工人必须进行上岗前二、三级安全教育，特种作业人员必须培训合格后持证上岗。

⑧参与施工单位进行的各种形式的安全生产检查，清除不安全因素，对检查中发现的问题，及时提出整改意见并复查。

⑨督促检查施工单位的施工管理网络，督促其认真开展工作，加强现场巡视检查，及时做好文明施工记录。

⑩要求施工区域要有明显的隔离标志及禁令标志，并保持整洁完好。

⑪ 建筑材料和构件不准乱堆乱放，严格按“建设工程施工现场安全标准化管理标准”检查施工现场，确保安全文明施工达到标准化，树立行业标杆项目。

3）施工前安全监控方法

（1）检查施工单位安全生产责任制、安全管理目标、安全施工管理机构、各项安全管理制度。

（2）检查三级安全教育活动，项目经理、施工员、安全员、特种作业人员持证上岗。

（3）认真审查施工单位的施工组织设计，严格要求按批准的施工组织设计进行安全生产：

①施工组织设计中无安全生产规章制度的不予批准；

②施工组织设计中无安全生产技术措施的不予批准；

③施工组织设计中未落实安全生产管理机构的不予批准；

④施工组织设计中未建立以安全生产责任制为核心的安全生产保证体系的不予批准；

⑤施工组织设计中未将安全生产目标进行分解和落实到人的不予批准。

施工单位修改施工组织时，监理对包括安全生产内容在内的变更部分重新进行审批。

（4）对施工危险性大、技术难度高、事故多发易发的分项工程和临时设施工程（如深基坑、起重吊装、超过一定高度和规模的外墙落地式脚手架），要求施工单位编制呈报《分项工程施工技术方案》，以及进行相关的力学计算。监理部对其安全技术要求，事故预防措施予以严格审核，坚持不合理的过程不通过，不合格的设施不准用，不安全的行为不放过，不正确的计算不审批。项目监理部在《监理规划》和《监理细则》中编制“安全监理专篇”，对结构复杂、危险性较大、特性较多的特殊工程、工序的监理项目要单独编制监理实施细则，在其中明确安全生产监理责任制、安全生产监理目标以及目标的分解和落实措施。

（5）参加施工单位的技术交底会议，要求在技术交底时必须同时进行安全交底，内容如下：

①安全交底必须有书面技术交底文件；

②安全交底必须有针对性、全面性、可操作性；

③安全交底时所有与会必须履行签字手续。

（6）检查现场是否按规定配备了安全防护、消防设施。检查进入施工现场的机械设备、机具完好性、安全装置可靠性，是否按安全操作规程标牌，操作人员上岗证是否齐全。

（7）检查现场是否按规定悬挂五牌一图（施工标牌、组织网络牌、安全纪律牌、消防须知牌、文明施工管理牌和施工现场导向布置图）。

七、组织协调

（一）项目监理部内部组织协调管理工作

1.项目监理部内部的分工对于监理项目而言，应做到“事事有人管，时时有人问”。分工时要针对工程的实际情况，结合监理人员的工作特长、性格特点进行。

2.除了要求执行本公司的有关规章制度外，项目监理部要制定具体严格的现场管理制度。一方面监理人员拥有一定的权力，在制度方面采取措施保持一方净土；另外，也需通过制度的建立防止监理人员的扯皮、拖延及工作随意性等恶习。坚决杜绝由于监理人员内部扯皮、不通气、不配合造成监理工作效率低，或影响到施工方的现象。如监理内部有人对工作不配合，则坚决调离本项目部。

3.项目监理部由各类专业技术人员组成，监理人员的自身水平也存在差异，总监应协调好项目监理部内部的工作氛围，组织大家形成互帮、互学、多交流、多通气的工作环境。总监、总监代表要经常对监理人员的工作进行检查。

4.项目监理部内部设立定期会议制度，一般每周一次，总监对前一阶段的工作需要及时总结；对既有工作进行详细的分工和安排；对“控制点”的目标实现情况进行评价与分析；对监理人员的工作进行褒扬，落后的要督促改进，严重不负责任的要批评，直至上报本公司处理。

5.总监要率先垂范，以身作则。总监是监理项目的带头人，总监真心诚意地与监理人员交朋友，尊重他们，关心他们，爱护他们；总监的实干精神、敬业精神、团结精神、奉献精神，为大家作出了榜样，就会影响监理人员的思想和行为；总监要技术全面，经验丰富，工作能力强，以人格魅力把大家团结在你的身边，跟你一道工作。大家感到跟你干，能学到东西，能干好工作，有信心，有奔头。

6. 监理机构的内部人际关系协调

（1）人员的安排要量才用人。对每位监理人员，根据专长进行安排，做到人尽其才、才尽其用；人才要合理匹配，扬长避短，做到能力互补、性格互补，充分发挥所有人员的积极性。

（2）工作委任要职责分明。每个监理岗位，都应明确责任、目标和岗位职责，做到事事有人管，人人有专责，职责不重不漏。

（3）工作的绩效评价要实事求是。评价每位监理人员的绩效要实事求是，工作成绩的取得，不仅需要主观努力，而且需要同事们的相互配合，需要一定的工作条件。谁都希望自己做出成绩，受到组织的肯定，评价恰当以免无功自傲和有功受屈。

（4）调解矛盾要恰到好处。调解矛盾要不计恩怨，要顾全大局，要尊重当事人，平等待人；不要恃强凌弱，以“权”压人，要有理有据，有章有法，有的放矢；要采取主动、宽容、友善的态度，通过及时沟通、个别谈话、会议和必要的批评等灵活的方式方法，使全体监理人员处于团结、和谐、热情高涨的气氛中工作。

7. 监理机构内部协调做到巧分工、细安排、制度严

（1）巧分工。根据工作的特点，根据每位监理人员的专业技术、工作经验、监理素质、性格特点、工作特点，进行巧分工。巡视、旁站、计量、检验和资料管理等工作，做到任务到人、责任到人。大中型监理项目的总监，主要是对各监理组（部）的合理组合，做到扬长避短、能力互补、性格互补，使每个监理组（部）都能志同道合、思想统一，彼此间都有合作的愿望和诚意，充分发挥组织中每个监理人员的主动性、积极性和潜能，就可以创造出难以想象的惊人奇迹。

（2）细安排。明确各监理组（部）之间的相互关系。在监理过程中，有许多工作不是一个人或一个监理组（部）可以完成的，监理工作的完成要靠分工合作，其中有主办、有牵头、有协作、有配合之分。总监要根据监理规划和各专业组（部）的专业特点，事先约定各个组（部）之间的相互关系，不致出现误事、脱节等耽误工作。

（3）制度严。监理项目机构除了贯彻公司的各项管理制度外，根据本工程的特点以及本监理机构的组织和人员情况，制订具体的、有针对性的、行之有效的管理制度。严格执行制度，做到不偏不倚、始终如一，不手软，不留情。避免工作中扯皮、越级和指令冲突；避免工作无序和混乱，树立实事求是、清正廉洁的工作作风和纪律，保证监理工作的规范化。

（二）对施工单位的协调管理

（1）监理单位与施工单位之间是监理与被监理的关系。监理单位依据有关法令、法规及监理合同、施工合同中规定的权利，监督施工单位认真履行施工承包合同中规定的责任和义务，促使施工合同规定目标的实现，在涉及施工单位权益时，监理单位应站在公正的立场上，维护施工单位的正当权益，监理单位人员在与施工单位各专业技术人员之间应相互联系、互通信息、互相支持，保持正常的工作关系。

（2）对施工单位的协调管理主要包括：对参与所有施工的队伍进行指挥、协调、监督；对施工作业面平行施工、交叉施工的协调管理，排除完成施工进度计划中的障碍；对质量、投资、进度和安全等控制目标的协调；对施工现场用地、用房的协调管理；对施工用水、用电的协调管理；对施工机械使用的协调管理；对安全及文明施工的协调管理；在项目实施过程中当出现偏差时能及时通过有效的工作进行纠偏。

（3）协调中要采取主动措施，帮助施工单位进行分析，找出问题原因加以及时解决。可以用监理工程师联系单、监理通知单或监理指令单的形式要求施工单位做好协调管理工作。对发生的施工单位之间的矛盾，要果断处理，对不顾大局、不问后果、自私自利、本位主义严重的团体、个人要给予足够力度的惩罚，包括经济处罚；屡教不改的坚决要求清退出场。

（4）在实施工程总承包的项目，上述内容均为施工总承包单位的管理职责，但现场监理要安排有丰富经验的人员协助总包单位做好管理工作，这也是总监开展工作的重点之一，多数情况下需由总监或总监代表亲自处理。

（三）协助业主做好外部工作协调关系

（1）外部工作协调主要指与设计单位、质监站、检测单位、业主落实的材料设备供应商、工程建设国家行政管理单位，包括协助业主向各建设主管部门办理各项审批事项；协助业主处理各种与本工程项目有关的纠纷事宜等。这方面的协调主要由总监协助业主完成。

（2）监理单位与设计单位之间虽只是业务联系关系，双方在技术上、业务上有着密切的联系，因此两单位之间要相互理解和密切配合。监理要主动向设计单位介绍工程进展情况，充分理解业主与设计单位的设计意图，如果监理人员认为设计中存在某些不足之处，应通过总监理工程师积极提出建设性意见供业主、设计单位参考，同时还应配合设计单位做好设计变更及工程洽商工作。

（四）协调发承包双方的工作配合

（1）协调发承包双方的工作配合是监理现场协调工作的重点，也是监理协调工作的主要内容。工程能否按计划实施，发承包双方如何做到是同心而不是分力，其内部的工作配合十分重要。主要包括对质量水准认同的一致性，对工期动态控制与管理认可，对施工环境变异的看法，对施工用材料、设备等的采购形式，指定分包，施工索赔与反索赔，设计变更及工程变更，现场文明及安全施工和管理，工程付款等诸多方面，这方面的协调应主要由总监和总监代表来组织进行。

（2）如果在协调中承发包双方不能达成一致意见，监理应要求承包方先保证高质量、按进度安全施工。其他问题暂时搁置，待时机成熟时再处理。任何时候、任何场合不允许以争议、协调问题为借口而降低质量标准、安全标准或工期要求。对不服从管理的施工单位，监理有权采取强硬措施。

（五）本工程协调工作的针对性对策

1.加强与业主代表的沟通

监理工程师首先要理解工程项目总目标、理解业主的意图，反复阅读合同或项目任务文件。监理工程师做出决策安排时要考虑业主的期望和价值观念。尊重业主，随时向业主报告情况，在业主做出决策时，向业主提供充分的信息，让业主了解项目的全貌、项目实施状况、方案的利弊得失及对实施此决策的影响。

2.加强与设计单位的沟通

（1）工程施工图正式施工前，必须由相关施工单位通过对施工图预审，提出初步审核意见，报经监理、业主方认可后报送相关设计单位。由设计方在施工图技术交底和会审时做出答复或说明，经与会各方商议一致，形成施工图会审纪要，再由参与各方签字盖章后，分发有关各方作为正式工程建设施工的依据。

（2）施工过程中，业主方对工程提出变更时，业主方通知相关设计单位后，由设计方发出相应设计变更通知单，经业主、监理方签认后，发至相关施工单位进行工程施工。

（3）施工过程中，如施工单位提出的工程洽商变更时，施工方应事先将该变更事项通知监理方，监理方同意并征得业主同意后，再经设计确认后正式生效。该工程的有关分包单位提出施工洽商变更，需先报经总承包单位同意后，再按上述程序办理。

3.充分发挥合同的作用

（1）在业主的工程施工招标文件中明确施工范围，即明确由总承包单位直接自行组织完成的工程内容范围以及业主另行发包的工程内容范围；规定业主另行发包的工程内容承担者，除与业主签订相应的工程施工合同外，必须同时与本工程总承包单位签订总包管理合同，将业主另行发包的工程都纳入工程施工总承包管理范围，由总承包单位对其施工质量、进度、安全文明施工等负责。

（2）将业主与工程总承包单位签订的施工总合同的有关条款要求，分别纳入相对应的分包合同中。使分包合同对其工程质量、进度、安全文明施工等完全处于总承包方控制状态之中，确保工程的质量和工期。

（3）各分包单位应按与总承包单位签订的合同要求，编制出分包工程分部、分项详细的施工组织设计，报请总包方审批同意后才能进行施工。

（4）各分包单位应按总工期及总承包方的节点控制计划为依据，编制出相应分包工程的详细施工进度计划，报请总包审批同意后才能进行施工。

（5）总承包单位应对各分包单位的工程施工过程进行质量监控。按照本工程的要求实施有关质量检验，并做好质量检验记录；对工序间的技术接口实行交接手续；做好不合格品处理的记录及纠正和预防措施工作；认真做好各分包工程的验收交付工作。

（6）总承包单位对各分包单位的相应分包工程施工进度计划进行检查控制。总承包每周定期与分包单位召开一次协调会，解决生产过程中发生的问题和存在的困难。按照总包周计划检查分包工作完成情况及布置下周施工生产任务。

（7）各分包单位与总承包单位业务交往过程要以业务联系单、备忘录等书面形式进行联系，由总包方解决的事项应立即处理。

（8）各分包单位的工程进度款的收取，应由总包单位审核签证同意。

（9）各分包单位应与总承包单位签订相应分包工程安全协议书，遵守各种安全生产规程与规定，特种作业人员必须持证上岗，各分包单位应接受总承包单位的安全监控，参与工地的安全检查工作，并落实整改事宜。

（10）现场标准管理工作。总承包单位应根据各分包单位施工时所需要的场地面积、部位，合理安排总包方指定的地点集中，统一由总包方处理；各分包方应按总包方指令做好场容场貌管理工作，建筑材料设备划区域整齐堆放，保持工地卫生、文明，并做好宿舍卫生工作。

（11）分包与分包之间，各分包单位应按总承包单位的工程施工总进度计划开展平行或交叉施工，加强横向协调和联系工作，合理解决施工中的先后顺序；工序间的技术接口实行交接手续；互相保护好对方的产品，实行谁损坏谁赔偿原则。

4.与总承包单位的协调

(1)监督施工总承包单位落实《施工总承包合同》规定的总承包管理责任。要求施工总承包单位增强总包管理力度、加强管理班子建设、增强总承包管理权威。

(2)加强总包管理班子,使其既能胜任本单位施工的工程管理职能,又能对各分包单位施工的工程行使总包管理职能,且在主体结构施工结束后,尚能不间断地实施强有力的总包管理责任。

(3)增强总包管理权威。要采取各种措施(包括合同、组织、技术、经济措施等),增强总包管理权威。对分包单位(包括安装、高级装饰、特种工程等)的施工活动,管得住、有成效。使分包单位的进度目标和质量目标同总承包单位的施工进度目标和质量一致,才能确保预定的工期目标和质量目标的实现。

(4)在确定总承包选择的分包单位(包括业主另行发包,纳入总管理的单位)时,要审查分包单位的资质、业绩(已施工的工程情况)、施工技术和质量管理、对承包施工本工程计划投入的设备和人员、对进度和质量目标的承诺、对纳入总包管理的意见和要求等,在审查合格、可行的基础上,予以确认。

5.主动与质监站等上级主管部门联系

(1)认真执行工程质量监督部门发布的各项工程质量管理规定,并督促施工单位及相关单位的落实情况。

(2)经常主动向质量监督站联络,及时、如实地汇报工程质量情况,包括工程实体和软件、履行监理职责情况、监理人员职责落实情况,以及监理单位质量体系执行情况。

(3)尊重质量监督站的权限,并密切配合使其在工程项目上行使顺畅,形成工程建设各主体单位对质量监督工作的积极支持、全力配合的局面。

(4)按工程进度情况,定期邀请质量监督站来工地巡查,检查并指导工作,督促各相关单位配合好,使现场检查顺利,对质监站所提出问题组织积极整改,并按时报告。

(5)如实向业主反映整个工程质量状况。在工程各阶段验收中,协助质量监督站审查相关工程质量资料,接受质量监督站的严格审查,并对存在的问题认真整改,确保整个工程质量资料及时准确完整。

6.组织协调中应注意的几个问题

(1)组织协调必须坚持公平、公正的原则。公平、公正是指协调过程中要坚持中立,中立能增加协调工作的成功率。监理人员要严格遵守监理的职业道德,克制自身不违规;在行为举止上要保持中立和公正,与业主、施工单位、勘察设计等单位的相关管理人员之间，既要形成良好的工作关系，又要保持一定距离。总监和监理人员都应站在公正、客观的立场上，依据有关法律、法规、规范和承发包合同，以科学分析的方法，不凭随意想法解决问题，正确地调解参建各方的矛盾；不看后台，不讲情面，不论亲疏，公正无私地处理工程建设过程中的人和事，做到一碗水端平，维护参建各方合理、合法的利益，使当事各方心服口服。

（2）知情是做好协调的基础。知情，要了解和熟悉与监理有关各主要管理人员的性格、爱好、工作方式、方法等；知情，要及时了解和掌握有关各方当事人之间的利益关系，做到心中有数，头脑清醒；知情，要借助信息的发布、接收，及时掌握和跟踪各方信息，应用正确的信息，在有限的时间内，有的放矢地协调好内外关系；知情，总监和监理人员对重大工程建设活动情况，进行严格监督和科学控制，认真分析各方的情况，搞清来龙去脉，不马虎从事；对出现的问题，要分析原因，对症下药，恰当地协调好各方关系。

（3）正确的工作方法，是做好协调的重要手段。组织协调的方法很多，如协调、对话、谈判、发文、督促、监督、召开会议、发布指示、修改计划、进行咨询、提出建议、交流信息等。协调要注意原则性、灵活性、针对性、群众性。原则性是指监理人员的清正廉洁、作风正派、办事公平、公正、讲求科学、坚持原则、严格监理；坚持按照国家有关的法律、法规、规范、标准，严格检查、验收，对于各方的违规行为不姑息，不迁就，一抓到底。灵活性是指工作方法上和为人处世方面，要因人、因事、因地制宜，根据实际情况随机应变，灵活应用协调的各种方法，切忌生搬硬套。在众多的矛盾中，要突出重点，分清主次，抓主要矛盾，关键问题解决了，其他问题便可以迎刃而解。针对性是指协调要有针对性、有目的。在协调前要对所了解和掌握的情况，进行分析、归纳，理清头绪，找准问题，做到有的放矢；在协调前要多设想几种情况，尽可能考虑到各方可能提出的问题，多准备几套解决方案，做到有备无患；在协调前要明确协调对象、协调主体、协调问题的性质，然后选择适用的手段，以提高协调效率。协调中拿不准、考虑不成熟的问题，不急于表态，协调工作争取做到有理、有利、有节。群众性是指协调过程中注意走群众路线，让大家献计献策、群策群力，激发群众的创造热情，充分发挥集体的智慧和力量，与各方同舟共济，解决问题战胜困难。

（4）协调好争议，是作好协调的关键。建设项目参建单位多，矛盾多，争议多；关系复杂，障碍多，需要协调的问题多，解决好监理过程中各种争议和矛盾，是搞好协调的关键。这些争议有专业技术争议，权利、利益争议，建设目标争议，角色争议，过程争议，人与人、单位与单位之间的争议等。有争议是正常现象，监理人员可以通过争议的调查、协调暴露矛盾，发现问题，获得信息，通过积极的沟通达到统一，化解矛盾。协调工作要注意效果，当争议不影响大局，总监应采取策略，引导双方回避争议，互谦互让，加强合作，形成利益互补，化解争议；利益冲突，双方协调困难，可请双方领导出面协调：如果争议对立性大，协商、调解不能解决，可由行政裁决或司法判决。当监理成为争议的对象时，要保持冷静，避免争吵，不要伤害感情，否则会给协调带来困难。所有的监理人员都要采用感情、语言、接待、用权等艺术，做好协调；注意说话的方式方法，做到有利于协调的话多说，不利于协调的话不说、不传；多做说明，多做说服工作；关系到协调的问题，要多汇报。

八、合同信息资料管理

1.索赔与反索赔措施

项目监理机构应在平时工作中认真做好过程资料，收集、整理原始资料，依照相关法律法规、勘察设计文件、合同、工程建设标准和索赔事件凭证处理索赔与反索赔。

1）防止索赔的措施

要防止索赔事件发生，监理人员要做好以下工作：

（1）合同中设立索赔条款，使报价中的风险费用由施工单位掌握变为建设单位掌握；

（2）合同的正常履行及体现合同的公平性；

（3）加强合同管理；

（4）监理班组清楚了解合同条款，防止因错误指令而造成的施工索赔；

（5）做好监理施工记录；

（6）施工指令应采用书面形式；

（7）材料进场记录、现场照片、施工进度计划、整改记录等及时收集整理；

（8）严格执行合同，预防违约。

出现索赔事件后，做两手准备，即在应付对方索赔的同时，应积极收集证据准备反索赔的依据。

2）反索赔的一般措施

（1）反驳对方的索赔报告：找出证据，证明对方索赔报告不符合实际、不符合同条款、计算不准确等，以免除或减轻建设单位应负责任，避免或减少损失。

（2）向施工单位提出索赔要求，以对抗对方的索赔，求得双方互作让步，互不支付。

3）监理单位受理费用索赔申请的情况

（1）费用索赔事件发生后，施工单位在合同约定的期限内，提交书面费用索赔意向；

（2）施工单位按合同约定，提交有关费用索赔事件的详细资料和证明材料；

（3）费用索赔事件终止后，施工单位在合同规定的期限内，向监理单位提交正式的《索赔申请表》。

2.合同争议的调解与处理

1）争议调解

（1）发包人和施工单位或其中任一方对监理人作出的决定持有异议，又未能在监理人的协调下取得一致意见而形成争议，任一方均可以书面形式提请争议调解组解决，并抄送另一方。在争议尚未获得解决之前，施工单位仍应继续按监理人员的指示认真施工。

（2）发包人和施工单位应在签订协议书后的84d内，按本款规定协商成立争议调解组，并由双方与争议调解组签订协议。争议调解组由3～5名有合同管理和工程实践经验的专家组成，专家的聘请方法可由发包人和施工单位协商确定，亦可请政府主管部门推荐或通过行业合同争议调解机构聘请，并经双方认同。争议调解组成员应与合同双方均无利害关系。争议调解组的各项费用由发包人和施工单位平均分担。

2）争议的评审

（1）合同双方的争议，应首先由主诉方向争议调解组提交一份详细的申诉报告，并附有必要的文件图纸和证明材料，主诉方还应将上述报告的一份副本同时提交给被诉方。

（2）争议的被诉方收到主诉方申诉报告副本后的28d内，亦应向争议调解组提交一份申辩报告，并附有必要的文件图纸和证明材料。被诉方亦应将其报告的一份副本同时提交给主诉方。

（3）争议调解组收到双方报告后的28d内，邀请双方代表和有关人员举行听证会，向双方调查和质询争议细节；若需要时，争议调解组可要求双方提供进一步的补充材料，并邀请监理人代表参加听证会。

（4）在听证会结束后的28d内，争议调解组应在不受任何干扰的情况下，进行独立和公正的评审，提出由全体专家签名的评审意见提交发包人和施工单位，并抄送监理人。

（5）若发包人和施工单位接受争议调解组的评审意见，则应由监理人按争议调解组的评审意见拟定争议解决协议书，经争议双方签字后作为合同的补充文件，并遵照执行。

（6）若发包人和施工单位或其中任一方不接受争议调解组的评审意见，并要求提交仲裁，则任一方均可在收到上述评审意见后的28d内将仲裁意向通知另一方，并抄送监理人。若在上述28d期限内双方均未提出仲裁意向，则争议调解组的评审意见为最终决定，双方均应遵照执行。

3.工程信息管理的工作内容

1）监理工作中，会发生大量的工程建设实时数据和信息，监理信息管理部门要及时收集这些数据和产生的大量信息，把握它的时效性、真实性、系统性和不完全性，并及时分析传送，为满足不同阶段、不同层次、不同部门的需要，提供可靠的信息，为实现工程施工的优质、高效、安全、环保做出正确的决策。

2）档案是工程信息的一个重要组成部分，是重要的信息源和情报源，监理工程师要自觉提高档案意识，重视档案工作，解决档案工作中的实际问题，建立以档案为主体的信息管理一体化，通过对施工全过程管理中产生的档案信息予以分析和整理，总结出带有规律性和经验性的材料，提供给有关部门作为决策的依据，当好业主参谋和助手，从不同角度参与工程的各项管理。

3）在本项目中监理机构将设专人建立信息系统，以工程建设为中心，做好各类信息的上传下达，为工程建设管理提供第一手可靠的素材。具体方法、措施如下：

（1）认真填写监理日志，将每天施工中质量、进度和投资控制工作情况，以及设备、原材料、半成品进场情况，混凝土试件试验情况，施工中存在问题及处理情况详细记录，并按时报送业主单位；

（2）在工程施工阶段，根据工程进展和监理工作中存在的问题，定期或适时召开监理例会和协调会议，撰写会议纪要，发出监理通知，向建设单位提出监理报告，及时进行调控，从而使监理工作有序进行，工程处于可控之中；

（3）执行建设单位提出的各类表格文件及信息传递办法；

（4）及时传递建设单位发出的各类信息，保证各类指令的贯彻；

（5）检查施工单位各种施工记录，及时汇总工程进展信息，并知会建设单位有关部门；

（6）从各种渠道及时了解收集工程建设的各类信息，综合整理，为工程建设管理提供高质量的服务；

（7）加强监理部资料收发、存放管理，严格按编码要求分类，并有专人管理；

（8）拍摄工程施工中重要的工序、施工情况、工程事故等照片资料，并编制电子文件提交建设单位；

（9）建立工程监理信息资料编码系统，应用现代通信技术手段，实现各类工程信息计算机网络管理；

（10）建立与建设单位正常的工作联系渠道；

（11）通过电话、传真、电邮、会议、周报、月报等多种形式与建设单位建立正常的汇报及工作联系渠道。

4）信息资料的收集

（1）根据监理合同条款，由建设单位提供的合同资料，包括施工合同、施工图纸、技术规范、定额、合同执行过程中建设单位的有关文件等；

（2）质监部门提供的有关监督程序、规定、标准，以及在施工过程中发出的整改通知等文件；

（3）承包单位的投标文件、施工组织设计、专项施工方案等资料；

（4）各种材料、购配件、机械设备的技术资料等，由承包单位提供，监理核查并作记录；

（5）各种检测、试验、见证等资料，由检测单位提供正式报告；

（6）在合同执行过程中，各种报验、验收、报告、报表、计量支付、施工记录、施工日志、审查记录等；

（7）监理通过巡查、旁站，对施工过程中的各种事件和施工活动的监理记录、工程照片、监理通知、监理日志、向建设单位提供的监理周报及监理月报、关键的工程检测资料、会议记录、重要的监理通知及备忘录、总结报告、评估报告等；

（8）合同执行过程中的各方往来函件；

（9）监理公司的各种行文；

（10）信息资料的收集，要特别注意时效性，不得事后补办，更不得凭回忆办理，避免资料失实。

5）信息资料的处理

（1）对所收集的信息必须进行分析，确保其准确、全面，来源可靠，且为正式资料；

（2）对所收集的信息资料进行分类整理；

（3）在合同执行过程中，不断对信息资料进行对比分析，掌握不同时段的相对偏差和绝对偏差，并及时反馈给有关各方，以便采取纠偏措施，指导施工；

（4）对信息资料的收集和反馈进行跟踪，对信息资料实行动态管理，遵照“收集整理→分析对比→反馈→收集整理……”，如此循环往复，不断深化，使一切合同事件都在受控范围之内。

6）信息资料的管理

（1）建立信息管理制度，严格信息资料收集、管理责任制，资料的管理由总监理工程师负责，并指定专人具体实施；

（2）配备专职信息管理员，采用电子计算机建立易于结构化和标准化的信息管理系统，在合同执行全过程中，进行系统、科学、先进的信息化管理；

（3）根据信息资料的不同性质和类别，确定信息资料的传阅递送程序；

（4）定期检查和清理资料，将已过期的作废信息资料另行归类，避免错用；

（5）文字和图片资料由责任人及时整理装订，以便随时备查；

（6）收发资料必须编号。

7）监理资料管理制度

监理文件资料是实施监理过程的真实反映，既是监理工作成效的根本体现，也是工程质量生产安全事故责任划分的重要依据，项目监理部应做到“明确责任，专人负责”。总监理工程师组织专业监理工程师、资料员对工程资料进行收集、整理，根据《建设工程文件归档整理规范》GB/T 50328—2014规定，按照监理合同要求向建设单位提供存档资料。

8）监理资料收发文制度

（1）监理工作应当以书面形式建立信息管理制度，应加强项目收发文的管理；

（2）各现场监理机构均应设收、发文簿，对收发文件进行登记、保管；

（3）现场监理机构对外呈报、发送的文函，均应经总监审核、签发后方可发出；现场签认的监理文件（监理通知、整改通知、质量签认、工程量签认、在一定范围内的费用签证等）由总监授权的监理工程师签认；

（4）监理文书应分类、编目、存档。

9）监理日志制度

（1）为加强信息管理，正确处理索赔，各现场监理机构应建立监理日志制度；

（2）监理日志分总监巡视记录和监理工程师日志，监理工程师日志应连续记载、字迹清楚、书写认真，且不得用易褪色、磨灭字迹的书写材料书写；

（3）总监巡视记录应记录现场巡视情况及对外联系情况。

10）工程竣工验收制度

（1）依据批准的设计文件（包括变更设计），设计、施工有关规范，工程质量验收规范标准以及合同文件等进行竣工验收。

（2）施工单位应按竣工验收规定编写验收文件，申请竣工验收。竣工文件不符合规定要求、不齐全、不正确、不清晰时，不能进行验收和办理交接手续。

（3）施工单位应在验收前将编写好的全部竣工文件及绘制的竣工图提供项目监理机构一份，审查确认完整后，报建设单位，并严格按照《建设工程文件归档整理规范》GB/T 50328—2014交接文件内容和合同文件及档案馆要求整理、归档。

第7章　监理大纲评分标准

一、监理大纲评分标准要求

我国不同地区对监理大纲评分标准有不同要求，评分内容、分值分配也不尽相同，在编制监理大纲时应结合监理大纲评分标准及评分办法，并要根据评分内容、评分办法、分值情况，对分值高的应重点、详细编制。

二、某省监理大纲评分标准（附表）

基本规定	评分内容	评分办法及分值
监理大纲（45分） 缺项或者完全不符合大纲评分要求时可打0分，非0分项不应低于该项满分的60%。 对某项打0分的，评标应当说明理由	1.质量控制（8分）	1.包括质量控制的内容、目标、依据、程序、方法、措施、关键部位的旁站监理、难点要点分析及控制措施（8分）
	2.安全生产监理工作（8分）	2.包括安全生产监理工作的内容、目标、依据、程序、方法、措施、难点要点分析及措施（8分）
	3.施工工地扬尘管控工作（4分）	3.包括扬尘治理工作方案、程序、方法、难点、要点、关键点分析及措施（4分）
	4.进度控制（5分）	4.包括进度控制的内容、目标、依据、程序、方法、措施、难点要点分析及控制措施（5分）
	5.投资控制（5分）	5.包括投资控制的内容、目标、依据、程序、方法、措施、难点要点分析及控制措施（5分）
	6.合同管理、信息管理和组织协调（5分）	
	7.项目监理机构的组织形式、人员配备、岗位职责分工（4分）	
	8.监理设施（3分）	
	9.合理化建议（3分）	